AF445075

أساسيات تقسيم الشبكات
Subnetting Basics

إعداد

خالد عبدالفتاح يوسف

أساسيات تقسيم الشبكات
Subnetting Basics

إعداد

خالد عبدالفتاح يوسف

حقوق الطبع محفوظة للمؤلف.

الناشر

خالد عبدالقتاح يوسف
البريد الإلكترونى: khaledyssf3@gmail.com

حقوق الطبع

حقوق الطبع محفوظة للمؤلف.

إهداء

إلى الأساتذة و القادة الذين أثروا فى توجيه حياتى العلمية و العملية.
إلى الزملاء و الأصدقاء الذين كانوا خير دعم و تأييد فى الطريق.
إلى أبنائى تسنيم و ضحى و أحمد.
إلى حفيدى آدم.
الذين أرى فيهم خير ثمرة كفاح وهبها الله لى.
دمتم جميعا لى أملا و حلما فى مستقبل أفضل.
إلى روح زوجتى الراحلة سماح لها الرحمة فى نعيم الله.

جدول المحتويات

مقدمة

أقدم لك هذا الكتاب أساسيات تقسيم الشبكات بطريقة سهلة مختصرة و فى نفس الوقت لغة فنية تقنية تؤهلك لإمتحان شهادة سيسكو التمهيدية.

بدأت بعرض عن الشبكات فى حياتنا و عناصرها الأساسية و أنواع الشبكات و طرق اتصالاتها بالإنترنت و العوامل المؤثرة فى الأداء و الجودة.

ثم عرضت أنواع الأجهزة و الكابلات و مخططات طوبولوجيا الشبكات المتعددة و سمات كل منها.

عرضت فى الفصل الثالث نموذح الربط البينى للأنظمة المفتوحة OSI و طبقاته السبعة و تفاصيل كل طبقة و أنواع و طرق إرسال البيانات.

الفصل الرابع يعرض أساسيات الإيثرنت و العنونة و مجالات البث و التصادم و إطارات البيانات و المعايير الأساسية.

الفصل الخامس يعرض مدخل إلى فهم جميع البروتكولات خاصة بروتكول TCP/IP بروتوكول الإنترنت (IP).

يمكنك أن تتعرف على مفهوم البروتكولات و عملها و أهميتها فى عالم الشبكات و حقول الترويسات و لقطات من برنامج محلل الشبكة.

ثم تتوالى الفصول الرئيسية:

الفصل السادس عن طرق تقسيم الشبكة إلى شبكات فرعية و فئات الشبكات و عناوينها بأسلوب سهل التطبيق مع أمثلة عملية متعددة و أسئلة توضيحية و أجوبتها.

الفصل السابع عن بروتكول NAT وبروتكول IPv6 و كيفية عملها و نماذج العناوين و أنواع البث.

الفصل الثامن يعرض تفاصيل أساسيات و أنواع التوجيه و الموجهات.

الفصل التاسع يعرض تفاصيل أساسيات و أنواع التبديل و المبدلات.

يتضمن الفصل التاسع أساسيات الشبكات الإفتراضية و عملها و مشاكلها خاصة مشاكل الأمان.

الفصل الأول: الشبكات فى حياتنا

الشبكات فى حياتنا

- الشبكات تعنى الإتصال و التواصل و تشكل أهمية كبرى بالنسبة لنا بقدر أهمية اعتمادنا على الهواء والماء والغذاء والمأوى.
- بفضل استخدام الشبكات أصبحنا متصلين ببعضنا البعض بشكل لم يسبق له مثيل من قبل.
- الأشخاص الذين لديهم أفكار جيدة يمكنهم التواصل على الفور مع الآخرين لتحويل هذه الأفكار إلى واقع.
- الشبكات موجودة في كل مكان حولنا توفرلنا وسيلة للتواصل وتبادل المعلومات والموارد مع الأفراد في نفس البلد أو في جميع أنحاء العالم.
- تساهم الشبكات فى صنع و صقل المواهب و تنمية القدرات و المهارات و تخليق أجيال تغير العالم من حولنا.
- من خلال الشبكات نعرف الأحداث والاكتشافات الإخبارية في جميع أنحاء العالم في ثوانى ويمكننا التواصل مع الأصدقاء الذين تفصلنا عنهم المحيطات والقارات نمارس هواياتنا وأعمالنا و تدريباتنا العلمية و الثقافية.
- تتطلب الشبكات مجموعة واسعة من التقنيات والإجراءات التي يمكن أن تتكيف بسهولة مع الظروف والمتطلبات المتنوعة.

الشكل رقم (1) الشبكات تربط بيننا فى أى مكان من العالم.
Cisco Networking Academy Copyright © 2020.

خدمات الشبكات: عالم بلا حدود

- مشاركة الملفات بين أجهزة الكمبيوتر.
- الدردشة النصية و المرئية عبر أجزاء مختلفة من العالم.
- تصفح الويب.
- المراسلة الفورية بين أجهزة كمبيوتر مثبت عليها برنامج المراسلة الفورية.
- البريد الإلكتروني.
- تبادل المكالمات الصوتية عبر بروتوكول الإنترنت
- الإستفادة من تقنيات الشبكة المتقاربة وهي شبكة تنقل أشكالًا متعددة من المعلومات (الفيديو والصوت والبيانات).
- تتيح خدمات الحوسبة السحابية تخزين و استرداد البيانات و المعلومات و المستندات والصور والوصول إليها في أي مكان وفي أي وقت بسلاسة.

الشكل رقم (2) الحوسبة السحابية عالم بلا حدود.

تعريفات عناصر المعلومات

الرسالة

الرسالة هي المعلومات (البيانات) المراد توصيلها.

تتضمن الأشكال الشائعة للمعلومات النص والأرقام والصور والصوت والفيديو.

المرسل

المرسل هو الجهاز الذي يرسل رسالة البيانات.

يمكن أن يكون جهاز كمبيوتر أو محطة عمل أو سماعة هاتف أو كاميرا فيديو.

المستقبل

الجهاز الذي يستقبل الرسالة.

يمكن أن يكون جهاز كمبيوتر أو محطة عمل أو سماعة هاتف أو تلفاز.

وسيط الإرسال

وسيط الإرسال هو المسار المادي الذي تنتقل به الرسالة من المرسل إلى المستقبل.

تتضمن بعض أمثلة وسائط الإرسال الأسلاك المجدولة والكابلات المحورية وكابل الألياف الضوئية والموجات الراديوية.

البروتوكول

- البروتوكول هو مجموعة من القواعد التي تحكم اتصالات البيانات.
- يمثل اتفاقًا بين أجهزة الاتصال.
- بدون بروتوكول قد يكون جهازان متصلين ولكن لا يتواصلان لغياب اللغة الموحدة مثلما لا يمكن فهم شخص يتحدث الفرنسية من قبل شخص يتحدث اليابانية فقط.

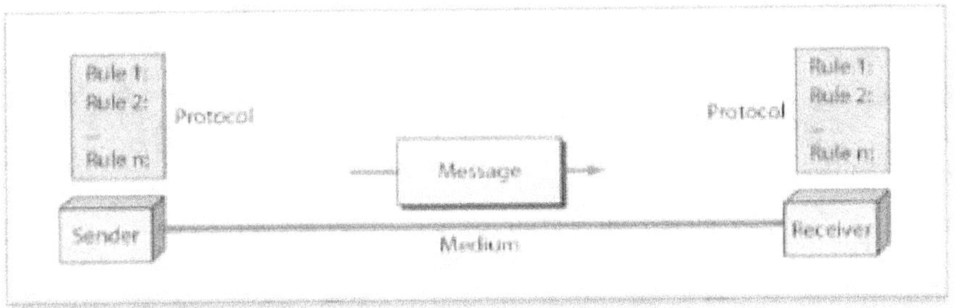

الشكل رقم (3) عناصر إرسال البيانات.
Computer Networks (R15A0513) Lecture Notes, 2020.

تدفق البيانات

يمكن أن يكون الاتصال بين جهازين أحادي الاتجاه أو نصف ثنائي الاتجاه أو ثنائي الاتجاه بالكامل.

إتصال أحادى الإتجاه

يكون الاتصال أحادي الاتجاه عندما يمكن فقط لجهاز واحد من الجهازين الموجودين على الرابط الإرسال ويمكن للجهاز الآخر الاستقبال فقط.

لوحات المفاتيح والشاشات التقليدية هي أمثلة على أجهزة أحادية الإتجاه.

إتصال نصف مزدوج

في وضع نصف مزدوج يمكن تبادل الإرسال والاستقبال ولكن ليس في نفس الوقت, عندما يقوم جهاز واحد بالإرسال يمكن للجهاز الآخر الاستقبال فقط والعكس صحيح .

أجهزة الاتصال اللاسلكي وأجهزة الراديو CB (نطاق المواطنين) هي أنظمة نصف مزدوجة.

إتصال كامل مزدوج

يمكن لكلا المحطتين الإرسال والاستقبال في وقت واحد.

أحد الأمثلة الشائعة لاتصالات كامل مزدوج هو شبكة الهاتف.

عندما يتواصل شخصان عبر خط هاتف، يمكن لكل منهما التحدث والاستماع في نفس الوقت.

يتم استخدام وضع كامل مزدوج عندما يكون الاتصال في كلا الاتجاهين مطلوبًا طوال الوقت.

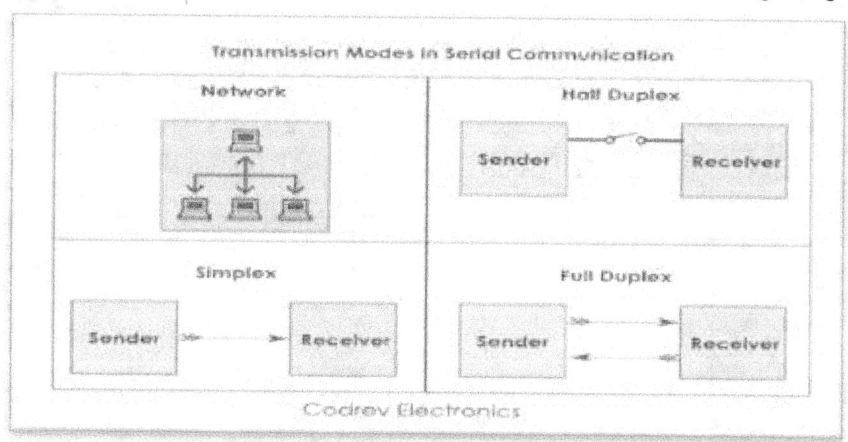

الشكل رقم (4) تدفق البيانات بين جهازين.

البنية المادية و أنواع الإتصال

- الشبكة هي جهازان أو أكثر متصلان من خلال روابط.
- الرابط هو مسار اتصالات ينقل البيانات من جهاز إلى آخر.
- هناك نوعان محتملان من الاتصالات: إتصال من نقطة إلى نقطة وإتصال متعدد النقاط.

إتصال من نقطة إلى نقطة

يوفر الاتصال من نقطة إلى نقطة رابطًا مخصصًا بين جهازين.

يتم حجز السعة الكاملة للرابط للنقل بين هذين الجهازين.

تستخدم معظم الاتصالات أنواع خاصة من الكابلات لتوصيل الطرفين.

إتصال متعدد النقاط

الاتصال متعدد النقاط إتصال يشارك فيه أكثر من جهازين رابطًا واحدًا.

في بيئة متعددة النقاط تتم مشاركة سعة القناة إما مكانيًا أو زمنيًا.

إذا كان بإمكان عدة أجهزة استخدام الرابط في نفس الوقت فهذا يعتبر اتصالاً مشتركاً مكانياً.

إذا كان على المستخدمين التناوب على استخدام الرابط فهذا يعتبر اتصالاً مشتركاً زمنياً.

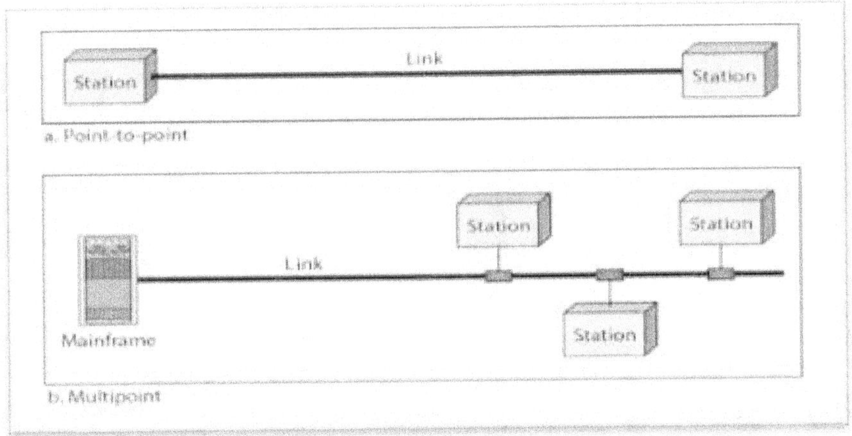

الشكل رقم (5) أنواع الإتصال.
Computer Networks (R15A0513) Lecture Notes, 2020.

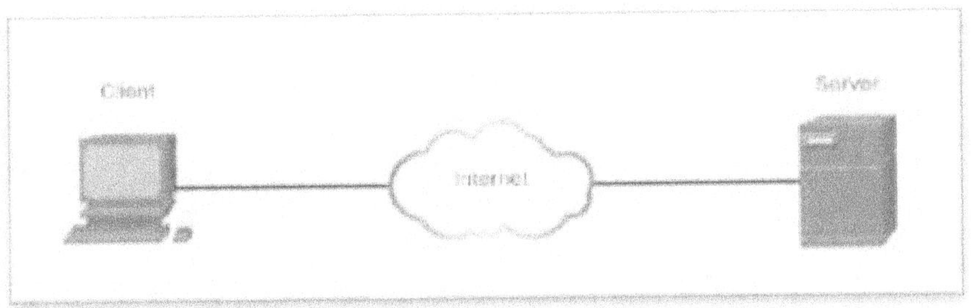

الشكل رقم (6) اتصال العميل و الخادم عبر الإنترنت.
Cisco Networking Academy (CCNAv7) Copyright © 2020.

المضيف أو العميل و الخادم

يُطلق على كل جهاز كمبيوتر على الشبكة اسم مضيف Host أو جهاز طرفي.

الخوادم هي أجهزة كمبيوتر توفر المعلومات للأجهزة الطرفية مثل:

- خوادم البريد الإلكتروني
- خوادم الويب
- خادم الملفات

العملاء أجهزة كمبيوتر ترسل طلبات إلى الخوادم لاسترداد المعلومات:

- صفحة ويب من خادم ويب عبر المتصفح.
- بريد إلكتروني من خادم بريد إلكتروني.

دور المضيف

يجب أولاً توصيل الكمبيوتر أو الجهاز اللوحي أو الهاتف الذكي بشبكة ويجب أن تكون هذه الشبكة متصلة بالإنترنت.

يُطلق على بعض المضيفين اسم العملاء ويشير مصطلح المضيف على وجه التحديد إلى جهاز على شبكة تم تعيين رقم له لأغراض الاتصال هذا الرقم الذي يحدد المضيف داخل الشبكة المعينة يسمى **عنوان بروتوكول الإنترنت (IP)** الذى يحدد المضيف والشبكة التي يرتبط بها المضيف.

الخوادم Servers

هي أجهزة كمبيوتر مزودة ببرامج تسمح لها بتوفير المعلومات مثل البريد الإلكتروني أو صفحات الويب لأجهزة طرفية أخرى على الشبكة.

تتطلب كل خدمة خادم برنامج منفصل على سبيل المثال يتطلب الخادم برنامج خادم ويب من أجل توفير خدمات الويب للشبكة.

يمكن لجهاز كمبيوتر مضيف مزود ببرنامج لطلب وعرض المعلومات التي تم الحصول عليها من خادم توفير الخدمات في نفس الوقت للعديد من العملاء الآخرين وفى هذه الحالة يسمى عميل client.

من أمثلة برامج العميل متصفح الويب مثل Chrome أو Firefox.

يمكن لجهاز كمبيوتر واحد تشغيل أنواع متعددة من برامج العميل فى نفس الوقت على سبيل المثال يمكن للمستخدم التحقق من البريد الإلكتروني وعرض صفحة ويب أثناء إرسال الرسائل الفورية والاستماع إلى بث صوتي.

الأجهزة الطرفية End Devices

الأجهزة الطرفية أكثر الأجهزة الشبكية شيوعًا.

يمكن أن يكون الجهاز الطرفي المصدر Source أو الوجهة Destination لرسالة يتم إرسالها عبر الشبكة.

يكون لكل جهاز طرفي عنوان خاص على الشبكة لتمييز جهاز طرفي عن آخر. عندما يبدأ جهاز طرفي End Device الاتصال فإنه يستخدم عنوان جهاز الوجهة لتحديد مكان تسليم الرسالة.

أنواع الشبكات الشائعة: شبكات بأحجام متعددة

شبكات منزلية صغيرة Small Home
تربط عددًا قليلًا من أجهزة الكمبيوتر ببعضها البعض وبالإنترنت.

مكتب صغير/مكتب منزلي SOHO
شبكة داخل المنزل أو مبنى شركة تمكن جهاز المكتب من الاتصال بشبكة الشركة.

شبكات متوسطة إلى كبيرة Medium/Large
العديد من المواقع مع مئات أو آلاف أجهزة الكمبيوتر المترابطة.

شبكات عالمية World Wide
تربط مئات الملايين من أجهزة الكمبيوتر في جميع أنحاء العالم مثل الإنترنت.

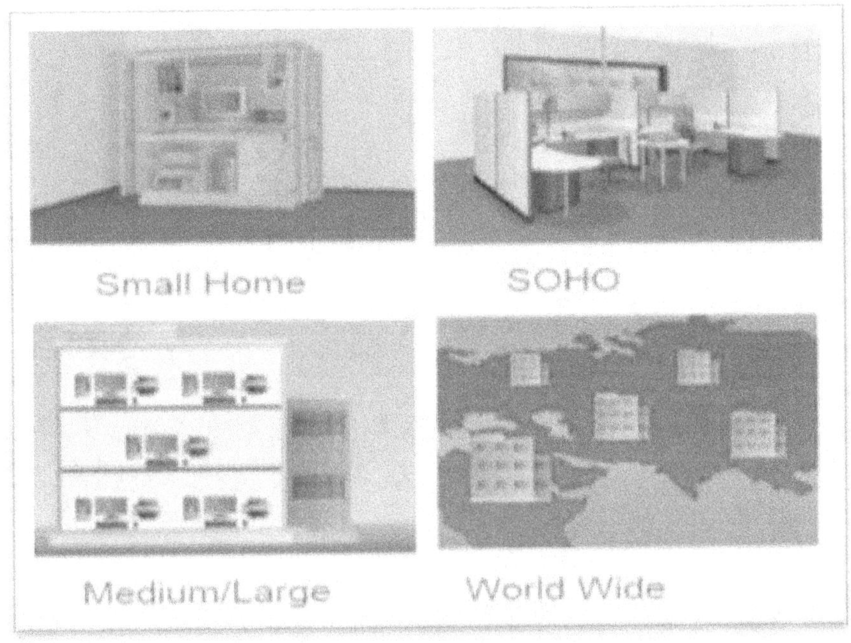

الشكل رقم (7) أنواع الشبكات حسب الحجم.

Cisco Networking Academy (CCNAv7) Copyright © 2020.

شبكات LAN وشبكات WAN

تختلف البنى الأساسية للشبكة بشكل كبير من حيث:

- حجم المنطقة المغطاة
- عدد المستخدمين المتصلين
- عدد وأنواع الخدمات المتاحة
- منطقة المسؤولية

النوعان الأكثر شيوعًا من البنى الأساسية للشبكات هما الشبكات المحلية (LANs) والشبكات الواسعة (WANs).

الشبكة المحلية LAN

هي بنية تحتية للشبكة توفر الوصول إلى المستخدمين والأجهزة الطرفية في منطقة جغرافية صغيرة. تُستخدم الشبكة المحلية عادةً في قسم داخل مؤسسة أو منزل أو شبكة عمل صغيرة.

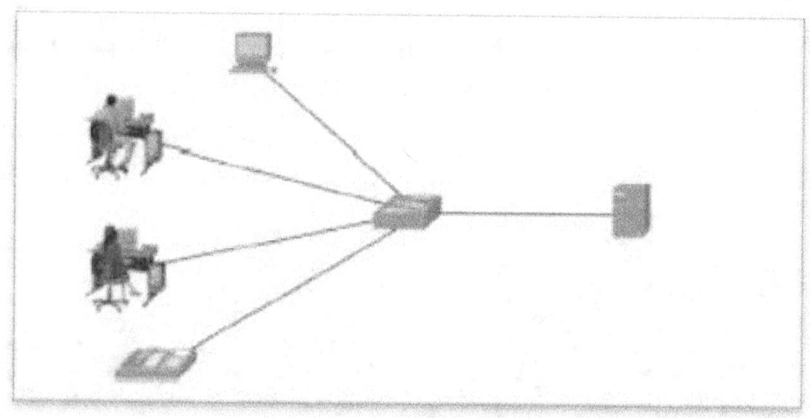

الشكل رقم (8) مثال لشبكة LAN
Cisco Networking Academy (CCNAv7) Copyright © 2020.

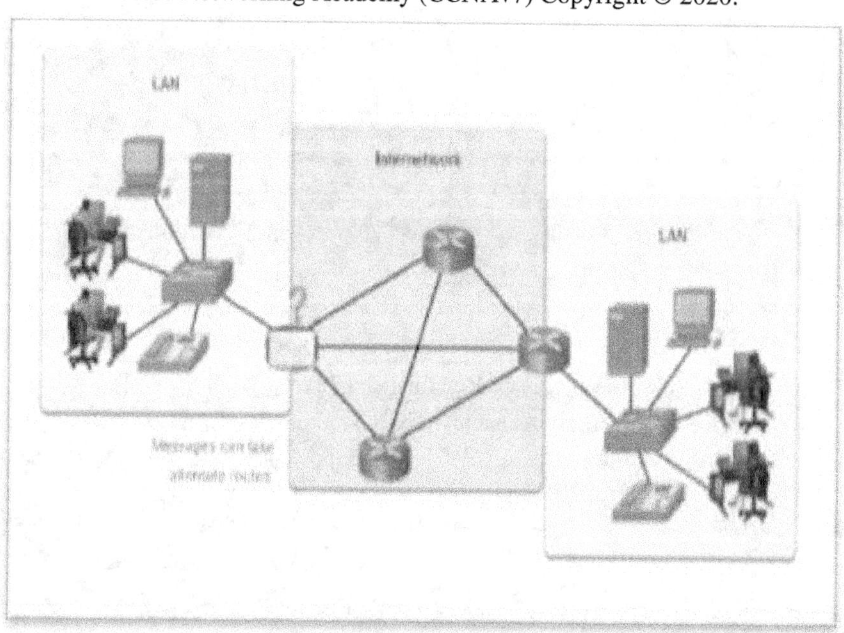

الشكل رقم (9) مثال لشبكة داخلية و الأجهزة الطرفية و الوسيطة.
Cisco Networking Academy (CCNAv7) Copyright © 2020.

شبكة LAN

شبكة LAN هي بنية أساسية للشبكة تمتد على مساحة جغرافية صغيرة.
تربط شبكات LAN بين الأجهزة الطرفية في منطقة محدودة مثل المنزل أو المدرسة أو مكاتب داخل مبنى شركة أو فى مبانى الحرم الجامعي.
عادةً ما تتم إدارة شبكة LAN بواسطة منظمة واحدة أو فرد واحد.
يتم فرض الرقابة الإدارية و الفنية على مستوى الشبكة وتتحكم إدارة الخدمة في سياسات الأمان والتحكم في الوصول.
توفر شبكات LAN نطاقًا ترددیًا عالي السرعة للأجهزة الطرفية الداخلية والأجهزة الوسيطة كما هو موضح في الشكل.

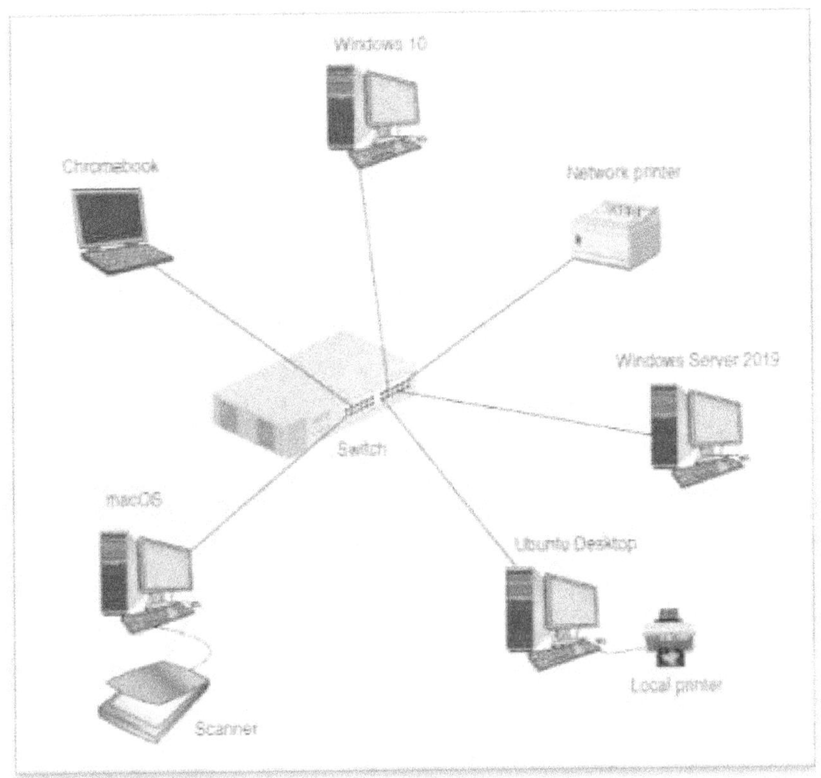

الشكل رقم (10) مثال لشبكة محلية LAN و سويتش مركزى.
Network+ Guide to Networks, Jill West, 2022.

الشبكة الواسعة WAN

هي بنية تحتية للشبكة توفر الوصول إلى شبكات أخرى عبر منطقة جغرافية واسعة تمتلكها وتديرها عادةً شركة أكبر أو مزود خدمة اتصالات.

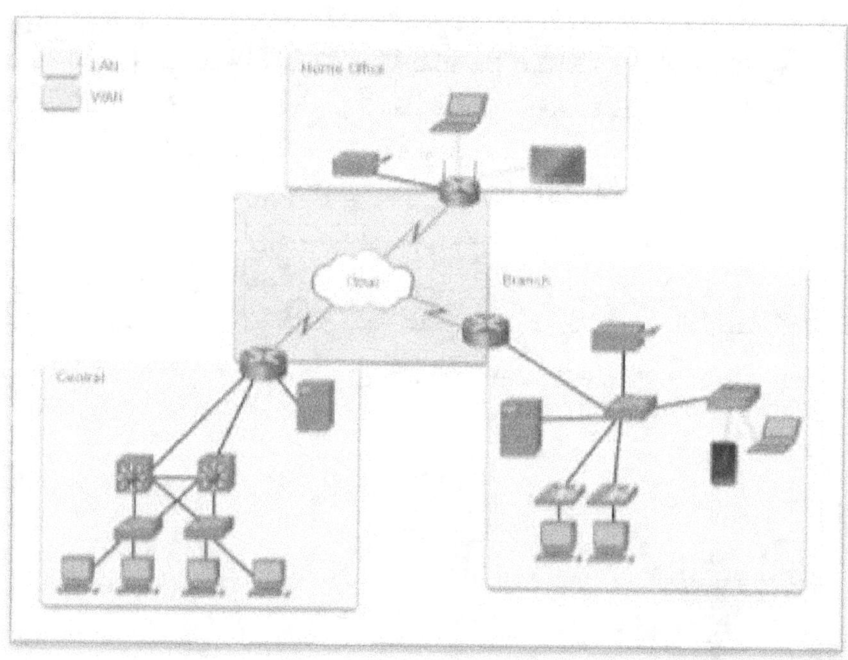

الشكل رقم (11) ثلاث شبكات محلية و شبكة سحابية متسعة.
Cisco Networking Academy (CCNAv7) Copyright © 2020.

شبكة WAN

يوضح الشكل (11) شبكة WAN تربط بين شبكات LAN.

شبكة WAN هي بنية أساسية للشبكة تمتد على مساحة جغرافية واسعة مثل المدن أو الولايات أو المقاطعات أو البلدان أو القارات.

تتم إدارة شبكات WAN عادةً بواسطة مقدمي الخدمة (SPs) أو مقدمي خدمات الإنترنت (ISPs).

توفر شبكات WAN عادةً روابط ذات سرعة أبطأ بين شبكات LAN.

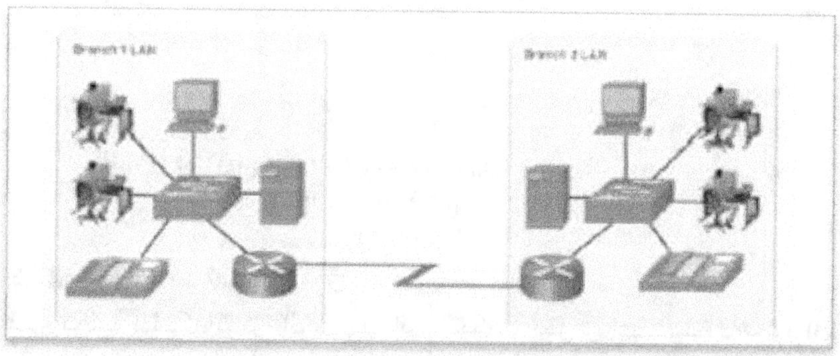

الشكل رقم (12) شبكة WAN تربط بين شبكتين LAN.
Cisco Networking Academy (CCNAv7) Copyright © 2020.

الإنترنت Internet

الإنترنت عبارة عن مجموعة عالمية من الشبكات المترابطة.

يوضح الشكل (14) يبين الإنترنت كمجموعة من شبكات LAN متصلة ببعضها من خلال شبكات WAN ثم يتم توصيل شبكات WAN ببعضها.

تمثل خطوط اتصال WAN (تظهر فى الشكل مثل صواعق البرق) أنواع الطرق التي تربط بين الشبكات.

يمكن لشبكات WAN الاتصال من خلال الأسلاك النحاسية وكابلات الألياف الضوئية والإرسال اللاسلكي (غير موضح بالشكل).

لا يمتلك الإنترنت أي فرد أو مجموعة.

ضمان الاتصال الفعال عبر هذه البنية التحتية المتنوعة يتطلب تطبيق تقنيات ومعايير متسقة ومعترف بها بشكل عام وتعاون العديد من وكالات إدارة الشبكة. تم الإتفاق بين عدد من المنظمات للمساعدة في الحفاظ على بنية الشبكة الدولية وتوحيد بروتوكولات وعمليات الإنترنت.

تشمل هذه المنظمات فريق عمل هندسة الإنترنت (IETF) ومؤسسة الإنترنت لتخصيص الأسماء والأرقام (ICANN) ومجلس هندسة الإنترنت (IAB) من بين العديد من المنظمات الأخرى.

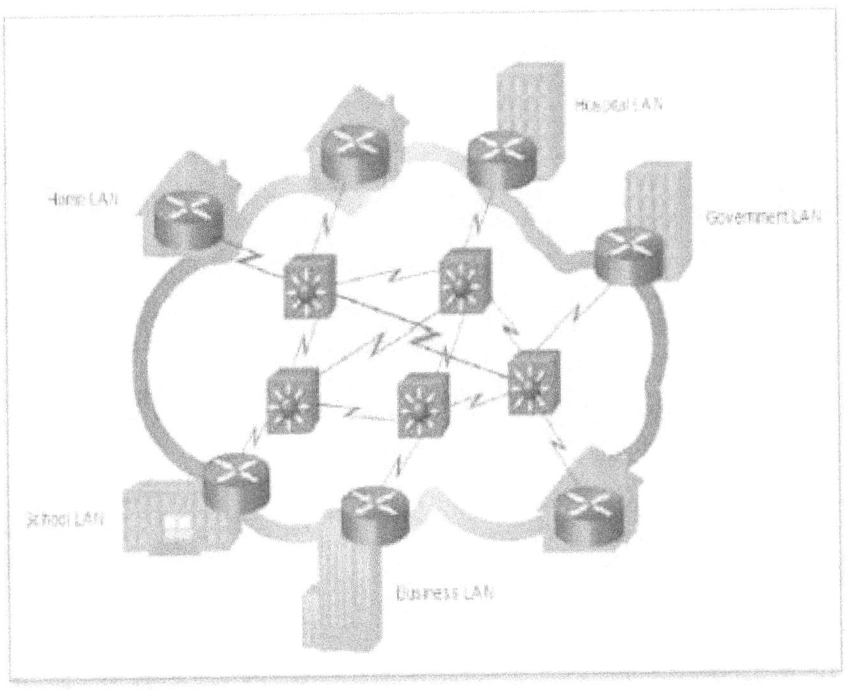

الشكل رقم (13) مجموعة من الشبكات تتصل ببعضها عبر الإنترنت.
Cisco Networking Academy (CCNAv7) Copyright © 2020.

الشبكات الداخلية والخارجية Intranets and Extranets

هناك مصطلحان آخران مشابهان لمصطلح الإنترنت:
الشبكة الداخلية والشبكة الخارجية **(انترانت و اكسترانت).**

- غالبًا ما يستخدم مصطلح الشبكة الداخلية للإشارة إلى اتصال خاص بين شبكات LAN وشبكات WAN تنتمي إلى نفس المنظمة.

- يتم تصميم الشبكة الداخلية Intranet بحيث يمكن الوصول إليها فقط من قبل أعضاء المنظمة أو موظفيها أو غيرهم ممن لديهم تفويض.

- تستخدم المنظمة شبكة خارجية Extranet لتوفير وصول آمن لأفراد يعملون في منظمة أخرى ويحتاجون الوصول إلى بيانات المنظمة.

بعض الأمثلة على الشبكات الخارجية

- شركة توفر الوصول إلى الموردين والمقاولين الخارجيين.

- مستشفى يوفر نظام حجز للأطباء ليتمكنوا من تحديد مواعيد لمرضاهم.

- مكتب تعليمي يوفر معلومات الميزانية والموظفين للمدارس في منطقته.

يوضح الشكل (15) مستويات الوصول التي تتمتع بها المجموعات المختلفة إلى شبكة إنترانت الشركة وشبكة إكسترانت الشركة والإنترنت.

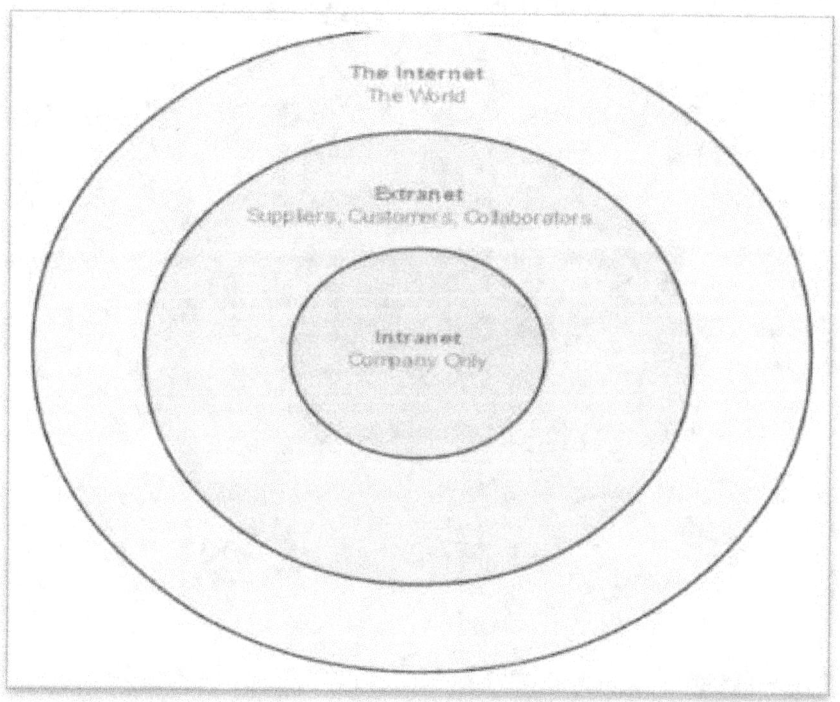

الشكل رقم (14) مستويات الوصول بين الشبكات الداخلية و الخارجية و الانترنت.
Cisco Networking Academy (CCNAv7) Copyright © 2020.

اتصالات الإنترنت

تتصل الأجهزة الطرفية مثل أجهزة الكمبيوتر والهواتف الذكية بالشبكة بعدة طرق باستخدام وسائل سلكية ولاسلكية.
تُستخدم نفس أنواع الاتصالات لربط الأجهزة الوسيطة.

خيارات الوصول إلى الإنترنت

اتصالات الإنترنت في المنازل والمكاتب الصغيرة

- يحتاج المستخدمون المنزليون والعاملون عن بُعد إلى طلب ذلك من **مزود خدمة الإنترنت** internet service provider(ISP) للوصول إلى خدمات الإنترنت.
- تختلف خيارات الاتصال بشكل كبير بين مزودي خدمة الإنترنت وفي مواقع جغرافية مختلفة.

الاتصال بالكابل

هذا النوع من الاتصال قد تقدمه شركات خدمات التلفزيون بالكابل حيث تنتقل إشارة بيانات الإنترنت على نفس الكابل الذي يوفر التلفزيون بالكابل.
يوفر هذا النوع من الاتصال نطاقًا ترددیًا عالیًا وتوافرًا عالیًا واتصالاً دائماً.

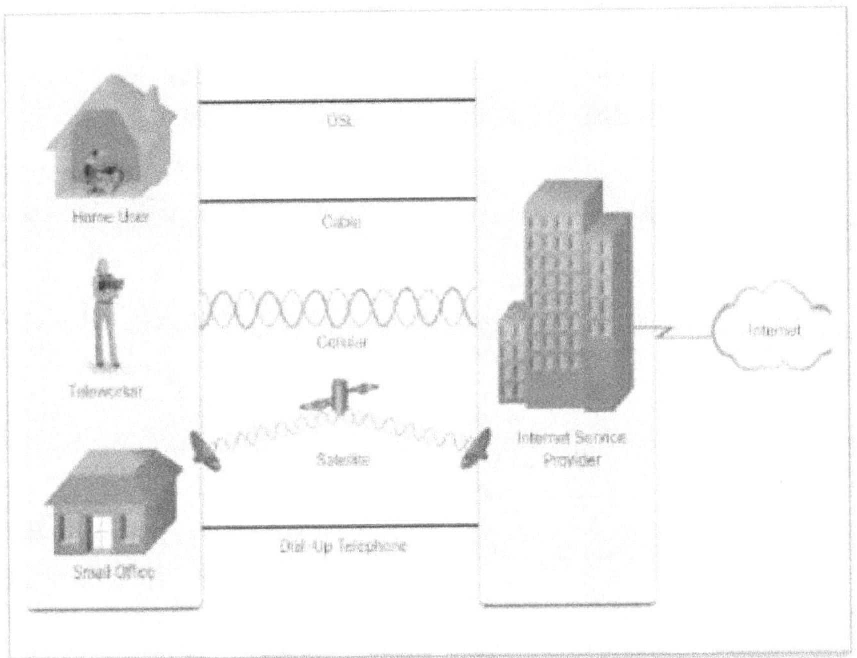

الشكل رقم (15) اتصالات المنازل و المكاتب الصغيرة بالإنترنت.
Cisco Networking Academy (CCNAv7) Copyright © 2020.

خط المشترك الرقمي (DSL)

تتضمن الخيارات الشائعة كابل broadband cable النطاق العريض وخط المشترك الرقمي Digital subscriber line (DSL) وشبكات WAN اللاسلكية والخدمات المحمولة.

يوفر خط DSL نطاقًا ترديًا عاليًا وتوافرًا عاليًا واتصالاً دائمًا بالإنترنت. يعمل DSL عبر خط هاتف و يتصل مستخدمو المكاتب الصغيرة والمكاتب المنزلية باستخدام DSL غير المتماثل (ADSL) مما يعني أن سرعة التنزيل أسرع من سرعة التحميل.

الاتصال الخلوي \ المحمول

يستخدم الوصول إلى الإنترنت الخلوي شبكة الهاتف الخلوي للاتصال حينما و أينما يتوفر الحصول على إشارة خلوية.

يتوقف الأداء على قدرات الهاتف أو الجهاز الآخر وبرج الخلية الذي يتم الإتصال من خلاله و جودة تغطية الإشارة.

الاتصال عبر الأقمار الصناعية

يعد توفر الوصول إلى الإنترنت عبر الأقمار الصناعية ميزة في المناطق التي لن يكون بها اتصال بالإنترنت على الإطلاق.

يجب أن يكون لطبق القمر الصناعي خط رؤية واضح للقمر الصناعي.

اتصال هاتفي

هذا خيار غير مكلف يستخدم أي خط هاتف أرضى ومودم (راوتر).

النطاق الترددي المنخفض الذي يوفره اتصال مودم الطلب الهاتفي غير كافٍ لنقل البيانات الكبيرة.

اتصالات الإنترنت للشركات

تختلف خيارات الاتصال للشركات عن خيارات المستخدم المنزلي.

تتطلب الشركات نطاق ترددي أعلى ومخصص وخدمات مُدارة.

تختلف خيارات الاتصال المتاحة وفقًا لنوع مقدمي الخدمة و قربهم من الشركة.

خطوط مستأجرة مخصصة

الخطوط المستأجرة عبارة عن دوائر محجوزة داخل شبكة مقدم الخدمة تربط بين مكاتب منفصلة جغرافيًا لشبكات الصوت و/أو البيانات الخاصة و يتم استئجار الدوائر بمعدل شهري أو سنوي.

Metro Ethernet

يُعرف هذا أحيانًا باسم Ethernet WAN الذى يمكن استخدامه لتوسيع تقنية الوصول إلى شبكة LAN إلى شبكة WAN.

Ethernet هي تقنية شبكات LAN ستتعرف عليها في فصل لاحق.

خط DSL مخصص للأعمال

يتوفر DSL للأعمال بتنسيقات مختلفة و الخيار الشائع هو DSL المتماثل (SDSL) وهو يوفر عمليات التحميل والتنزيل بنفس السرعات العالية.

استخدام القمر الصناعي للإنترنت

يمكن لخدمة القمر الصناعي توفير اتصال عندما تتوفر خدمة اتصال سلكي. يختلف اختيار الاتصال حسب الموقع الجغرافي وتوافر مزود الخدمة.

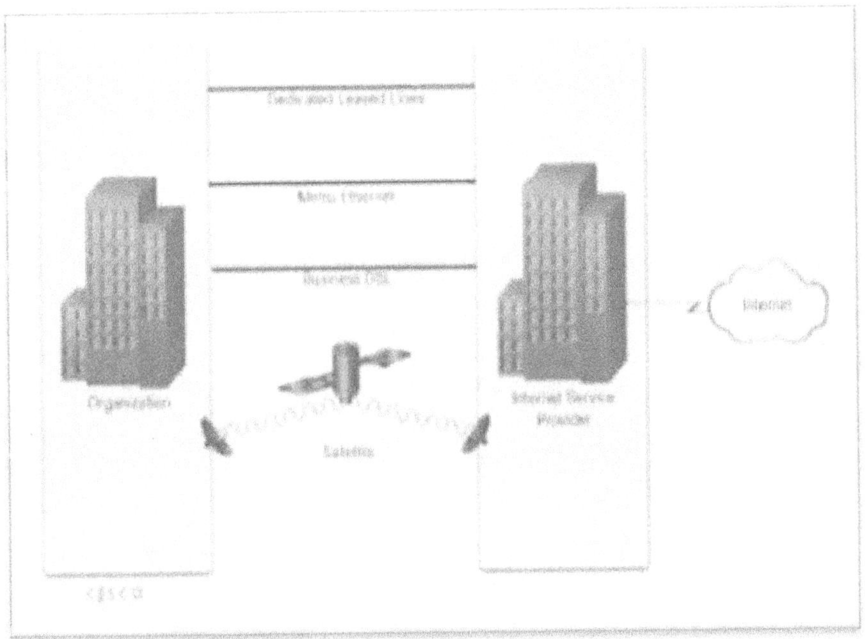

الشكل رقم (16) خيارات اتصالات الشركات بالإنترنت.
Cisco Networking Academy (CCNAv7) Copyright © 2020.

الشبكة المتقاربة Converging Network

ما قبل الشبكات المتقاربة

- قبل ظهور تقنية الشبكات المتقاربة كان من الممكن أن يتم توصيل كل منظمة بكابلات منفصلة للهاتف والفيديو والبيانات كما فى الشكل رقم (18).
- وكانت كل شبكة من هذه الشبكات تستخدم تقنيات مختلفة لنقل الإشارة.
- وكانت كل من هذه التقنيات تستخدم مجموعة مختلفة من القواعد والمعايير لضمان نجاح الاتصال.
- لا يمكن لهذه الشبكات المنفصلة التواصل مع بعضها البعض.

15

ما بعد الشبكات المتقاربة

تم تشغيل خدمات متعددة على شبكات متعددة، كما في الشكل رقم (19).

تحمل شبكات البيانات المتقاربة خدمات متعددة على رابط واحد تشمل البيانات والصوت و الفيديو.

يمكن للشبكات المتقاربة تقديم البيانات والصوت والفيديو عبر نفس البنية الأساسية للشبكة.

تستخدم البنية الأساسية للشبكة نفس مجموعة القواعد والمعايير.

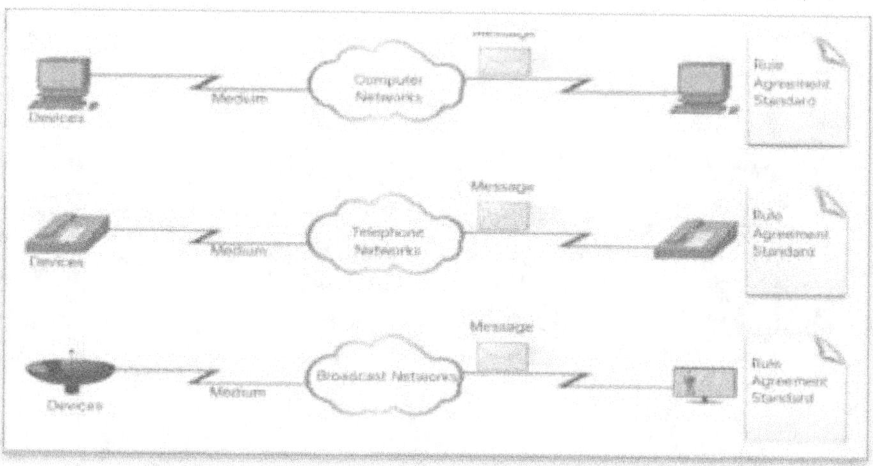

الشكل رقم (17) يبين الخدمات المتعددة قبل الخدمات المتقاربة.
Cisco Networking Academy (CCNAv7) Copyright © 2020.

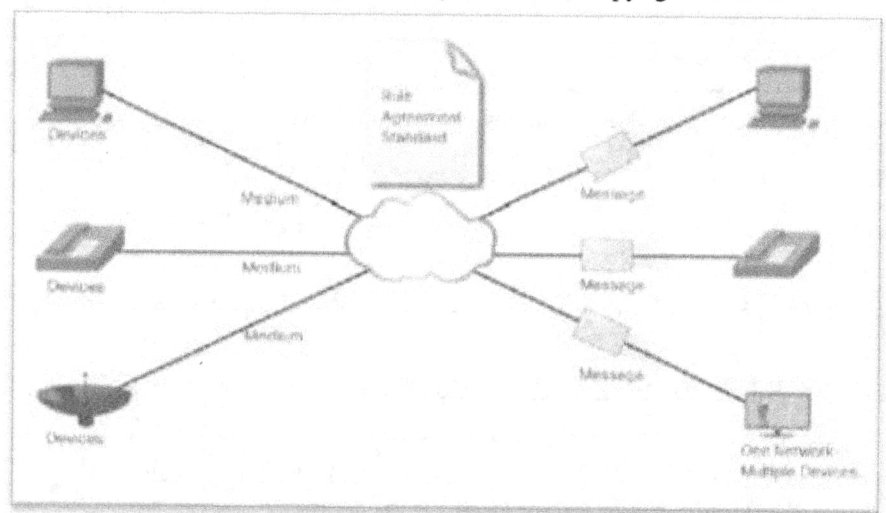

الشكل رقم (18) يبين الخدمات المتعددة قبل الخدمات المتقاربة.
Cisco Networking Academy (CCNAv7) Copyright © 2020.

الشبكة الموثوقة Reliable Network

معمارية الشبكة

- تشير معمارية الشبكة إلى التقنيات والخدمات والقواعد المبرمجة أو البروتوكولات التي تدعم البنية الأساسية التي تنقل البيانات عبر الشبكة.

- لم تعد الشبكات مجرد نقل بيانات فقط بل أصبحت الآن نظامًا يتيح الاتصال بين الأشخاص والأجهزة والمعلومات في بيئة شبكة متقاربة غنية بالوسائط. كي تعمل الشبكات بكفاءة وتنمو في هذا النوع من البيئة يجب بناء الشبكات على بنية شبكة قياسية.

الموثوقية

تعني الموثوقية الخصائص الأساسية الأربعة التى يجب أن تعالجها البنى الأساسية لتلبية توقعات المستخدم:

- التسامح مع الأخطاء Fault Tolerance
- قابلية التوسع Scalability
- جودة الخدمة (QoS)
- الأمان Security

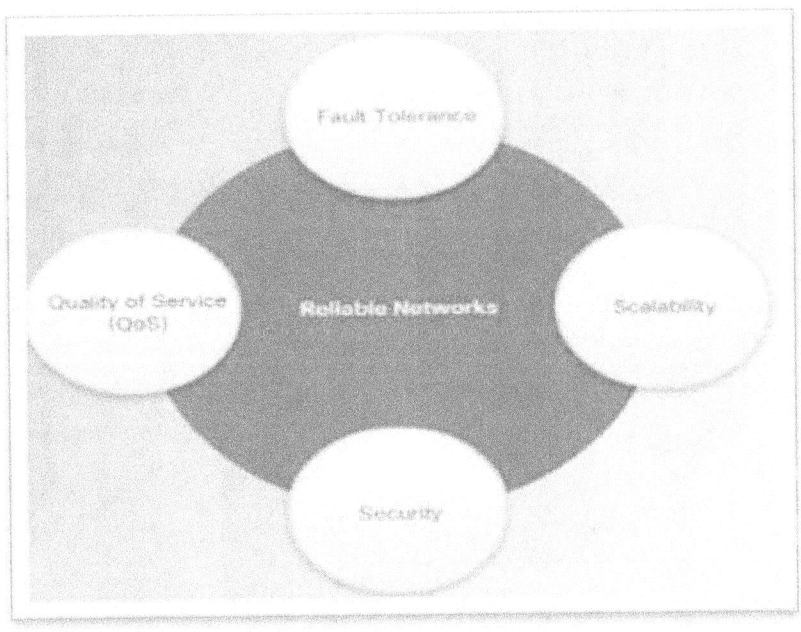

الشكل رقم (19) يبين العناصر الأربعة لموثوقية الشبكة.
Cisco Networking Academy (CCNAv7) Copyright © 2020.

التسامح مع الأخطاء Fault Tolerance

تعمل الشبكة المتسامحة مع الأخطاء على الحد من تأثير الفشل من خلال الحد من عدد الأجهزة المتأثرة كما فى الشكل رقم (21).

- الشبكة مصممة للسماح بالتعافي السريع عند حدوث فشل ما.
- تعتمد هذه الشبكات على مسارات متعددة بين مصدر ووجهة الرسالة.
- إذا فشل أحد المسارات يتم إرسال الرسائل على الفور عبر رابط مختلف.

- يُعرف وجود مسارات متعددة إلى وجهة ما بالتكرار redundancy.

تتطلب خاصية التسامح مع الأخطاء مسارات متعددة اساسية و احتياطية.

توفر الشبكات الموثوقة عملية التكرار أو التعدد الإحتياطى redundancy من خلال تنفيذ شبكة تبديل الحزم packet switched network:

- يقسم تبديل الحزم حركة المرور إلى مسارين يتم توجيهها عبر الشبكة.
- يمكن لكل حزمة أن تأخذ مسارًا مختلفًا إلى الوجهة.
- فى حالة تعطل مسار يعمل المسار الإحتياطى تلقائيا بدون تعطل.
- هذا غير ممكن مع الشبكات التي تعمل بالتبديل الدائري والتي تنشئ دوائر مخصصة.

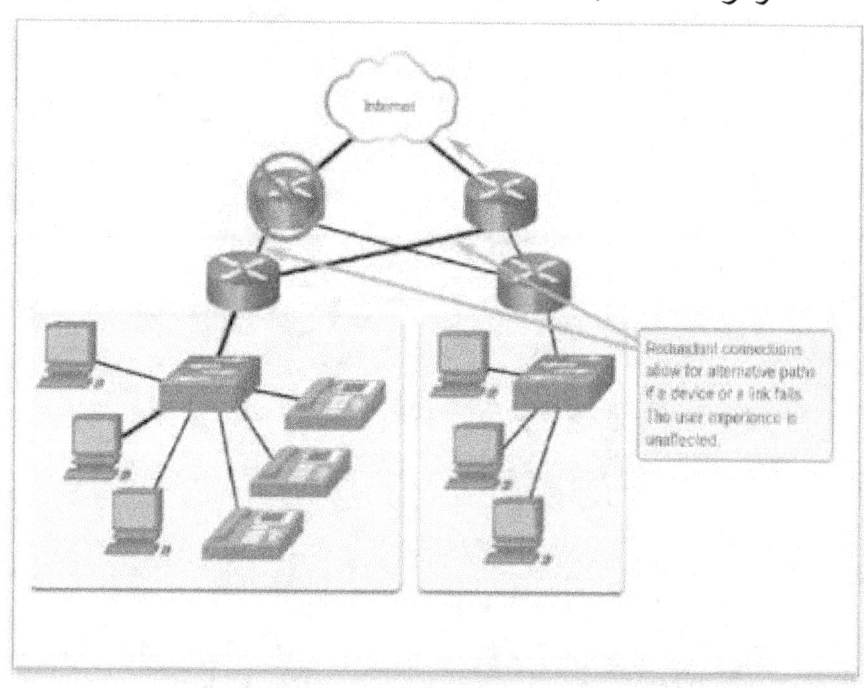

الشكل رقم (20) يبين شبكة التسامح مع الأخطاء بالمسار البديل.

Cisco Networking Academy (CCNAv7) Copyright © 2020.

قابلية التوسع Scalability

- الشبكة القابلة للتوسع تتحول بسرعة لدعم المستخدمين والتطبيقات الجديدة.
- يتم ذلك دون تدهور مستوى أداء الخدمات الذى تم الوصول إليه عند المستخدمين الحاليين.
- يوضح الشكل (22) كيف يمكن إضافة شبكة جديدة بسهولة لشبكةموجودة.
- تكون الشبكات قابلة للتوسع لأن المصممين اتبعوا المعايير والبروتوكولات.
- تسمح الشبكة بالتركيز على تحسين المنتجات والخدمات بالتوسعات المصممة المسموحة دون الحاجة إلى تصميم مجموعة جديدة من القواعد للعمل داخل الشبكة.

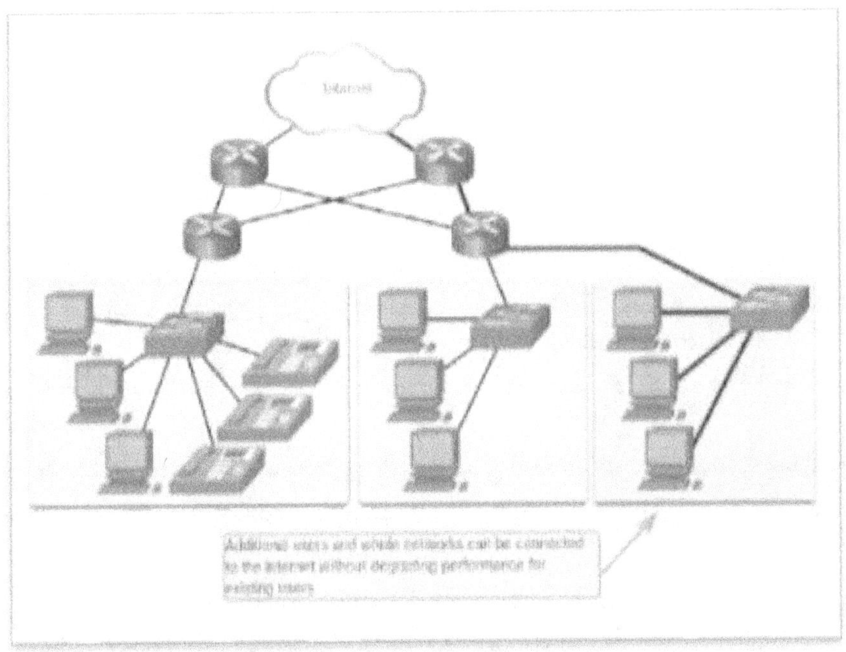

الشكل رقم (21) قابلية التوسع تسمح بالإضافة الجديدة.

Cisco Networking Academy (CCNAv7) Copyright © 2020.

جودة الخدمة (QoS)

جودة الخدمة متطلب متزايد في الشبكات لإن التطبيقات الجديدة المتاحة للمستخدمين عبر الشبكات مثل نقل الصوت والفيديو المباشرتخلق توقعات أعلى لجودة الخدمة المقدمة بدون انقطاعات وتوقفات مستمرة.

مع استمرار تقارب محتوى البيانات والصوت والفيديو على نفس الشبكة تصبح جودة الخدمة آلية أساسية لإدارة الازدحام وضمان توصيل المحتوى بشكل موثوق لجميع المستخدمين.

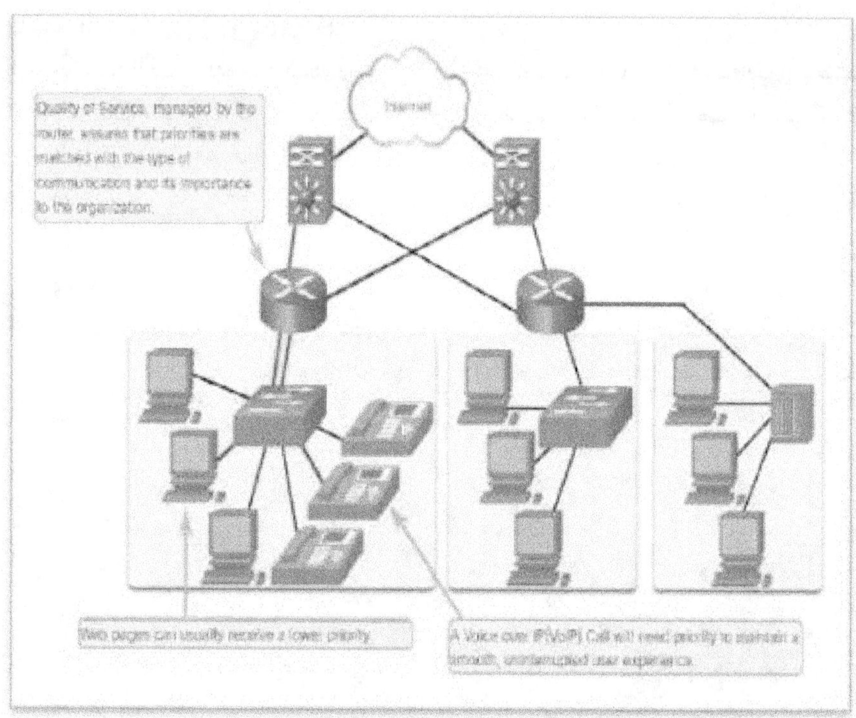

الشكل رقم (22) يبين حودة الخدمة مع تعدد طلبات المستخدمين.
Cisco Networking Academy (CCNAv7) Copyright © 2020.

في الشكل (23) يطلب أحد المستخدمين صفحة ويب ويجري مستخدم آخر مكالمة هاتفية.

- يحدث الازدحام عندما يتجاوز الطلب على النطاق الترددي الكمية المتاحة.
- يتم قياس النطاق الترددي للشبكة بعدد البتات المنقولة في ثانية واحدة (bps).
- عند محاولة إجراء اتصالات متزامنة عبر الشبكة يمكن أن يتجاوز الطلب على النطاق الترددي للشبكة مدى توفره مما يؤدي إلى ازدحام الشبكة.

إدارة جودة الخدمة عند الإزدحام

- مع وجود سياسة جودة الخدمة يمكن لجهاز التوجيه إدارة تدفق البيانات وحركة الصوت وإعطاء الأولوية للاتصالات الصوتية عند الإزدحام.
- ستحتاج مكالمة الصوت عبر بروتكول الانترنت إلى الأولوية للحفاظ على تجربة مستخدم سلسة دون انقطاع.
- يمكن لصفحات الويب ان تحظى بأولوية أقل.
- تضمن إدارة جودة الخدمة التى ينفذها جهاز التوجيه مطابقة الأولويات مع نوع الإتصال و أهميته بالنسبة للمؤسسة.

أمان الشبكة Security

إن البنية الأساسية للشبكة والخدمات والبيانات الموجودة على الأجهزة المتصلة بالشبكة تشكل أصولاً شخصية وتجارية بالغة الأهمية.

يجب على مسؤولي الشبكة التعامل مع نوعين من مخاوف أمان الشبكة: أمان البنية الأساسية للشبكة وأمان المعلومات.

يتضمن تأمين البنية الأساسية للشبكة تأمين الأجهزة التي توفر اتصالاً بالشبكة ماديًا ومنع الوصول غير المصرح به إلى برامج الإدارة الموجودة عليها كما هو موضح في الشكل (23).

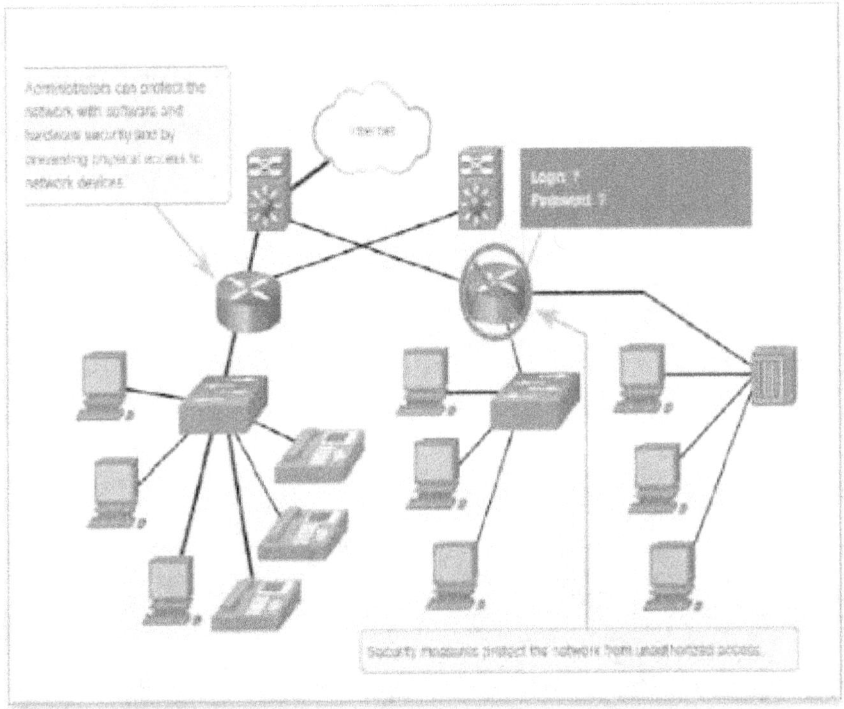

الشكل رقم (23) يبين مثال تأمين الشبكة من الدخول غير المصرح به.

Cisco Networking Academy (CCNAv7) Copyright © 2020.

يجب على مسؤولي الشبكة أيضًا حماية المعلومات الموجودة داخل الحزم التي يتم إرسالها عبر الشبكة بالإضافة إلى المعلومات المخزنة على الأجهزة المتصلة بالشبكة.

هناك ثلاثة متطلبات أساسية لتحقيق أهداف أمان الشبكة:

السرية Confidentiality

تعني سرية البيانات أنه لا يمكن الوصول إلى البيانات وقراءتها إلا للمستلمين المقصودين والمصرح لهم.

النزاهة Integrity

تضمن سلامة البيانات للمستخدمين عدم تغيير المعلومات أثناء النقل من المصدر إلى الوجهة.

التوافر Availability

ضمان توافر البيانات للمستخدمين الوصول في الوقت المناسب والموثوق به إلى خدمات البيانات للمستخدمين المصرح لهم.

مؤشرات ترندات الشبكات

الاتجاهات الجديدة

تتضمن بعض الاتجاهات الرئيسية ما يلي:

- إحضار جهازك الخاص (BYOD)
- التعاون عبر الإنترنت Online collaboration
- الفيديو Video
- الحوسبة السحابية Cloud computing

ترند إحضار جهازك الخاص (BYOD)

يعتبر مفهوم إحضار أي جهاز لأي محتوى بأي شكل من الأشكال اتجاهًا عالميًا رئيسيًا يتطلب تغييرات كبيرة في طريقة استخدام الأجهزة. يُعرف هذا الاتجاه باسم إحضار جهازك الخاص (BYOD).

الشكل رقم (24) مفهوم ترند احضر جهازك الخاص.
Cisco Networking Academy (CCNAv7) Copyright © 2020.

مفهوم ترند إحضار جهازك الخاص (BYOD)

- هو اتجاه عالمي رئيسي يتطلب تغييرات كبيرة في الطريقة التي نستخدم بها الأجهزة ونربطها بأمان بالشبكات.
- أصبح واضحا نمو هذا الترند بين الموظفين والطلاب لما لديهم من أجهزة حوسبة وشبكات متقدمة للاستخدام الشخصي.
- ازداد نمو هذا الترند مع نمو الأجهزة الاستهلاكية والانخفاض المرتبط بذلك في التكلفة.
- تشمل أجهزة الكمبيوتر المحمولة وأجهزة الكمبيوتر المحمولة والأجهزة اللوحية والهواتف الذكية وأجهزة قراءة الكتب الإلكترونية.
- إن مبدأ إحضار جهازك الخاص (BYOD) أي جهاز لأي محتوى بأي طريقة يمنح المستخدمين النهائيين حرية استخدام الأدوات الشخصية للوصول إلى المعلومات والتواصل عبر شبكة العمل أو الحرم الجامعي.

ترند التعاون عبر الإنترنت أون لاين

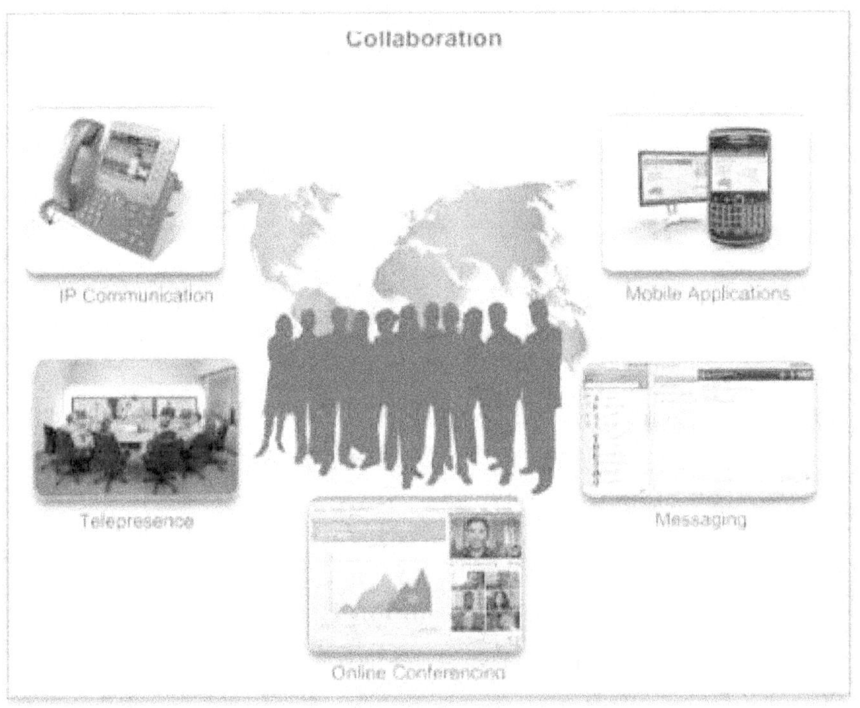

الشكل رقم (25) ترند التعاون عبر الإنترنت أون لاين.
Cisco Networking Academy (CCNAv7) Copyright © 2020.

23

مفهوم ترند التعاون عبر الإنترنت أون لاين

- يرغب الأفراد في الاتصال بالشبكة للوصول إلى تطبيقات البيانات و للتعاون مع بعضهم البعض.
- تم تعريف التعاون على أنه " العمل مع شخص آخر أو آخرين في مشروع مشترك".
- يعد التعاون أولوية بالغة الأهمية واستراتيجية تستخدمها المؤسسات للحفاظ على قدرتها التنافسية.
- يعد التعاون أيضًا أولوية في التعليم.
- يحتاج الطلاب إلى التعاون لمساعدة بعضهم البعض في التعلم وتطوير مهارات الفريق المستخدمة في القوى العاملة والعمل معًا في مشاريع تعتمد على الفريق.
- تمكن أدوات التعاون المتعددة كما فى الشكل(26) الموظفين والطلاب والمعلمين والعملاء والشركاء من الاتصال والتفاعل وتحقيق أهدافهم على الفور.
- Cisco Webex Teams هي أداة تعاون متعددة الوظائف تتيح إرسال رسائل فورية إلى شخص واحد أو أكثر ونشر الصور ونشر مقاطع الفيديو والروابط.
- تحتفظ كل مساحة فريق بسجل لكل ما يتم نشره هناك.

ترند مؤتمرات الفيديو و الاتصالات المرئية

- يُستخدم الفيديو في الاتصالات والتعاون والترفيه.
- يمكن إجراء مكالمات الفيديو من وإلى أي شخص لديه اتصال بالإنترنت بغض النظر عن مكانه.
- أصبح الفيديو جانبًا آخر من جوانب الشبكات التي تعد بالغة الأهمية لجهود الاتصالات والتعاون.
- أصبح الفيديو متطلبًا أساسيًا للتعاون الفعال مع امتداد المنظمات عبر الحدود الجغرافية والثقافية.
- يعد مؤتمر الفيديو أداة قوية للتواصل مع الآخرين سواء على المستوى المحلي أو العالمي.
- أصبحت مؤتمرات الفيديو أهم آليات الأعمال التجارية و الصناعية و التعليمية و الترفيهية فى العالم.
- أصبحت مؤتمرات الفيديو أساسا لعقد إجتماعات مجالس الإدارات و المناقصات و المفاوضات و التفاعلات المحلية و الدولية.

ترند الحوسبة السحابية

- الحوسبة السحابية أهم الطرق التي نصل بها إلى البيانات ونخزنها.
- تسمح الحوسبة السحابية بتخزين الملفات الشخصية حتى نسخ محرك أقراص كامل احتياطيًا على خوادم عبر الإنترنت.
- يمكن الوصول إلى تطبيقات مثل معالجة الكلمات وتحرير الصور باستخدام السحابة.
- تعمل الحوسبة السحابية بالنسبة للشركات على توسيع قدرات تكنولوجيا المعلومات دون الحاجة إلى الاستثمار في البنية الأساسية الجديدة أو تدريب الموظفين الجدد أو ترخيص برامج جديدة.
- اصبحت هذه الخدمات متاحة عند الطلب ويتم تسليمها إلى أي جهاز في أي مكان في العالم دون المساس بالأمن أو الوظيفة.

أنواع الخدمات السحابية
السحابات العامة
متاحة للعامة من خلال نموذج الدفع مقابل الاستخدام أو مجانًا.
السحابات الخاصة
مخصصة لمنظمة أو كيان معين مثل الحكومة.
السحابات الهجينة
تتكون من نوعين أو أكثر من السحابات جزء مخصص وجزء عام.
يظل كل جزء كائنًا مميزًا ولكن كلاهما متصل باستخدام نفس البنية.
السحابات المخصصة
مصممة لتلبية احتياجات صناعة معينة، مثل الرعاية الصحية أو وسائل الإعلام ويمكن أن تكون خاصة أو عامة.

فوائد الحوسبة السحابية

- المرونة التنظيمية
- الرشاقة والسرعة في النشر
- انخفاض تكلفة البنية الأساسية
- إعادة تركيز موارد تكنولوجيا المعلومات
- إنشاء نماذج أعمال جديدة

ترند مراكز البيانات

- مراكز البيانات هي مرافق تستخدم لإحتواء أنظمة الكمبيوتر والمكونات المرتبطة بها.
- يمكن لمركز البيانات أن يشغل غرفة واحدة من المبنى أو طابقًا واحدًا أو أكثر أو مبنى بحجم مستودع بالكامل.
- عادةً ما تكون مراكز البيانات باهظة التكلفة للبناء والصيانة.
- لهذا السبب تستخدم المؤسسات الكبيرة فقط مراكز البيانات المبنية بشكل خاص لإحتواء بياناتها وتقديم الخدمات للمستخدمين.
- يمكن للمؤسسات الصغيرة التي لا تستطيع تحمل تكاليف صيانة مراكز البيانات الخاصة بها أن تقلل من التكلفة الإجمالية للملكية من خلال استئجار خدمات الخادم والتخزين من مؤسسة مركز بيانات أكبر في السحابة.
- للحفاظ على الأمان والموثوقية والتسامح مع الأخطاء غالبًا ما يخزن مزودو السحابة البيانات في مراكز بيانات موزعة.
- يتم تخزين البيانات في مراكز بيانات متعددة في مواقع مختلفة بدلاً من تخزين جميع بيانات شخص أو مؤسسة في مركز بيانات واحد.

مفهوم ترند مركز البيانات

هو منشأة تستخدم لاستضافة أنظمة الكمبيوتر والمكونات المرتبطة.

تشتمل مراكز البيانات على ما يلى:

- اتصالات البيانات المكررة (البديلة الإحتياطية Redundant).
- خوادم افتراضية عالية السرعة (يشار إليها أحيانًا باسم مزارع الخوادم أو مجموعات الخوادم).
- أنظمة تخزين مكررة (Redundant تستخدم عادةً تقنية SAN).
- إمدادات طاقة مكررة أو احتياطية.
- ضوابط بيئية (مثل تكييف الهواء وإخماد الحرائق).
- أجهزة أمنية.

26

تقنيات وترندات الشبكات المنزلية

تقنية المنزل الذكي

- تعتبر اتجاهًا متزايدًا يسمح بدمج التكنولوجيا في الأجهزة اليومية مما يسمح لها بالتواصل مع أجهزة أخرى من خلال شبكات الواى فاى.
- تبرمج أجهزة المنزل الوقت الذي تنفذ فيه الأعمال و المهام من خلال التواصل مع مخططك الزمنى و الوقت الذي من المقرر أن تكون فيه في المنزل.
- يتم تطوير تقنية المنزل الذكي حاليًا لتشمل جميع الغرف داخل المنزل و خارجه وللسيارة و الجراج والبوابات و خلافه.

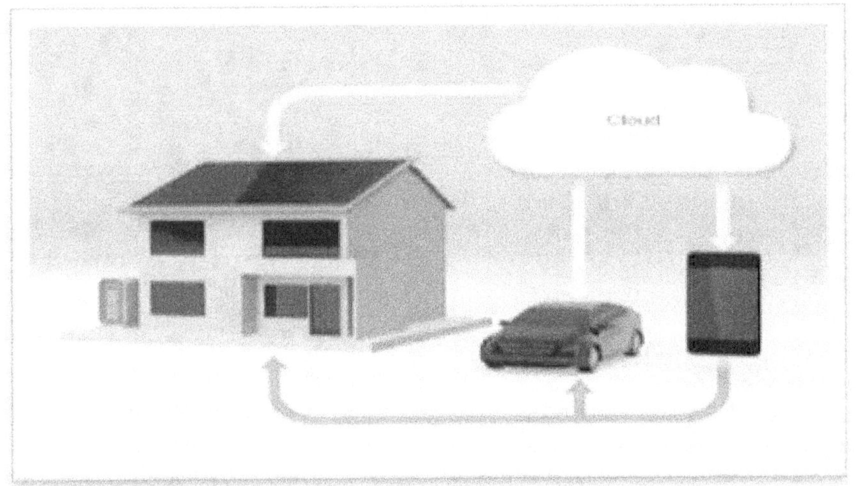

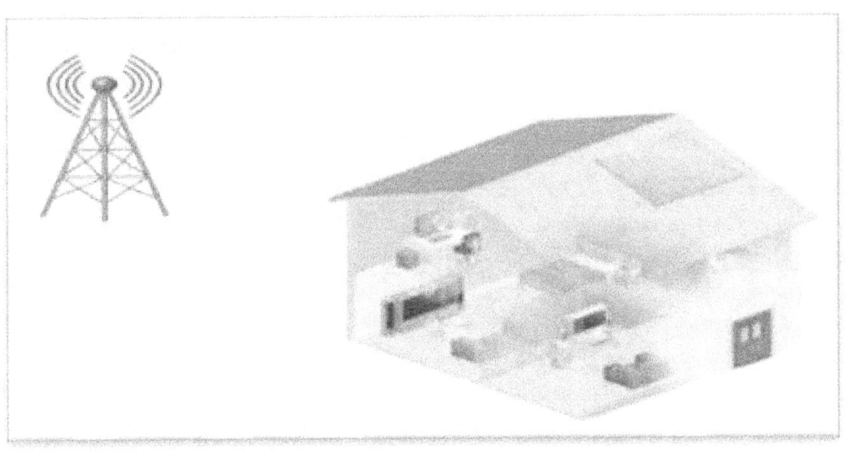

الشكل رقم (26) ترند تقنيات الشبكات المنزلية.

Cisco Networking Academy (CCNAv7) Copyright © 2020.

أمان الشبكة

يعتبر الأمان عنصرًا أساسيًا في تصميم الشبكات وتنفيذها وصيانتها.
يجب على مهندسي الشبكات ومسؤوليها دائمًا مراعاة المخاطر الأمنية
واستخدام أساليب التخفيف المناسبة قبل نشر أي نوع من خدمات الشبكة.

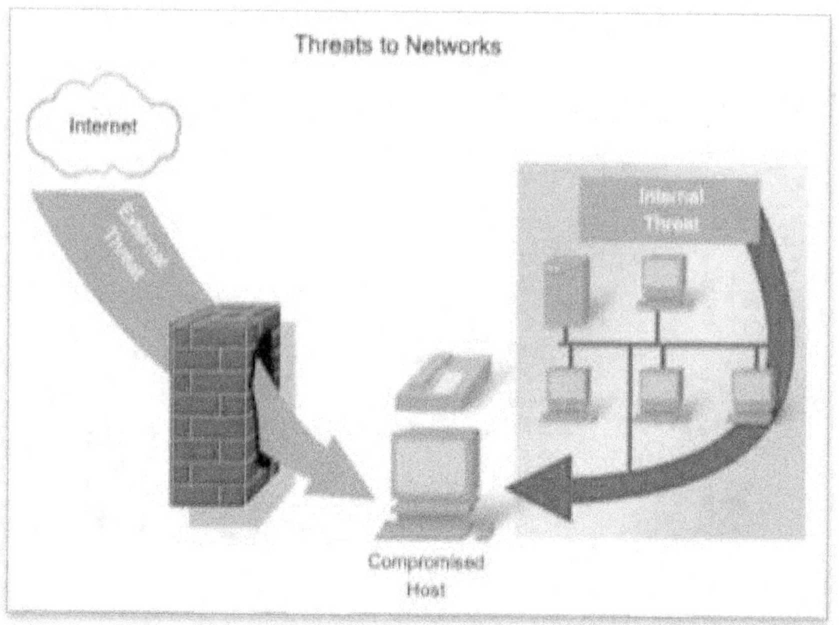

الشكل رقم (27) تهديدات أمن الشبكات الداخلية و الخارجية.
Cisco Networking Academy (CCNAv7) Copyright © 2020.

أهمية أمان الشبكة

- يعد أمان الشبكة جزءًا لا يتجزأ من الشبكات بغض النظر عن حجم الشبكة.

- يجب أن يأخذ أمان الشبكة الذي يتم تنفيذه في الاعتبار البيئة أثناء تأمين البيانات مع السماح بجودة الخدمة المتوقعة من الشبكة.

- يتضمن تأمين الشبكة العديد من البروتوكولات والتقنيات والأجهزة والأدوات والتقنيات من أجل تأمين البيانات والتخفيف من التهديدات.

- قد تكون متجهات مصادر التهديد خارجية أو داخلية.

التهديدات الخارجية

- الفيروسات والديدان وأحصنة طروادة حيث تحتوي هذه على برامج أو أكواد ضارة تعمل على جهاز المستخدم.

- برامج التجسس والبرامج الإعلانية حيث يتم تثبيت هذه الأنواع من البرامج على جهاز المستخدم لجمع معلومات سرية عن المستخدم.
- هجمات اليوم صفر وتسمى أيضًا هجمات الساعة صفر وتحدث هذه الهجمات في اليوم الأول الذي يتم فيه اكتشاف الثغرة الأمنية.
- هجمات الجهات الناشطة في الهجوم حيث يهاجم أشخاص ضارون أجهزة المستخدم و موارد الشبكة.
- هجمات رفض الخدمة تؤدي هذه الهجمات إلى إبطاء أو تعطل التطبيقات والعمليات على جهاز الشبكة.
- اعتراض البيانات وسرقتها يتضمن هذا النوع من الهجمات التقاط معلومات خاصة من شبكة المؤسسة.
- سرقة الهوية يتضمن هذا النوع من الهجمات سرقة بيانات اعتماد تسجيل الدخول للمستخدم من أجل الوصول إلى البيانات الخاصة.

التهديدات الداخلية

- الأجهزة المفقودة أو المسروقة
- سوء الاستخدام العرضي من قبل الموظفين
- الموظفون الخبيثون

حلول مشاكل و تهديدات الأمان

مكافحة الفيروسات وبرامج التجسس:

تساعد هذه التطبيقات على حماية الأجهزة من الإصابة ببرامج ضارة.

فلاتر جدار الحماية (الجدار النارى)

- تمنع فلاترجدار الحماية الوصول غير المصرح به إلى الشبكة وخارجها.
- يشمل ذلك نظام جدار حماية قائم على المضيف يمنع الوصول غير المصرح به إلى الجهاز الطرفي أو خدمة فلاتر أساسية على جهاز التوجيه المنزلي لمنع الوصول غير المصرح به من العالم الخارجي إلى الشبكة.

أنظمة جدران الحماية المخصصة

توفر هذه الأنظمة قدرات جدران حماية أكثر تقدمًا يمكنها تصفية كميات كبيرة من محاولات حركة المرور بمزيد من التفصيل.

قوائم التحكم في الوصول (ACL)

تعمل قوائم التحكم في الوصول على تصفية محاولات الوصول وإعادة توجيه حركة المرور استنادًا إلى عناوين IP والتطبيقات.

أنظمة منع التطفل (IPS)
تعمل هذه الأنظمة على تحديد التهديدات سريعة الانتشار مثل هجمات اليوم صفر أو الساعة صفر.
الشبكات الخاصة الافتراضية (VPN)
توفر هذه الشبكات وصولاً آمنًا إلى المؤسسة للعاملين عن بُعد.

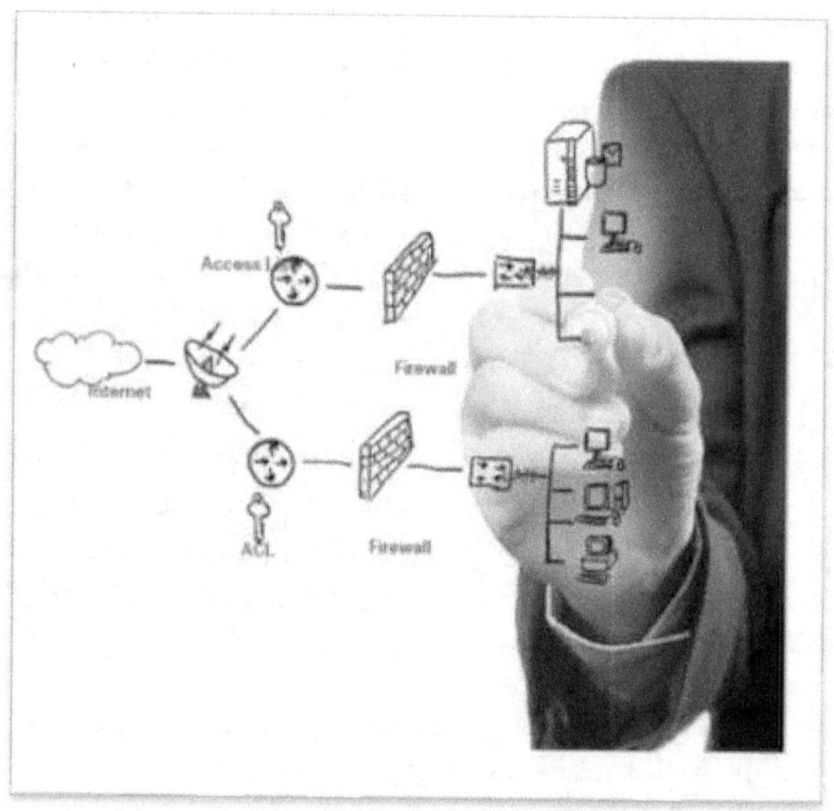

الشكل رقم (28) الجدار النارى و حماية الشبكات من التهديدات.
Cisco Networking Academy (CCNAv7) Copyright © 2020.

الفصل الثاني: الأجهزة و الكابلات

تعريف الشبكة

- الشبكة هي مجموعة من أجهزة الكمبيوتر والأجهزة الملحقة بها (مثل الطابعات) متصلة ببعضها عن طريق وسائط نقل البيانات.
- من وسائط نقل بيانات الشبكة الكابلات النحاسية بأنواعها وكابلات الألياف الضوئية أو الموجات الراديوية.
- الاختلافات في عناصر الشبكة وطريقة تصميمها عديدة.
- الشبكة صغيرة مثل جهازين كمبيوتر متصلين بكابل في مكتب منزلي.
- الإنترنت أكبر شبكة على الإطلاق تتكون من مليارات أجهزة الكمبيوتر والأجهزة الأخرى المتصلة عبر العالم عبر مجموعة من الكابلات وخطوط الهاتف والروابط اللاسلكية.
- تربط الشبكات الهواتف المحمولة وأجهزة الكمبيوتر الشخصية وأجهزة الكمبيوتر المركزية والطابعات وأنظمة الهاتف وكاميرات المراقبة للشركات والمركبات وأجهزة التكنولوجيا المتعددة الإستخدام.

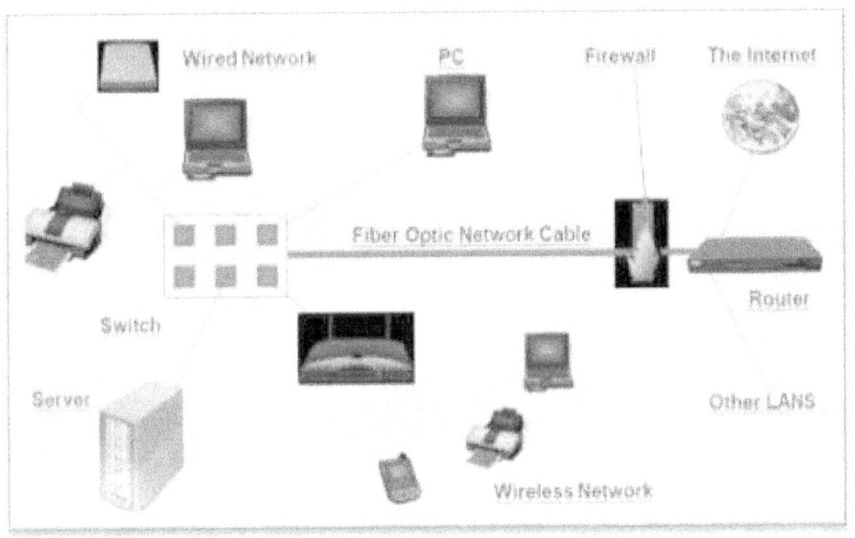

الشكل رقم (29) أمثلة من عناصر شبكة المعلومات.

مكونات الشبكة

تتطلب الشبكة العديد من المكونات المختلفة لتمكينها من توفير الخدمات والموارد وتعمل هذه المكونات المختلفة معًا لضمان توصيل الموارد بطريقة فعّالة إلى الذين يحتاجون إليها.

الأجهزة الطرفية End Devices

الأجهزة الطرفية أكثر الأجهزة الشبكية شيوعًا.
يمكن أن يكون الجهاز الطرفي المصدر Source أو الوجهة Destination لرسالة يتم إرسالها عبر الشبكة.
يكون لكل جهاز طرفي عنوان خاص على الشبكة لتمييز جهاز طرفي عن آخر.
عندما يبدأ جهاز طرفي End Device الاتصال فإنه يستخدم عنوان جهاز الوجهة لتحديد مكان تسليم الرسالة.

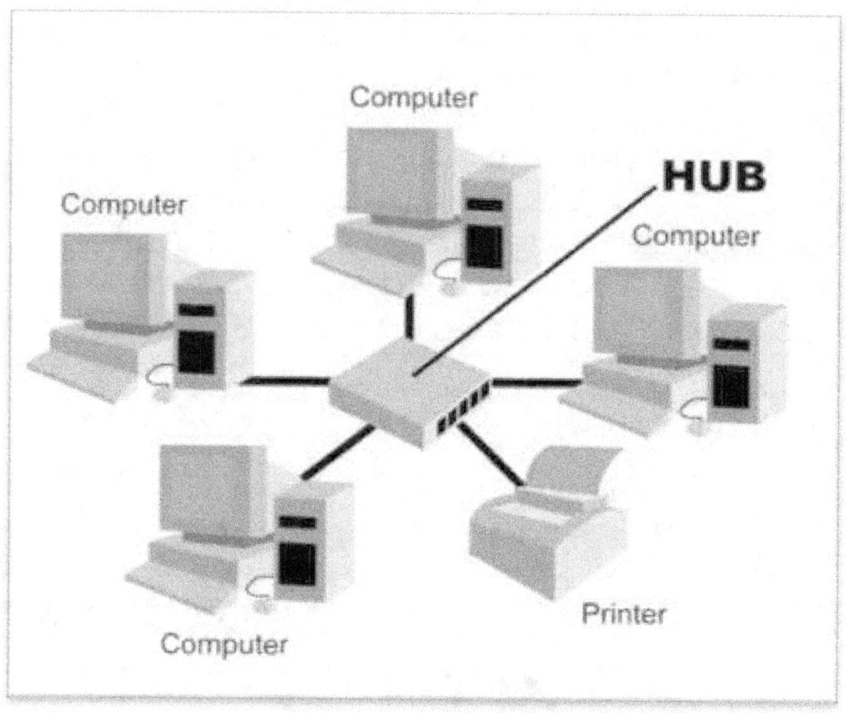

الشكل رقم (30) الأجهزة الطرفية
Cisco Networking Academy (CCNAv7) Copyright © 2020.

الأجهزة الوسيطة Intermediary devices

- تربط الأجهزة الوسيطة الأجهزة الطرفية بشبكة محلية كما فى الشكل (4).
- توفر هذه الأجهزة الوسيطة الاتصال وتضمن تدفق البيانات عبر الشبكات.
- تستخدم الأجهزة الوسيطة عنوان جهاز الوجهة الطرفي مع المعلومات المتعلقة بالارتباطات الشبكية لتحديد المسار الذي ينبغي أن تسلكه الرسائل عبر الشبكة.
- يوضح الشكل (5) أمثلة للأجهزة الوسيطة الأكثر شيوعًا.

32

وظائف الأجهزة الوسيطة

- إعادة إنشاء وإعادة إرسال إشارات الاتصال.
- الحفاظ على معلومات المسارات الموجودة عبر الشبكة الداخلية.
- إخطار الأجهزة الأخرى بالأخطاء وفشل الاتصال.
- توجيه البيانات عبر مسارات بديلة عند حدوث فشل في الإتصال.
- تصنيف الرسائل وتوجيهها وفقًا للأولويات.
- السماح بتدفق البيانات أو رفض ذلك استنادًا إلى إعدادات الأمان.

الشكل رقم (31) أنواع الأجهزة الوسيطة.
Cisco Networking Academy (CCNAv7) Copyright © 2020.

أمثلة الأجهزة الوسيطة

- جهاز التوجيه اللاسلكى Wireless Router
- جهاز توجيه Router
- جهاز جدار الحماية Firewall
- سويتش متعدد الطبقات Multilayer Switch
- سويتش الشبكة Lan Switch

الشكل رقم (32) بطاقة واجهة الشبكة (NIC).
Computer Networks (R15A0513) Lecture Notes, 2020.

بطاقة واجهة الشبكة Network interface card (NIC)

تحتوي أجهزة الكمبيوتر والطابعات الشبكية والمفاتيح وأجهزة الشبكة الأخرى على منافذ شبكة يمكن من خلالها توصيل كبل شبكة.

يمكن أن يكون منفذ الشبكة منفذ شبكة مدمجًا في اللوحة الأم للكمبيوتر مثل المنفذ الموجود في الكمبيوتر المحمول في الشكل 1-9.

الشكل رقم (33) منفذ الشبكة المدمج فى الكمبيوتر المحمول.
Network+ Guide to Networks, Jill West, 2022.

يتم توفير نوع آخر من المنافذ بواسطة بطاقة واجهة شبكة (NIC) معيارية، تسمى أيضًا محول شبكة كما فى الشكل () تثبت في على اللوحة الأم. تقوم بطاقة واجهة الشبكة (NIC) بتوصيل جهاز طرفي بشبكة ماديا.

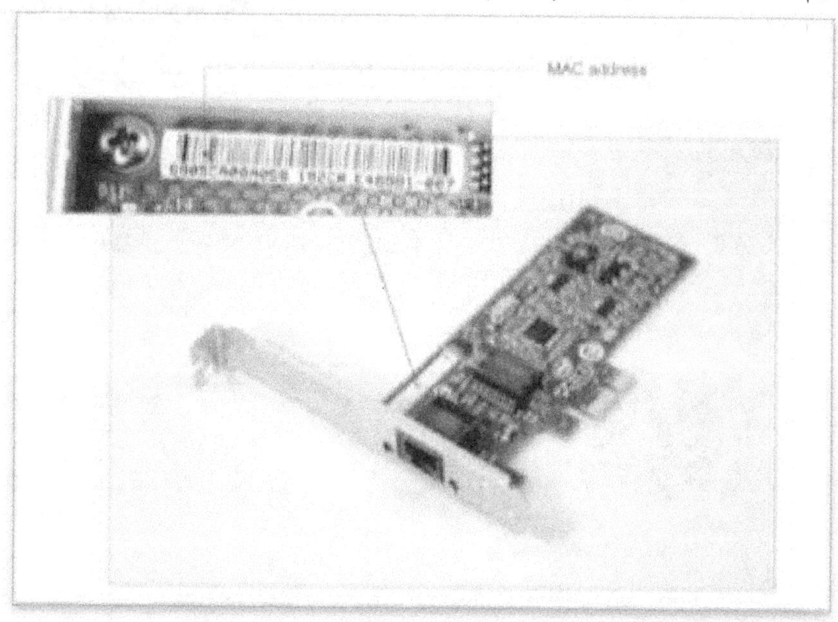

الشكل رقم (34) بطاقة واجهة الشبكة (NIC) مدون عليها عنوان التعريف.
Network+ Guide to Networks, Jill West, 2022.

الموزع Hub

هو جهاز يحتوي على منافذ متعددة لتوصيل أجهزة كمبيوتر متعددة أو أجهزة شبكة ببعضها البعض.
عندما ينقل الكمبيوتر البيانات عبر الموزع يقوم ببث البيانات إلى جميع أجهزة الكمبيوتر الأخرى المتصلة به.

الشكل رقم (35) الموزع و توصيله بالأجهزة.
Computer Networks (R15A0513) Lecture Notes, 2020.

المبدل Switch

- المبدل أو المفتاح أو السويتش هو جهاز يحتوي على منافذ متعددة لتوصيل أجهزة كمبيوتر أو أجهزة شبكة متعددة ببعضها البعض
- على عكس الموزع يمكن للمفتاح إرسال البيانات إلى الكمبيوتر المقصود.

الشكل رقم (36) المبدل أو السويتش و على اليسار سويتش الأغراض الصناعية.
Computer Networks (R15A0513) Lecture Notes, 2020.

يقوم الجهاز بتلقى البيانات الواردة من أحد منافذه وإعادة توجيهها إلى منفذ أو منافذ متعددة ترسل البيانات إلى وجهتها المقصودة داخل الشبكة المحلية.

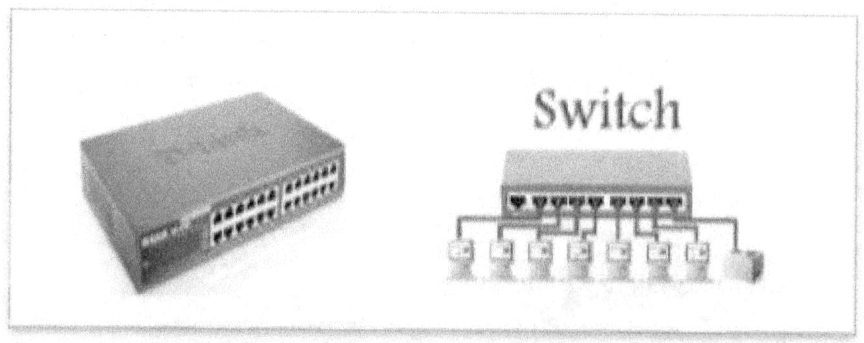

الشكل رقم (37) المبدل يرسل البيانات للعنوان المقصود فقط.
Computer Networks (R15A0513) Lecture Notes, 2020.

الموجه Router

الموجه هو جهاز الغرض الأساسي منه هو توصيل شبكتين أو أكثر وتحديد نقطة الشبكة التالية التي يجب توجيه البيانات إليها نحو وجهتها.

الشكل رقم (38) الموجه أو الراوتر.
Computer Networks (R15A0513) Lecture Notes, 2020.

الوسائط الشبكية Network Media

تنتقل الاتصالات عبر الشبكة من خلال الوسائط و هى القنوات التي تنتقل عبرها الرسالة من المصدر إلى الوجهة.
هناك أنواع متعددة من الوسائط الشبكية ذات خصائص وفوائد مختلفة.
تستخدم الشبكات الحديثة بشكل أساسي ثلاثة أنواع من الوسائط لربط الأجهزة كما هو موضح في الشكل (6).

- **الأسلاك المعدنية داخل الكابلات**

يتم ترميز البيانات في نبضات كهربائية.

- **الألياف الزجاجية داخل الكابلات (كابل الألياف الضوئية)**

يتم ترميز البيانات في نبضات ضوئية.

- **النقل اللاسلكي**

يتم ترميز البيانات عبر تعديل ترددات معينة من الموجات الكهرومغناطيسية.

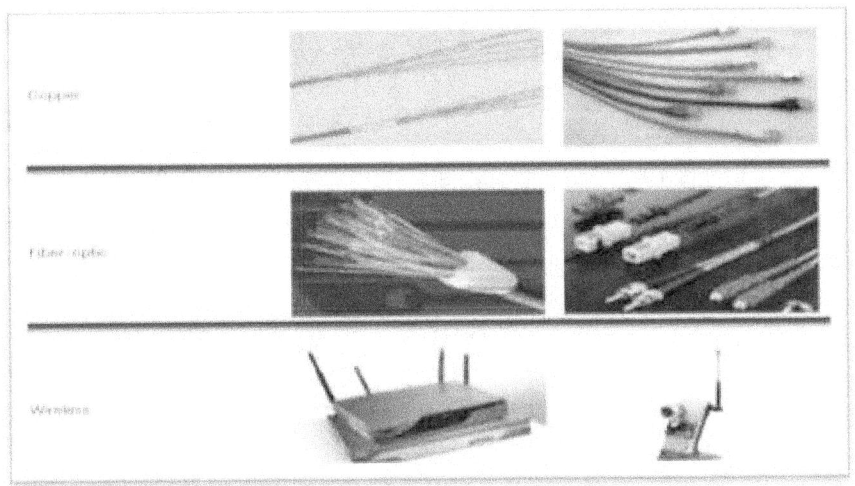

الشكل رقم (39) أنواع الوسائط الشبكية.

Cisco Networking Academy (CCNAv7) Copyright © 2020.

وسائط نقل البيانات transmission media

وسيط نقل البيانات هو أي وسيلة تحمل معلومات من المصدر إلى الوجهة.

كابل مزدوج مجدول twisted pair

يتكون من موصلين عادة من النحاس ولكل منهما عزله البلاستيكي ملتوية معًا. يتم استخدام أحد الأسلاك لحمل الإشارات والآخر يستخدم فقط كمرجع أرضي.

- يعتبر هذا الكابل الأكثر شيوعًا في الاتصالات و هو نوعان نوع لا يحتوى على شبكة عزل و غلاف معدنى و يعرف باسم (UTP) و نوع يحتوي على شبكة العزل و الغلاف و يعرف باسم كابل STP .
- الغلاف المعدني يحسن جودة الكابل عن طريق منع تغلغل الضوضاء إلا أنه أكثر تكلفة.
- يتم استخدامه في خطوط الهاتف لقنوات الصوت والبيانات.
- يستخدم فى شبكات LAN مثل L0Base-T و L00Base-T

37

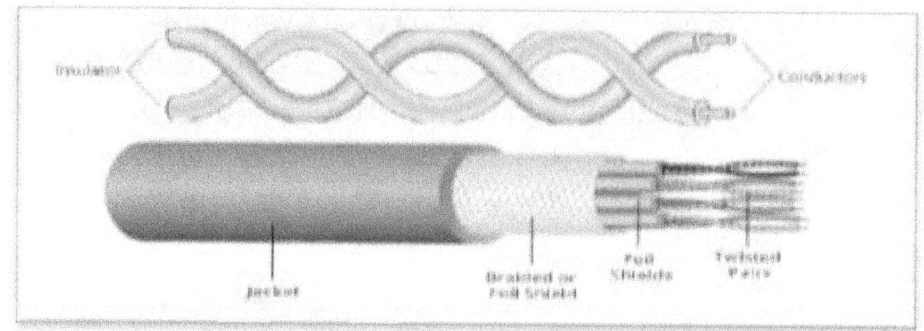

الشكل رقم (40) كابل مزدوج ملتوى twisted pair.
Computer Networks (R15A0513) Lecture Notes, 2020.

كابل محوري Coaxial Cable

- يحمل الكابل المحوري إشارات نطاقات تردد أعلى من الكابل المزدوج.
- يحتوي Coax على موصل أساسي مركزي من سلك صلب (عادةً نحاس) محاطًا بغلاف عازل قوى يحاط بغلاف موصل خارجي من رقائق معدنية أو جديلة أو مزيج من الاثنين.
- يخدم التغليف المعدني الخارجي كدرع ضد الضوضاء وكموصل ثانٍ يكمل الدائرة.
- يتم حماية الكابل بالكامل بواسطة غطاء بلاستيكي.

استخدامات الكابل المحورى

- يستخدم الكابل المحوري على نطاق واسع في شبكات الهاتف التناظرية و الرقمية وفى شبكات التلفزيون الكبلي.
- الإستخدام الشائع للكابل المحوري شبكات Ethernet LAN التقليدية.

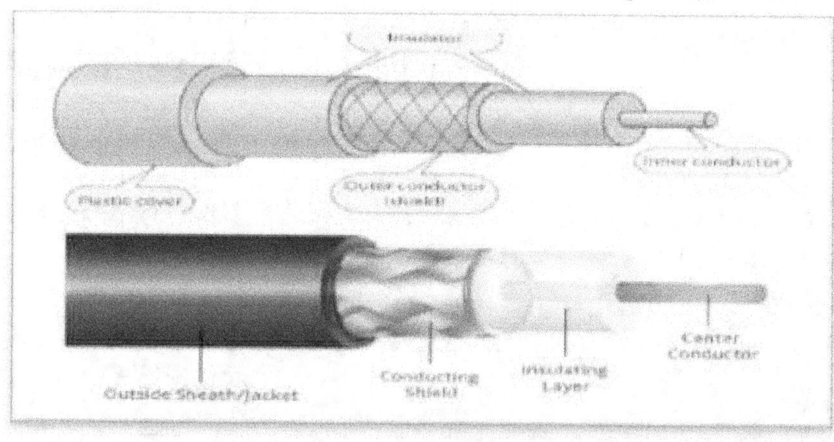

الشكل رقم (41) الكابل المحورى Coaxial Cable
Computer Networks (R15A0513) Lecture Notes, 2020.

كابل الألياف الضوئية

- يتكون كابل الألياف الضوئية من الزجاج أو البلاستيك وينقل الإشارات في هيئة ضوء.
- غالبًا ما يوجد كابل الألياف الضوئية في الشبكات الأساسية لأن النطاق الترددي العريض الخاص به فعال من حيث التكلفة.
- تستخدم بعض شركات التلفزيون الكبلي مزيجًا من الألياف الضوئية والكابل المحوري وبالتالي إنشاء شبكة هجينة.
- تستخدم شبكات LAN مثل شبكة 100Base-FX (Fast Ethernet) وشبكة Base-X1000 كابل الألياف الضوئية.

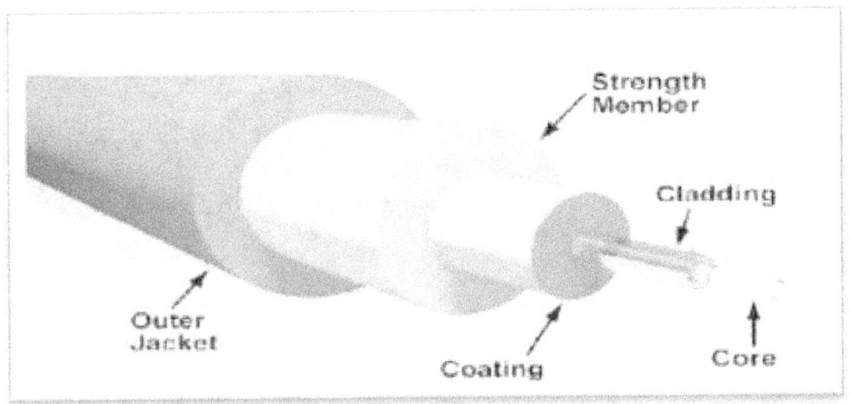

الشكل رقم (42) كابل الألياف الضوئية.
Computer Networks (R15A0513) Lecture Notes, 2020.

مزايا الألياف الضوئية

يتميز كابل الألياف الضوئية بالعديد من المزايا مقارنة بالكابل المعدني (المجدول أو المحوري) أهمها النطاق ترددي أعلى.

تضاؤل الإشارة

- مسافة نقل الألياف الضوئية أكبر بكثير من تلك الخاصة بالوسائط الموجهة الأخرى.
- يمكن أن تعمل الإشارة لمدة 50 كم دون الحاجة إلى التجديد.
- نحتاج إلى مكررات كل 5 كم للكابل المحوري أو المزدوج المجدول.

الحصانة ضد التداخل الكهرومغناطيسي.

- لا يمكن للضوضاء الكهرومغناطيسية أن تؤثر على كابلات الألياف الضوئية.
- مقاومة المواد المسببة للتآكل. الزجاج أكثر مقاومة للمواد المسببة للتآكل من النحاس.

خفة الوزن

كابلات الألياف الضوئية أخف وزناً بكثير من كابلات النحاس.

مناعة أكبر للتنصت

كابلات الألياف الضوئية أكثر مناعة للتنصت من كابلات النحاس.

تخلق كابلات النحاس تأثيرات هوائي يمكن التنصت عليها بسهولة.

عيوب الألياف الضوئية

- انتشار الضوء أحادي الاتجاه.
- إذا احتجنا إلى اتصال ثنائي الاتجاه فنحن بحاجة إلى كابلين.
- الكابلات والواجهات أغلى نسبيًا من تلك الخاصة بالوسائط الموجهة الأخرى.
- إذا لم يكن الطلب على النطاق الترددي مرتفعًا فغالبًا لا يمكن تبرير استخدام الألياف الضوئية.

طوبولوجيا الشبكة Network Topology

- تصف الطوبولوجيا كيفية عمل أجزاء الشبكة معًا.
- عند دراسة الشبكات يجب أن نفهم كل من الطوبولوجيا المادية والطوبولوجيا المنطقية للشبكة.

رموز و مخططات الشبكات

يتم توثيق البنية الأساسية للشبكة باستخدام رموز وأنواع مختلفة من المخططات المستخدمة لتمثيل الأجهزة وخطوط الترابط بين هذه الأجهزة في الشبكة. يعد فهم هذه الرموز والمخططات جانبًا مهمًا لفهم اتصالات الشبكة.

مخططات الطوبولوجيا

- تعتبر مخططات الطوبولوجيا توثيقًا إلزاميًا للعاملين فى مجال الشبكات.
- تقدم هذه المخططات خريطة مرئية لكيفية توصيل الشبكة بطريقة سهلة لفهم كيفية اتصال الأجهزة في الشبكة.
- تعد القدرة على التعرف على التمثيلات المنطقية لمكونات الشبكة المادية أمرًا بالغ الأهمية للتمكن من تصور تنظيم الشبكة وتشغيلها.
- يتم استخدام المصطلحات المتخصصة لوصف كيفية اتصال كل من هذه الأجهزة والوسائط ببعضها البعض.
- هناك نوعان من مخططات الطوبولوجيا: المادية والمنطقية.

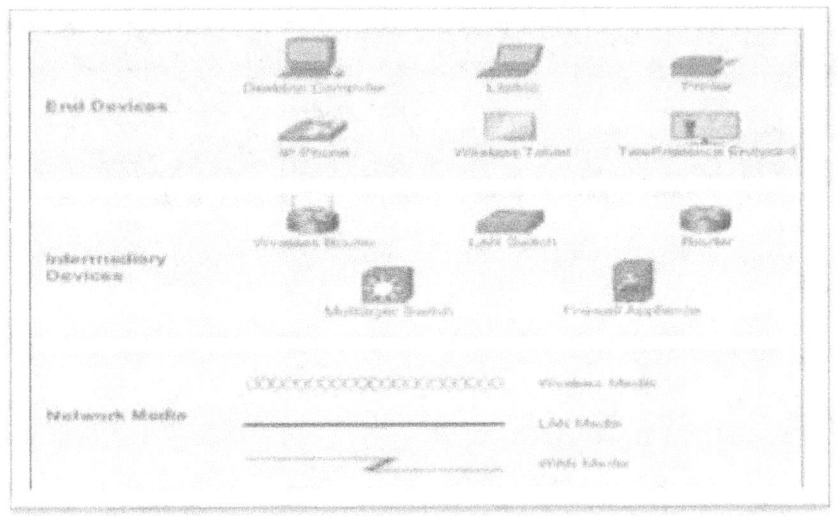

الشكل رقم (43) رموز أجهزة مخططات الشبكات.
Computer Networks (R15A0513) Lecture Notes, 2020.

مخططات الطبولوجيا المنطقية

الطبولوجيا المنطقية تتعلق بالبرمجيات وكيفية التحكم في الوصول إلى الشبكة و كيفية وصول المستخدمين والبرامج إلى الشبكة وكيفية مشاركة الموارد المحددة مثل التطبيقات وقواعد البيانات على الشبكة.
الشكل رقم (9) يعرض الأجهزة الطرفية المتصلة بالأجهزة الوسيطة والوسائط المستخدمة.

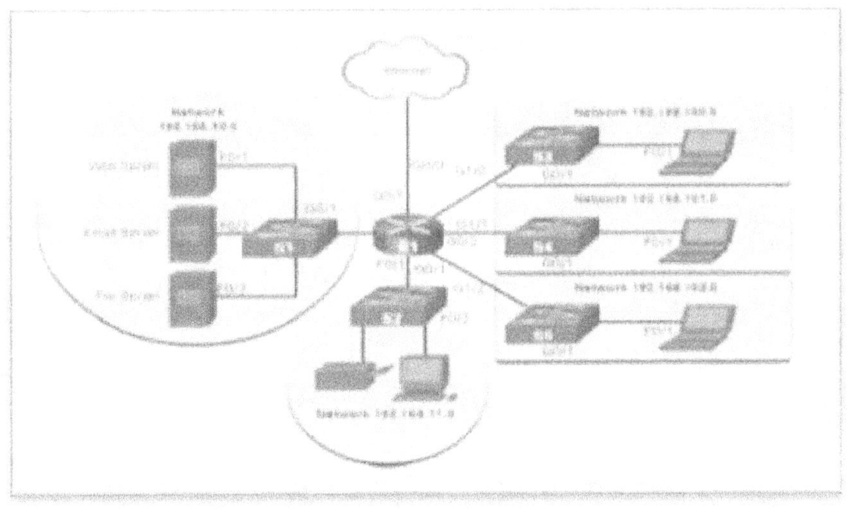

الشكل رقم (44) المخطط الطوبولجى المنطقى.
Cisco Networking Academy (CCNAv7) Copyright © 2020.

مخططات الطوبولوجيا المادية Physical Topology

توضح مخططات الطوبولوجيا المادى الموقع المادى للأجهزة الوسيطة وتركيب الكابلات كما فى الشكل رقم (8).

تشير الطبولوجيا المادية في الغالب إلى أجهزة الشبكة وكيفية ربط أجهزة الكمبيوتر والأجهزة الأخرى والكابلات معًا لتشكيل الشبكة المادية.

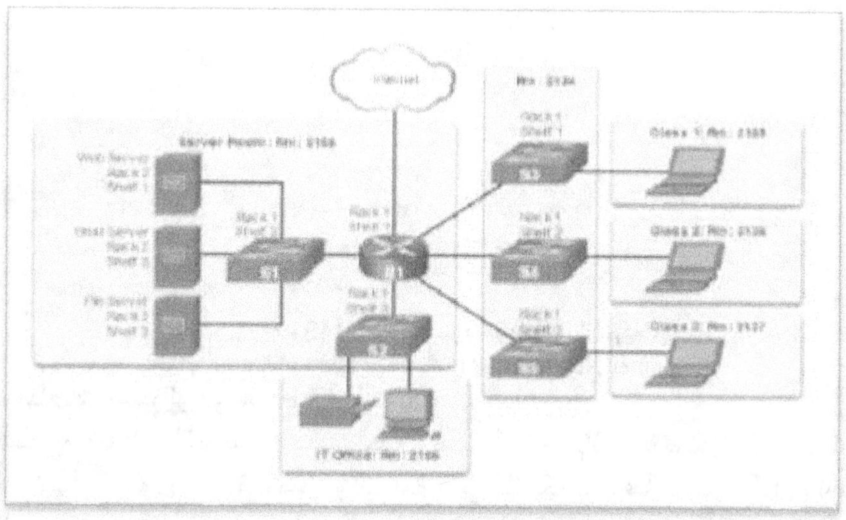

الشكل رقم (45) المخطط الطوبولوجى المادى.
Cisco Networking Academy (CCNAv7) Copyright © 2020.

الطوبولوجيا المادية للشبكات

- الطوبولوجيا هي التمثيل الهندسي للعلاقة بين جميع الروابط وأجهزة الربط (والتي تسمى عادةً العقد nodes) مع بعضها البعض.
- هناك أربع طوبولوجيات أساسية ممكنة: الشبكة، والنجمة، والناقل، والحلقة.

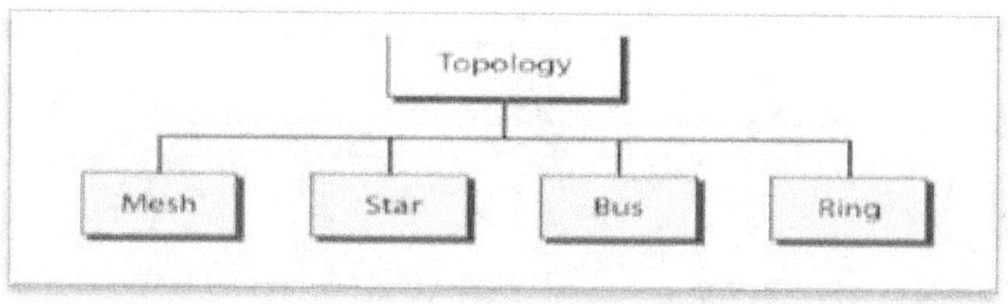

الشكل رقم (46) أنواع اتصالات الشبكات.
Computer Networks (R15A0513) Lecture Notes, 2020.

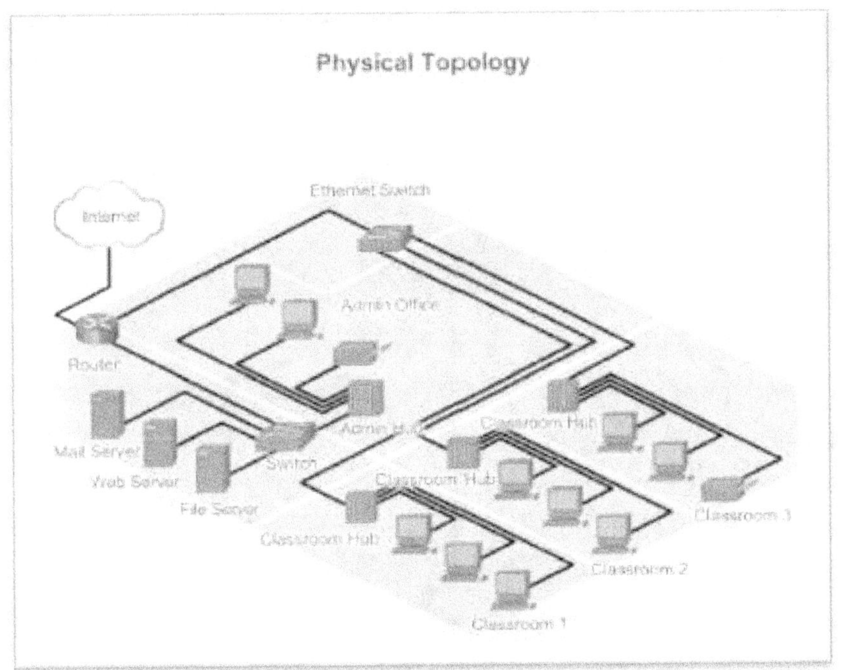

الشكل رقم (47) الطوبولوجيا المادية للشبكات.

Cisco Networking Academy (CCNAv7) Copyright © 2020.

طوبولوجيا الشبكة المتداخلة mesh topology

في طوبولوجيا الشبكة المتداخلة كما فى الشكل (6) يكون كل جهاز بمثابة رابط من نقطة إلى نقطة مخصص لكل جهاز آخر ويعني المصطلح مخصص أن الرابط ينقل حركة المرور فقط بين الجهازين اللذين يتصل بهما.

شبكة المتداخلة الكاملة

عادةً ما تكون طوبولوجيا الشبكة المتداخلة بالكامل مكلفة للغاية ومعقدة بالنسبة للشبكات العملية.

يمكن حساب عدد الاتصالات في هذه الشبكة باستخدام الصيغة التالية (n هو عدد أجهزة الكمبيوتر في الشبكة): $n(n-1)/2$

الشبكة المتداخلة جزئيًا

- فى هذه الحالة يكون بعض عقد الشبكة متصلة بأكثر من عقدة أخرى في الشبكة باستخدام رابط من نقطة إلى نقطة.

- هذا يجعل من الممكن الاستفادة من بعض التكرار الذي توفره طوبولوجيا الشبكة المتصلة بالكامل دون التكلفة والتعقيد المطلوبين للاتصال بين كل عقدة في الشبكة.

- تعتبر طريقة غير مكلفة لتنفيذ التكرار في الشبكة.
- في حالة فشل أحد أجهزة الكمبيوتر الأساسية يستمر باقي الشبكة في العمل.

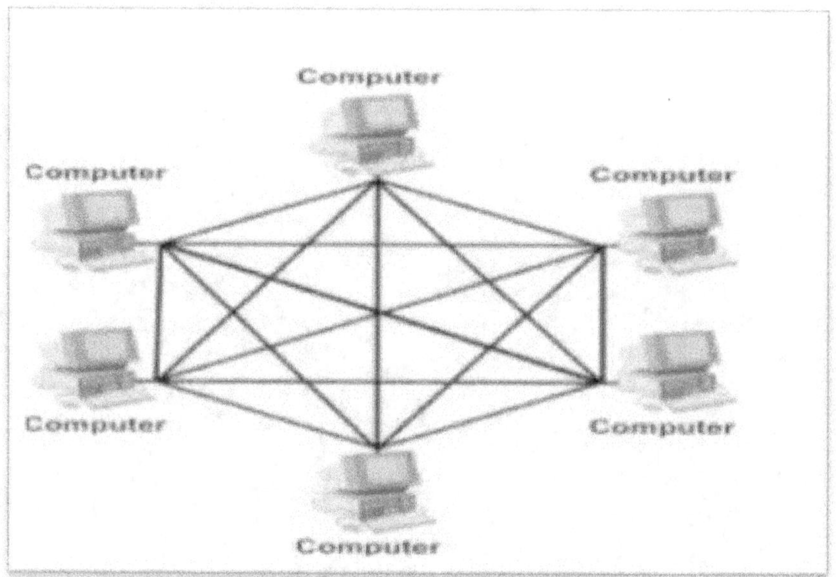

الشكل رقم (48) طوبولوجى الشبكة المتداخلة.
Computer Networks (R15A0513) Lecture Notes, 2020.

مزايا طوبولوجيا الشبكة المتداخلة
- يمكنها التعامل مع كميات كبيرة من حركة المرور لأن أجهزة متعددة يمكنها نقل البيانات في وقت واحد.
- لا يؤدي فشل أحد الأجهزة إلى انقطاع في الشبكة أو نقل البيانات.
- لا يؤدي إضافة أجهزة إلى تعطيل نقل البيانات بين الأجهزة الأخرى.

عيوب طوبولوجيا الشبكة المتداخلة
- تكلفة التنفيذ أعلى من الطوبولوجيات الأخرى.
- بناء وصيانة الطوبولوجيا أمر صعب ويستغرق وقتًا طويلاً.
- احتمالية وجود اتصالات زائدة عن الحاجة مرتفعة مما يزيد من التكاليف المرتفعة وإمكانية انخفاض الكفاءة.

طوبولوجيا النجمة

- هي واحدة من أكثر إعدادات الشبكة شيوعًا.
- تتصل كل عقدة node بجهاز شبكة مركزي مثل الموزع hub أو المفتاح switch ولا تتصل الأجهزة ببعضها مباشرة.

- يعمل جهاز الشبكة المركزي كخادم وتعمل الأجهزة الطرفية كعملاء.
- إذا أراد أحد الأجهزة إرسال بيانات إلى جهاز آخر فإنه يرسل البيانات إلى الموزع و منه إلى الجهاز المتصل الآخر.
- تعتمد الشبكة بالكامل على الموزع لذا إذا لم تعمل الشبكة بالكامل فقد تكون هناك مشكلة في المحور.
- يستخدم كابل متحد المحور coaxial cable أو كابل شبكة RJ-45 لتوصيل أجهزة الكمبيوتر ببعضها.
- جودة الإتصال تعتمد على نوع بطاقة الشبكة في كل كمبيوتر.

مزايا طوبولوجيا النجمة

- إدارة مركزية للشبكة باستخدام الموزع المركزي أو المفتاح.
- سهولة إضافة كمبيوتر آخر إلى الشبكة.
- إذا فشل أحد أجهزة الشبكة يستمر باقي الشبكة في العمل.
- تستخدم طوبولوجيا النجمة في الشبكات المحلية (LANs) وغالبًا ما تستخدم الشبكات عالية السرعة طوبولوجيا النجمة مع محور مركزي.

عيوب طوبولوجيا النجمة

- تكون تكلفة تنفيذها أعلى خاصة عند استخدام مفتاح أو جهاز توجيه أو موزع كجهاز شبكة مركزي.
- تحدد مواصفات الموزع طبيعة الأداء وعدد العقد التي يمكن للشبكة التعامل معها.
- في حالة فشل الكمبيوتر المركزي أو الموزع أو المحول يتم إيقاف تشغيل الشبكة بالكامل ويتم فصل جميع أجهزة الكمبيوتر عن الشبكة.

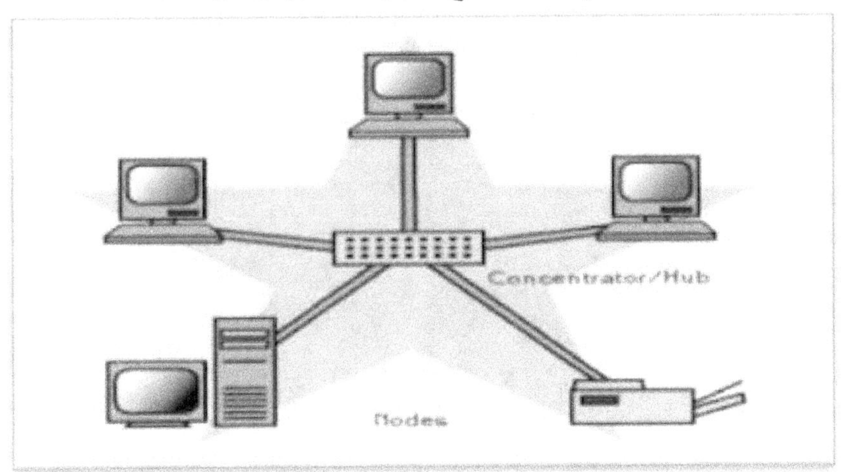

الشكل رقم (49) طوبولوجيا النجمة.
Computer Networks (R15A0513) Lecture Notes, 2020.

bus topology طوبولوجيا شبكة الخط الناقل

عبارة عن طوبولوجيا متعددة النقاط كما فى الشكل رقم (8).
يعمل كابل طويل كعمود فقري Back Bone لربط الأجهزة في الشبكة.

مزايا طوبولوجيا الخط

- تعمل بشكل جيد عندما تكون الشبكة صغيرة.
- تعتبر أسهل طريقة لتوصيل أجهزة الكمبيوتر أو الأجهزة الطرفية بطريقة خطية.
- تتطلب طول كابل أقل من طوبولوجيا النجمة.

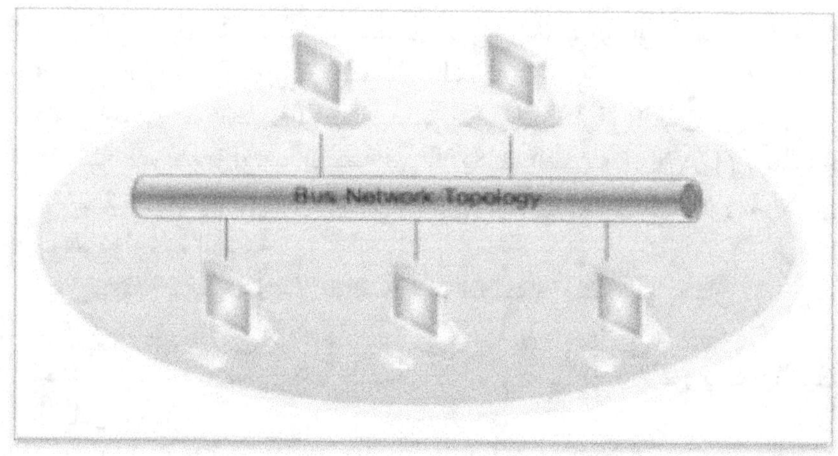

الشكل رقم (50) طوبولوجيا شبكة الخط الناقل.
Computer Networks (R15A0513) Lecture Notes, 2020.

طوبولوجيا الخط الناقل الموزع

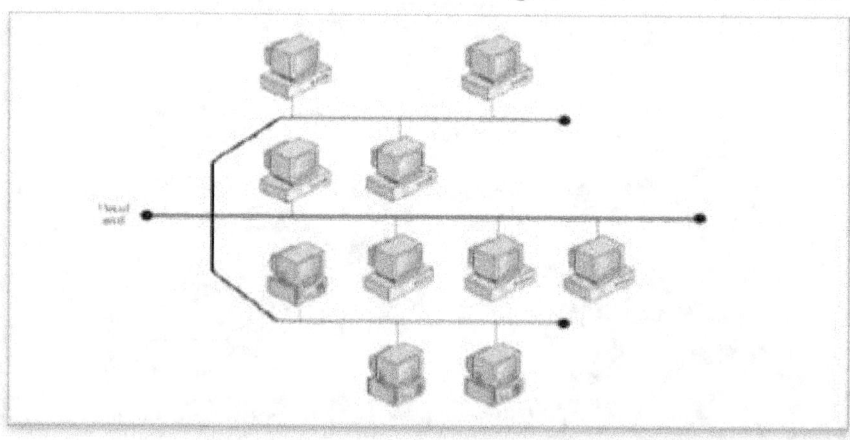

الشكل رقم (51) الخط الناقل الموزع.
Computer Networks (R15A0513) Lecture Notes, 2020.

عيوب طوبولوجيا الخط الناقل

- قد يكون من الصعب تحديد المشكلات إذا انخفضت الشبكة بأكملها.
- قد يكون من الصعب استكشاف مشكلات الجهاز الفردية.
- طوبولوجيا الخط الناقل ليست مناسبة للشبكات الكبيرة.
- تتطلب استخدام نهايات الكابل Terminators لطرفي الكابل الرئيسي.
- الأجهزة إضافية تبطئ الشبكة.
- إذا تضررر الكبال الرئيسي تفشل الشبكة.

طوبولوجيا الحلقة

- فى هذه الشبكة يتم إنشاء مسار بيانات دائري في شكل حلقة.
- تنتقل حزم البيانات من جهاز إلى آخر حتى تصل إلى وجهتها.
- تسمح معظم طوبولوجيا الحلقة الحزم بمرور البيانات في اتجاه واحد و تسمى شبكة حلقة أحادية الاتجاه.
- تسمح شبكات أخرى للبيانات بالتحرك في أي من الاتجاهين و تسمى ثنائية الاتجاه.
- يمكن استخدام طبولوجيا الحلقة في الشبكات المحلية (LAN) أو الشبكات الواسعة (WAN).

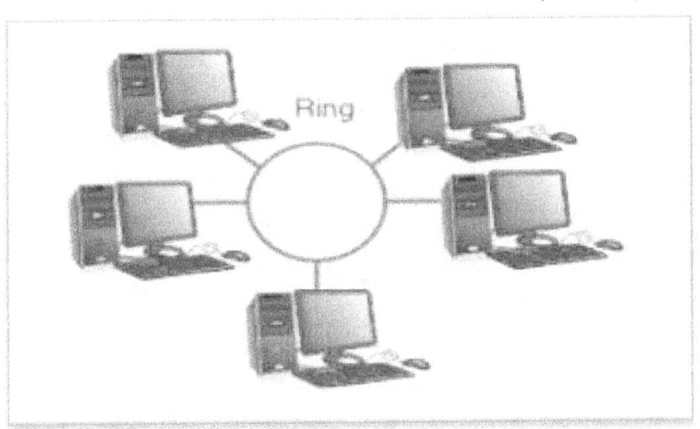

الشكل رقم (52) طبولوجيا الحلقة.
Network+ Guide to Networks, Jill West, 2022.

مزايا طوبولوجيا الحلقة

- تتدفق جميع البيانات في اتجاه واحد مما يقلل من فرصة تصادم الحزم.
- عدم الحاجة لخادم الشبكة للتحكم في اتصال الشبكة بين كل محطة.
- يمكن أن تنقل البيانات بين محطات العمل بسرعات عالية.
- يمكن إضافة محطات عمل إضافية دون التأثير على أداء الشبكة.

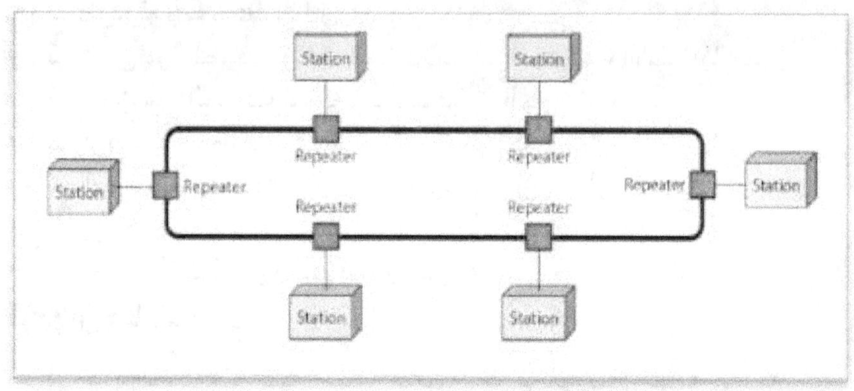

الشكل رقم (53) طوبولوجيا شبكة الحلقة.
Computer Networks (R15A0513) Lecture Notes, 2020.

عيوب طوبولوجيا الحلقة

- العيب الرئيسي لطوبولوجيا الحلقة هو أنه في حالة كسر أي اتصال فردي في الحلقة تتأثر الشبكة بأكملها.
- يجب أن تمر جميع البيانات التي يتم نقلها عبر الشبكة عبر كل عناصر الشبكة مما قد يجعلها أبطأ من طوبولوجيا النجمة.
- ستتأثر الشبكة بأكملها إذا أغلقت محطة عمل واحدة.
- تعد الأجهزة اللازمة لتوصيل كل محطة عمل بالشبكة أغلى من بطاقات Ethernet والموزع و المفاتيح.

طوبولوجيا الشجرة

ترتبط العقد في الشجرة بالموزع hub الذى يعتبر مركز تحكم في حركة المرور إلى الشبكة.

الجذر المركزى كما فى الشكل (54) يشتمل على الموزع المركزى وموزع فى مستويات أخرى متفرعة من الجذر المركزى.

يتم تقسيم كل فرع رئيسى إلى فروع توزيع أصغر لسهولة الترقيم و تتبع أعمال التركيبات و الصيانة.

مزايا طوبولوجيا الشجرة

- تسمح بربط العديد من الأجهزة بمحور مركزي واحد وبالتالي يمكن زيادة المسافة التي يمكن أن تقطعها الإشارة عبر الأجهزة.
- تسمح للشبكة بعزل الاتصالات وإعطائها الأولوية من أجهزة كمبيوتر مختلفة.
- من السهل توسيعها حيث يمكن توصيل العديد من العقد.

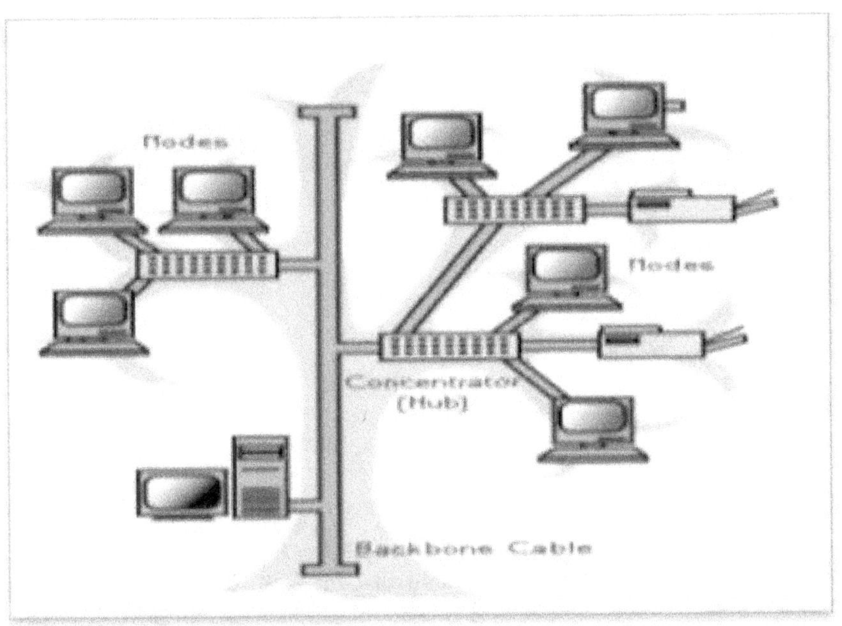

الشكل رقم (54) طوبولوجى الشجرة.
Computer Networks (R15A0513) Lecture Notes, 2020.

عيوب طوبولوجيا الشجرة

1. إذا فشل الجذر فسوف تتعطل الشبكة بأكملها.
2. تتطلب المزيد من الكابلات.

الطوبولوجيا الهجينة\المختلطة

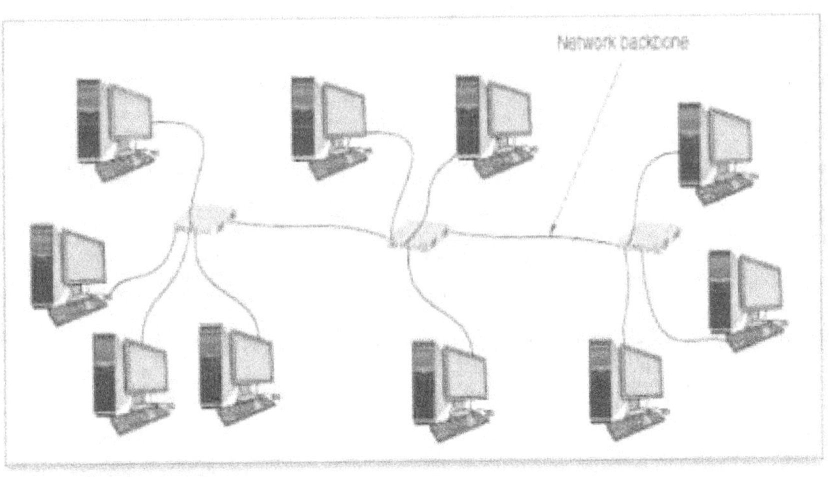

الشكل رقم (55) شبكة طوبولوجيا مختلطة تستخدم المبدلات السويتشات فقط.
Network+ Guide to Networks, Jill West, 2022.

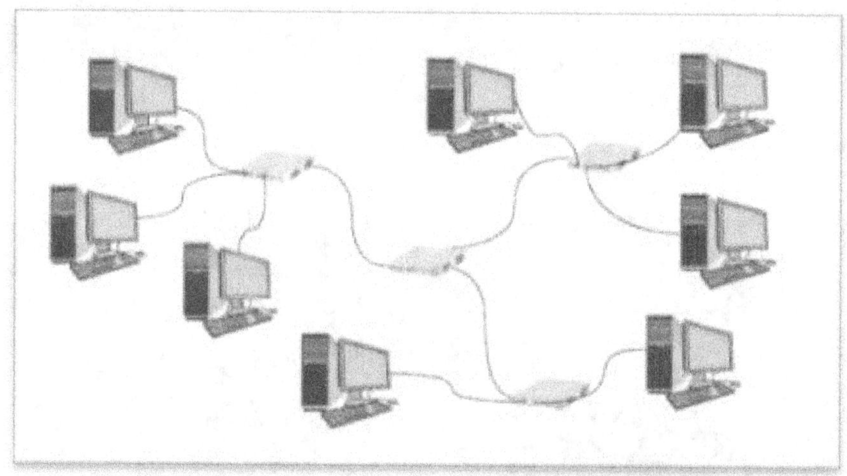

الشكل رقم (56) شبكة طوبولوجيا مختلطة تستخدم موزع مركزى و سويتشات.
Network+ Guide to Networks, Jill West, 2022.

تستخدم الشبكات الهجينة مزيجًا من الطوبولوجيات السابقة.
من الأمثلة الشائعة للشبكة المختلطة:
شبكة الحلقة النجمية وشبكة الناقل النجمية.

مزايا الطبولوجيا المختلطة

يمكن توسيعها بسهولة وتوفر المزيد من المسارات لنقل البيانات.

عيوب الطبولوجيا المختلطة

تتطلب المزيد من الكابلات وعزل الأعطال أمر صعب.

أهم نماذج الشبكات Network Models

- نماذج تركيبات الشبكات تساعدنا على فهم الطوبولوجيات المنطقية وكيفية ارتباط أجهزة الكمبيوتر ببعضها البعض في الشبكة.

- التحكم في كيفية وصول المستخدمين والبرامج إلى الموارد على الشبكة هو وظيفة أنظمة التشغيل المستخدمة على الشبكة.

- يتم تهيئة كل نظام تشغيل لاستخدام أحد نموذجين للاتصال بموارد الشبكة: نموذج الند للند و نموذج العميل والخادم.

- يمكن تحقيق نموذج الند للند باستخدام أي مجموعة متنوعة من أنظمة تشغيل سطح المكتب أو الهاتف المحمول أو الكمبيوتر اللوحي.

- نموذج العميل والخادم يتطلب نظام تشغيل شبكة واحد يتحكم في الوصول إلى الشبكة بالكامل.

نموذج شبكة الند للند P2P (peer-to-peer)

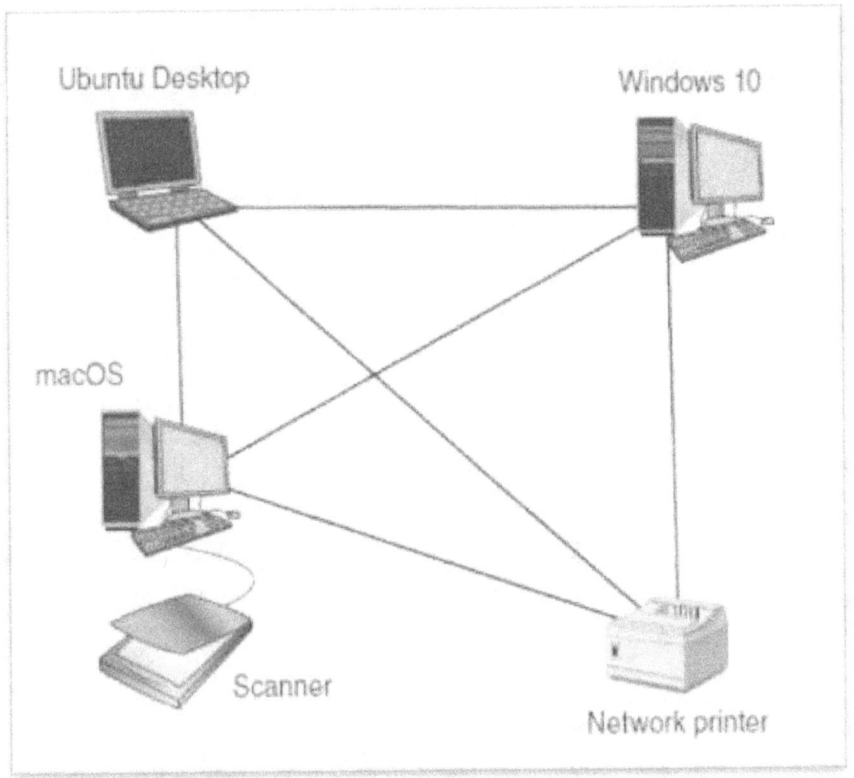

الشكل رقم (57) شبكة الند للند.
Network+ Guide to Networks, Jill West, 2022.

سمات نموذج الند للند

- يكون نظام تشغيل كل جهاز كمبيوتر على الشبكة مسؤولاً عن التحكم في الوصول إلى موارده دون تحكم مركزي كما فى الشكل (57).
- لا يتمتع أي جهاز كمبيوتر بسلطة أكبر من الآخر حيث يتحكم كل جهاز كمبيوتر في موارده الخاصة ويتواصل بشكل مباشر مع أجهزة الكمبيوتر الأخرى
- يمكن للأجهزة في شبكة الند للند مشاركة الموارد من خلال تقنيات مختلفة لمشاركة الملفات أو حسابات المستخدمين.
- توفر معظم أنظمة التشغيل خيارات لمشاركة الملفات مع الأجهزة المتصلة، حتى إذا كانت هذه الأجهزة تعمل بأنظمة تشغيل مختلفة.
- جهاز الكمبيوتر يسمى العقدة node أو المضيف host و تكون الشبكة مجموعة منطقية من أجهزة الكمبيوتر والمستخدمين يتشاركون الموارد.

51

عيوب شبكة الند للند

عيوب	مزايا
لا توجد إدارة مركزية	سهولة الإعداد
ليس آمنًا	أقل تعقيدًا
غير قابلة للتطوير	تكلفة أقل نظرًا لعدم الحاجة إلى أجهزة وخوادم الشبكة المخصصة.
يمكن أن تعمل جميع الأجهزة كعملاء وخوادم مما قد يؤدي إلى إبطاء أدائها.	يمكن استخدامها للمهام البسيطة مثل نقل الملفات ومشاركة الطابعات.

إعداد خادم لنموذج الند للند

- الخادم هو أي جهاز كمبيوتر يحتوى برنامج يوفر خدمة مشاركة البيانات أو الموارد الأخرى للأجهزة أخرى.
- يخزن الخادم الملفات الملفات حتى تتمكن أجهزة الكمبيوتر الأخرى من الوصول إليها لنفرض عشرين جهاز.
- يتم إنشاء مجلد بإسم \Shared-Docs وإنشاء 20 حساب مستخدم
- يجب إعداد محطات العمل بنفس حسابات المستخدم
- يجب أن تتطابق كلمة المرور لكل حساب مستخدم على محطة العمل مع كلمة المرور لحساب المستخدم المطابق على خادم الملفات.
- قد يكون من الصعب للغاية تنظيم كل هذا فى وقت قصير!
- الأفضل لإدارة هذا العدد الكبير من المستخدمين والموارد المشتركة تنفيذ Windows Server أو نظام تشغيل آخر.

نموذج شبكة العميل والخادم Client-Server

- تتم إدارة الموارد بواسطة نظام التشغيل الشبكي NOS عبر قاعدة بيانات دليل مركزية Active Directory كما فى الشكل ().
- يمكن إدارة قاعدة البيانات بواسطة خادم واحد أو أكثر، طالما أن كل منها يحتوي على نظام تشغيل شبكي مشابه مثبت.
- يستخدم نطاق ويندوز Windows domain نموذج العميل والخادم للتحكم في الوصول إلى الشبكة.
- يتم التحكم في الأمان على كل جهاز كمبيوتر بواسطة قاعدة بيانات مركزية على وحدة تحكم المجال.

- يتحكم الخادم Windows Server في شبكة مجموعة من أجهزة الكمبيوترتسمى نطاق ويندوزWindows domain.
- تسمى قاعدة بيانات الدليل المركزية التي تحتوي على معلومات حساب المستخدم والأمان للمجموعة بأكملها الدليل النشط Active Directory
- كل مستخدم على الشبكة لديه حساب على مستوى النطاق خاص به يتم تعيينه من قبل مسؤول الشبكة ويتم الاحتفاظ به في Active Directory.
- يكون هذا الحساب حسابًا محليًا خاص بهذا النطاق.
- يكون للمستخدم حساب Microsoft يربط موارد النطاق المحلي بموارد سحابة Microsoft.
- يمكن للمستخدم تسجيل الدخول إلى الشبكة من أي جهاز كمبيوتر على الشبكة والحصول على حق الوصول إلى الموارد التي يسمح بها الدليل النشط Active Directory.

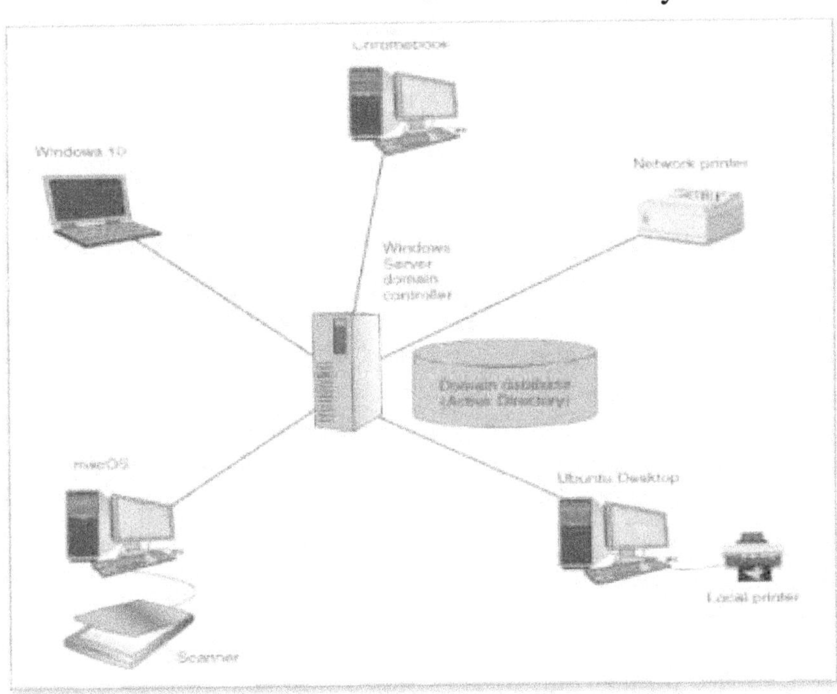

الشكل رقم (58) نموذج شبكة العميل و الخادم client-server.
Network+ Guide to Networks, Jill West, 2022.

قواعد عمل نموذج العميل و الخادم

- يُطلق على الكمبيوتر الذي يقدم طلبًا من كمبيوتر آخر اسم العميل.
- يمكن للعملاء على الشبكة تشغيل التطبيقات المثبتة على سطح المكتب وتخزين بياناتهم الخاصة على أجهزة التخزين المحلية.
- لا يشارك العملاء مواردهم مباشرة مع بعضهم و لكن يتم التحكم في الوصول من خلال قاعدة بيانات النطاق المركزية.
- يتمكن جهاز كمبيوتر العميل من الوصول إلى الموارد الموجودة على جهاز كمبيوتر آخر من خلال الخادم الذى يتحكم في قاعدة البيانات.

عمل نظام تشغيل الشبكة NOS

- إدارة البيانات والموارد الأخرى للعملاء.
- ضمان وصول المستخدمين المصرح لهم فقط إلى الشبكة.
- التحكم في أنواع الملفات التي يمكن للمستخدم فتحها وقراءتها.
- تقييد متى وأين يمكن للمستخدمين الوصول إلى الشبكة.
- تحديد القواعد التي ستستخدمها أجهزة الكمبيوتر للتواصل.
- توفير التطبيقات وملفات البيانات للعملاء.

مزايا نموذج العميل و الخادم

- يتم تعيين حسابات المستخدمين وكلمات المرور للشبكة في مكان واحد.
- يمكن منح الوصول إلى موارد مشتركة متعددة (مثل ملفات البيانات أو الطابعات) بشكل مركزي لمجموعات من المستخدمين.
- يمكن مراقبة المشكلات على الشبكة وإصلاحها من مكان واحد.
- شبكات العميل والخادم أكثر قابلية للتوسع من شبكات الند للند.
- من السهل إضافة المستخدمين والأجهزة إلى شبكة العميل والخادم.

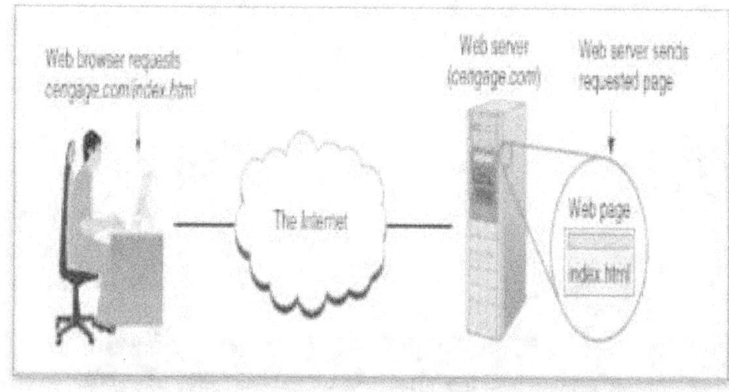

الشكل رقم (59) مثال لنموذج خدمات شبكة العميل و الخادم.
Network+ Guide to Networks, Jill West, 2022.

خدمات شبكة العميل و الخادم

- تتضمن الموارد التي تتيحها الشبكة لمستخدميها التطبيقات والبيانات التي توفرها هذه التطبيقات.
- يشار إلى هذه الموارد مجتمعة باسم خدمات الشبكة.
- في الشكل () نجد لدينا جهازين من أجهزة الطرفية مثل أجهزة الكمبيوتر أو الهواتف الذكية وتُعرف باسم تطبيقات العميل والخادم.
- يستخدم شخص متصفح ويب الكمبيوتر الأول وهو كمبيوتر العميل لطلب صفحة ويب من خادم ويب بيانات أو خدمة من الكمبيوتر الثاني وهو الخادم.
- لاحظ أن الكمبيوترين لا يلزم أن يكونا موجودين على نفس الشبكة فيمكنهما التواصل عبر شبكات أخرى متصلة عبر الإنترنت.

بروتكول التواصل بين العميل و الخادم

- تستخدم الأجهزة طرق وقواعد تُعرف بالبروتوكولات Protocols.
- تشارك الأجهزة وأنظمة التشغيل والتطبيقات في هذه العملية.
- تتواصل أجهزة الكمبيوتر على الشبكة مع بعضها البعض عبر البروتوكولات المشتركة بينها.
- TCP (بروتوكول التحكم في الإرسال) وIP (بروتوكول الإنترنت).
- مجموعة البروتوكولات التي يستخدمها نظام التشغيل للاتصال على الشبكة هي مجموعة بروتوكولات TCP/IP.

خدمة الويب

- للتعامل مع طلب صفحة ويب يجب على كمبيوتر العميل أولاً العثور على خادم الويب.
- البروتوكول الأساسي الذي تستخدمه خوادم الويب والمتصفحات (العملاء) هو HTTP (بروتوكول نقل النص التشعبي).

خدمات البريد الإلكتروني

بروتكولات البريد الإلكتروني تشمل:
- SMTP (بروتوكول نقل البريد البسيط).
- POP3 (بروتوكول مكتب البريد الإصدار 3).
- IMAP4 (بروتوكول الوصول إلى الرسائل عبر الإنترنت الإصدار 4).
- Secure Sockets Layer SSL (طبقة مآخذ التوصيل الآمنة).
- Transport Layer Security TLS (أمان طبقة النقل).

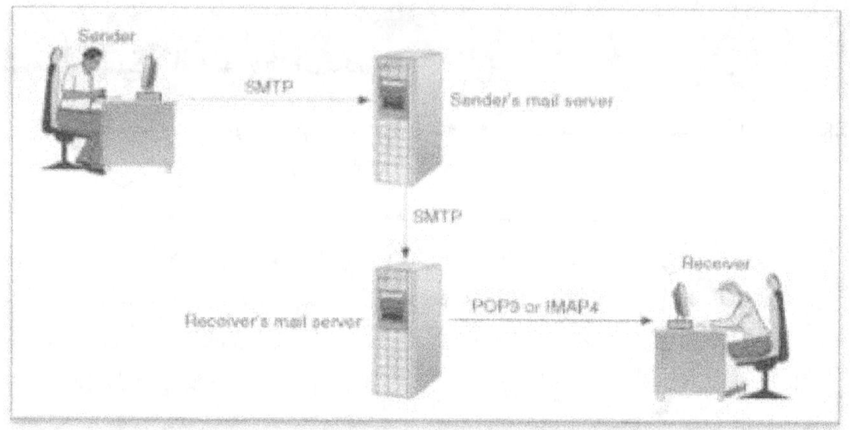

الشكل رقم (60) مثال إستخدام بروتكولات البريد الإلكترونى.
Network+ Guide to Networks, Jill West, 2022.

خدمة DNS (Domain Name System)

- يساعد نظام أسماء النطاقات (DNS) العملاء على العثور على خوادم الويب عبر شبكة مثل الإنترنت.
- تقوم الشركات بتشغيل خوادم DNS الخاصة بها وخاصة لأجهزة الكمبيوتر الخاصة بموظفيها للعثور على الموارد داخل شبكة الشركة.
- يقوم مزودو الإنترنت بتشغيل خدمات DNS لعملائهم والعديد من خوادم DNS العامة مثل خوادم Google متاحة لأي شخص لاستخدامها.

خدمة FTP (File Transfer Protocol)

- خدمة FTP (بروتوكول نقل الملفات) هي تطبيق خادم-عميل ينقل الملفات بين جهازين كمبيوتر.
- لا توفر خدمة FTP التشفيروبالتالي فهى غير آمنة.
- يمكن لمتصفحات الويب العمل كعميل FTP.

خدمات قواعد البيانات Database services

- لا يتم تخزين كل البيانات في ملفات فردية.
- تعمل قواعد البيانات كحاوية لكميات هائلة من البيانات التي يمكن تنظيمها في جداول وسجلات.
- يمكن للمستخدمين والتطبيقات بعد ذلك الوصول إلى البيانات المخزنة على خادم قاعدة البيانات والتفاعل معها.

نظام إدارة قاعدة البيانات (DBMS)
هو برنامج مثبت على خادم قاعدة البيانات.

- النظام مسؤول عن إجراء التغييرات المطلوبة على البيانات وتنظيم البيانات لعرضها أو إعداد التقارير عنها أو تصديرها.
- تستخدم العديد من أنظمة إدارة قواعد البيانات لغة البرمجة SQL (لغة الاستعلامات المنظمة، والتي تنطق S-Q-L أو sequel فقط) لتكوين كائنات وبيانات قاعدة البيانات والتفاعل معها.
- تشمل الأمثلة الشائعة لبرنامج قاعدة بيانات SQL Microsoft SQL Server وOracle Database وMySQL مفتوح المصدر.

خدمة الوصول عن بعد

- تسمح بعض البروتوكولات للمسؤول عن دعم الخدمة بالدخول عن بعد أي الوصول إلى جهاز كمبيوتر بعيد من جهاز فني للتحكم في الكمبيوتر عن بعد.
- في أنظمة التشغيل Windows يوفر RDP (بروتوكول سطح المكتب البعيد) أيضًا عمليات إرسال آمنة ومشفرة.

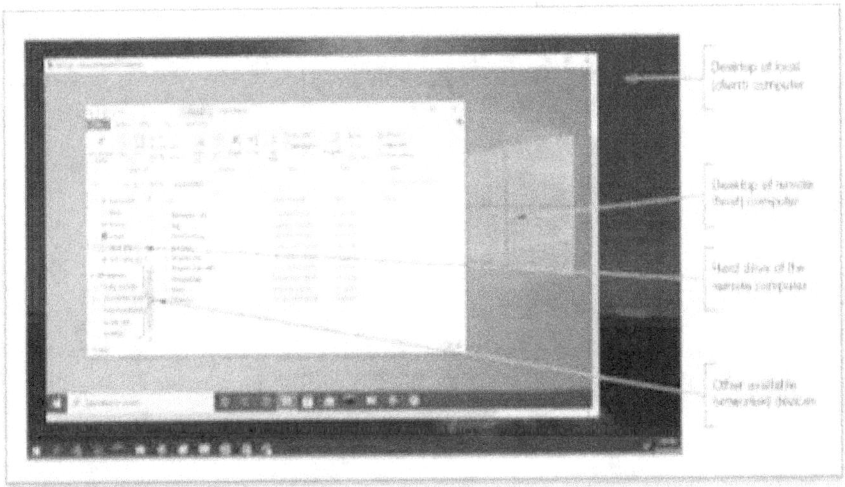

الشكل رقم (61) الوصول عن بعد و سطح مكتب الدعم الفنى و جهاز شبكة الشركة.
Network+ Guide to Networks, Jill West, 2022.

استخدام الوصول عن بعد فى الدعم الفنى

- يتمكن فني الدعم لدى البائع في موقع البائع الاتصال بجهاز كمبيوتر على شبكة الشركة واستكشاف المشكلات وإصلاحها باستخدام البرامج المثبتة لدى البائع.
- يتصل الفنى بالكمبيوتر الخاص بالشركة عن طريق "سطح المكتب" و يتمكن من خلاله الوصول إلى أي موارد على أى جهاز فى شبكة الشركة.

الفصل الثالث: نموذج (OSI)

الربط البينى للأنظمة المفتوحة

- في وقت مبكر من تطور الشبكات تم تطوير نموذج مكون من سبع طبقات لتصنيف طبقات الاتصالات الشبكية.
- هذا النموذج يُسمى OSI (الربط البينى للأنظمة المفتوحة) تم تطويره لأول مرة من قبل المنظمة الدولية للمعايير والتي تسمى أيضًا ISO.
- المنظمة الدولية للمعايير اسمها المختصر ISO مشتق من كلمة يونانية تعني المساواة.
- لا يزال مهندسو الشبكات وفنيو الأجهزة والمبرمجون ومسؤولو الشبكات يستخدمون طبقات نموذج OSI للتواصل حول تقنيات الشبكات.
- في هذه الدورة ستتعلم كيفية استخدام نموذج OSI لمساعدتك في فهم بروتوكولات الشبكات واستكشاف مشكلات الشبكة وإصلاحها.

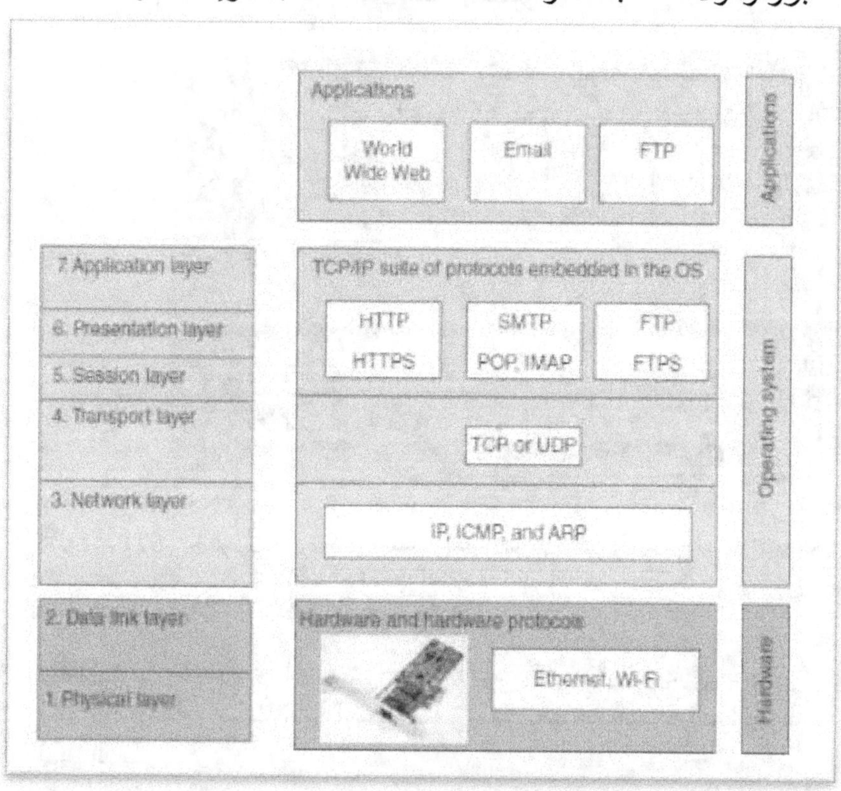

الشكل رقم (1) كيف يتم ربط البرامج والبروتوكولات والأجهزة بنموذج OSI.
Network+ Guide to Networks, Jill West, 2022.

OSI

- OSI تعني Open Systems Interconnection (الربط البينى الأنظمة المفتوحة) أو النموذج المرجعى لإتصالات الأنظمة المفتوحة.
- تم إنشاؤه كإطار عمل ونموذج مرجعي لشرح كيفية عمل تقنيات الشبكات المختلفة معًا وتفاعلها.
- كل طبقة لها وظائف محددة تكون مسؤولة عنها.
- تعمل جميع الطبقات معًا بالترتيب الصحيح لنقل البيانات حول الشبكة.

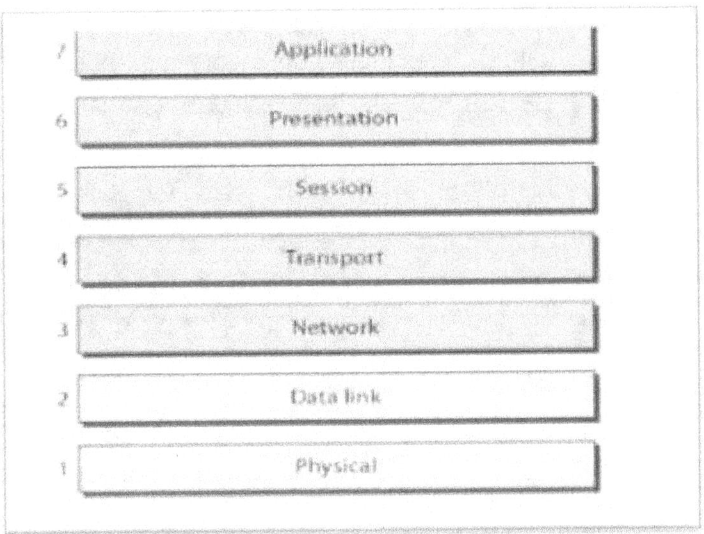

الشكل رقم (2) الطبقات السبع للنموذج المرجعي OSI.
Network+ Guide to Networks, Jill West, 2022.

طريقة حفظ الطبقات السبع لنموذج OSI.

طريقة سهلة من أعلى إلى أسفل

All People Seem To Need Data Processing

يبدو أن جميع الأشخاص يحتاجون إلى معالجة البيانات.

(التطبيق، العرض التقديمي، الجلسة، النقل، الشبكة، رابط البيانات، المعالجة المادية).

طريقة سهلة من أسفل إلى أعلى

Please Do Not Throw Sausage Pizza Away

يرجى عدم رمي بيتزا السجق.

(المعالجة المادية، رابط البيانات، الشبكة، النقل، الجلسة، العرض التقديمي، التطبيق).

معنى نموذج الطبقات

- يعتبر النموذج المرجعي في الأساس مخططًا تصوريا لكيفية حدوث الاتصالات.
- يتناول النموذج جميع العمليات المطلوبة للاتصال الفعال ويقسم هذه العمليات إلى مجموعات منطقية تسمى الطبقات.
- عندما يتم تصميم نظام اتصالات بهذه الطريقة يُعرف ذلك بالمعمارية الطبقية و يشار إلى النموذج بالمصطلح layered architecture.
- تمكن مطورو البرمجيات من استخدام نموذج مرجعي لفهم عمليات الاتصال بالكمبيوتر ومعرفة ما يجب إنجازه على أي طبقة وكيفية ذلك.
- تطوير بروتوكول لطبقة معينة يعنى التركيز فقط على وظائف تلك الطبقة المحددة و لكل طبقة بروتوكول خاص بها.
- المصطلح الفني لهذه الفكرة هو binding أى الترابط .
- عمليات الاتصال المتعلقة ببعضها البعض مرتبطة bound أو مجمعة معًا في طبقة معينة.

مزايا استخدام نموذج OSI

نموذج OSI ليس نموذجًا ماديًا فهو مجموعة مفاهيم شاملة سلسة من الإرشادات يستخدمها مطورو التطبيقات لإنشاء وتنفيذ التطبيقات ومعايير الشبكات والأجهزة ومخططات الشبكات التي تعمل على الشبكة.

- يقسم نموذج OSI عمليات الاتصال بالشبكة إلى مكونات أصغر وأبسط وبالتالي يساعد في تطوير المكونات وتصميمها واستكشاف الأخطاء وإصلاحها.
- يسمح بتطوير متعدد الموردين من خلال توحيد مكونات الشبكة.
- يشجع توحيد الصناعة من خلال تحديد الوظائف المحددة التي تحدث في كل طبقة من النموذج.
- يسمح لأنواع مختلفة من أجهزة وبرامج الشبكة بالتواصل.
- يمنع التغييرات التى تحدث في طبقة واحدة من التأثير على الطبقات الأخرى مما يسهل التطوير ويجعل برمجة التطبيقات أسهل بكثير.

أهم وظائف مواصفات OSI أنه موحد في نقل البيانات بين أنظمة التشغيل المختلفة UNIX/Linux أو Windows أو macOS.

الطبقات السبعة

- طبقة التطبيق (الطبقة 7)
- طبقة العرض (الطبقة 6)

- طبقة الجلسة (الطبقة 5)
- طبقة النقل (الطبقة 4)
- طبقة الشبكة (الطبقة 3)
- طبقة ربط البيانات (الطبقة 2)
- الطبقة المادية (الطبقة 1)

Layer	Functions
Application	• File, print, message, database, and application services
Presentation	• Data encryption, compression, and translation services
Session	• Dialog control
Transport	• End-to-end connection
Network	• Routing
Data Link	• Framing
Physical	• Physical topology

الشكل رقم (3) الطبقات السبعة و وظائفها.
CompTIA Network+ Study Guide Exam N10-009, 6th Edition-2024.

يلخص الشكل (3) وظائف كل طبقة من طبقات نموذج OSI.
سوف نتناول ما يحدث في كل طبقة بالتفصيل.

- تنقسم طبقات OSI السبع إلى مجموعتين.
- تحدد الطبقات الثلاث العليا قواعد كيفية تواصل التطبيقات العاملة داخل أجهزة المضيف مع بعضها البعض وكذلك مع المستخدمين النهائيين.
- تحدد الطبقات الأربع السفلية كيفية نقل البيانات الفعلية من طرف إلى طرف.
- يوضح الشكل (4) الطبقات الثلاث العليا ووظائفها.
- يوضح الشكل (5) الطبقات الأربع السفلية ووظائفها.

الطبقات العليا

من الواضح أن المستخدمين الفعليين يتفاعلون مع الكمبيوتر في طبقة التطبيق. الطبقات العليا مسؤولة عن التطبيقات التي تتواصل بين المضيفين.
تذكر أن أيًا من الطبقات العليا لا "تعرف" أي شيء عن الشبكات أو عناوين الشبكة, هذه مسؤولية الطبقات الأربع السفلية.

الطبقات السفلية

الطبقات الأربع السفلية تحدد كيفية نقل البيانات عبر الوسائط المادية والمبدلات وأجهزة التوجيه.

تحدد هذه الطبقات أيضًا كيفية إعادة بناء تدفق البيانات من المضيف المرسل إلى تطبيق المضيف الوجهة.

Application	• Provides a user interface
Presentation	• Presents data • Handles processing such as encryption
Session	• Keeps different applications' data separate

الشكل رقم (4) الطبقات العليا.

CompTIA Network+ Study Guide Exam N10-009, 6th Edition-2024.

Transport	• Provides reliable or unreliable delivery • Performs error correction before retransmit
Network	• Provides logical addressing which routers use for path determination
Data Link	• Combines packets into bytes and bytes into frames • Provides access to media using MAC address • Performs error detection not correction
Physical	• Moves bits between devices • Specifies voltage, wire speed, and pin-out of cables

الشكل رقم (5) الطبقات السفلية.

CompTIA Network+ Study Guide Exam N10-009, 6th Edition-2024.

طبقة التطبيق

- تحدد المكان الذي يتواصل فيه المستخدمون أو يتفاعلون فعليًا مع الكمبيوتر.
- يتواصل المستخدمون مع network stack رزمة بروتوكولات الشبكة من خلال عمليات التطبيق أو الواجهات interfaces أو واجهات برمجة التطبيقات (APIs) التي تربط التطبيق المستخدم بنظام التشغيل الخاص بالكمبيوتر operating system.
- تختار طبقة التطبيق وتحدد مدى توفر الشركاء المتصلين إلى جانب الموارد اللازمة لإجراء الاتصالات المطلوبة.

- تنسق بين التطبيقات الشريكة وتشكل إجماعًا بشأن الإجراءات الخاصة بالتحكم في سلامة البيانات واستعادة الأخطاء.
- تدخل طبقة التطبيق حيز التنفيذ فقط عندما يكون من الواضح أن الوصول إلى الشبكة سيكون مطلوبًا قريبًا.
- طبقة التطبيق تعمل كواجهة بين برنامج التطبيق الذي لا يشكل جزءًا من البنية الطبقية والطبقة التالية من خلال توفير طرق للتطبيق لإرسال المعلومات إلى الأسفل عبر رزمة البروتوكول.
- لا توجد المتصفحات داخل طبقة التطبيق فهي تتفاعل مع بروتوكولات طبقة التطبيق عندما تحتاج إلى التعامل مع موارد بعيدة.
- تتحمل طبقة التطبيق مسؤولية تحديد وإثبات توفر شريك الاتصال المقصود وتحديد ما إذا كانت الموارد الكافية للاتصال المطلوب موجودة.
- هذه المهام مهمة لأن تطبيقات الكمبيوتر تتطلب أحيانًا أكثر من مجرد موارد سطح المكتب.
- غالبًا ما توجد مكونات الاتصال من أكثر من تطبيق شبكة.
- من الأمثلة الرئيسية نقل الملفات والبريد الإلكتروني بالإضافة إلى تمكين الوصول عن بُعد وأنشطة إدارة الشبكة وعمليات الخادم والعميل مثل الطباعة وتحديد موقع المعلومات.
- توفر العديد من تطبيقات الشبكة خدمات الاتصال عبر شبكات المؤسسة ولكن بالنسبة للشبكات الحالية والمستقبلية تتطور الحاجة بسرعة للوصول إلى ما هو أبعد من حدود الشبكات المادية الحالية.

ملاحظة هامة

- من المهم أن تتذكر أن طبقة التطبيق تعمل كواجهة بين برامج التطبيق.
- على سبيل المثال لا يوجد برنامج Microsoft Word في طبقة التطبيق بل يتفاعل مع بروتوكولات طبقة التطبيق.
- لاحقًا في الفصل السادس "مقدمة إلى بروتوكول الإنترنت" سنعرف كل شيء عن البرامج أو العمليات الرئيسية التي توجد في طبقة التطبيق مثل SFTP وTFTP.

طبقة العرض

- تستمد طبقة العرض اسمها من الغرض منها: فهي تقدم البيانات إلى طبقة التطبيق وهي مسؤولة عن ترجمة البيانات وتنسيق التعليمات البرمجية.
- تتمثل إحدى تقنيات نقل البيانات الناجحة في تكييف البيانات إلى تنسيق قياسي قبل النقل.
- يتم تكوين أجهزة الكمبيوتر لتلقي هذه البيانات ذات التنسيق العام ثم تحويلها

إلى تنسيقها الأصلي للقراءة على سبيل المثال من EBCDIC إلى ASCII أو من Unicode إلى ASCII على سبيل المثال لا الحصر.

- تضمن طبقة العرض من خلال توفير خدمات الترجمة إمكانية قراءة البيانات المنقولة من طبقة التطبيق في نظام ما وفهمها بواسطة طبقة التطبيق في نظام آخر.
- تحتوي OSI على معايير بروتوكول تحدد كيفية تنسيق البيانات القياسية.
- ترتبط بهذه الطبقة مهام مثل:
  - ضغط البيانات data compression
  - وفك ضغطها decompression
  - وتشفيرها encryption
  - وفك تشفيرها decryption
- بعض معايير طبقة العرض متضمنة في عمليات الوسائط المتعددة.

طبقة الجلسة

- طبقة الجلسة مسؤولة عن إعداد وإدارة ثم إلغاء الجلسات بين كيانات طبقة العرض.
- توفر هذه الطبقة أيضًا التحكم في الحوار بين الأجهزة أوالعقد.
- تنسق الاتصالات بين الأنظمة وتعمل على تنظيم اتصالاتها من خلال تقديم ثلاثة أوضاع مختلفة:
  - اتجاه واحد (البسيط) (simplex)
  - كلا الاتجاهين ولكن اتجاه واحد فقط في كل مرة (نصف مزدوج) (half-duplex).
  - وثنائي الاتجاه (مزدوج كامل) (full-duplex).
- تحافظ طبقة الجلسة بشكل أساسي على فصل بيانات التطبيق عن بيانات التطبيقات الأخرى.
- تسمح طبقة الجلسة بجلسات متعددة لمتصفح الويب على سطح المكتب في نفس الوقت.

طبقة النقل

- تقسم طبقة النقل البيانات وتعيد تجميعها في مجرى بيانات.
- تتولى الخدمات الموجودة في طبقة النقل التعامل مع البيانات من تطبيقات الطبقة العليا وتوحدها في مجرى البيانات نفسه.
- توفر خدمات نقل البيانات من البداية إلى النهاية ويمكنها إنشاء اتصال منطقي بين المضيف المرسل والمضيف الوجهة على الشبكة.

- توفر طبقة النقل الآليات اللازمة لإرسال تطبيقات الطبقة العليا وإنشاء اتصالات افتراضية وتفكيك الدوائر الافتراضية.
- تخفي أيضًا العديد من التفاصيل المتنوعة لأي معلومات تعتمد على الشبكة من الطبقات العليا مما يسهل نقل البيانات.
- بروتوكول التحكم في الإرسال (TCP) وبروتوكول بيانات المستخدم (UDP) يعملان في طبقة النقل.
- البروتوكول TCP خدمة موثوقة reliable service بينما UDP ليس كذلك.
- يمنح هذان البروتوكولان مطوري التطبيقات المزيد من الخيارات لأن لديهم حرية الخيار بينهما عندما يعملون مع بروتوكولات TCP/IP.
- يمكن أن تكون طبقة النقل غير مهيأة الإتصال connectionless أو مهيأة الاتصال connection-oriented ولكن من المهم بشكل خاص أن نفهم حقًا الجزء موجه الاتصال من طبقة النقل,لذلك سنتحدث في الفقرة القادمة عن بروتوكول طبقة النقل مهيأ الاتصال connection-oriented أو(الموثوقة) (reliable).

ملحوظة هامة

مصطلح الشبكات الموثوقة reliable networking يتعلق بطبقة النقل يعني أنه سيتم استخدام التأكيدات acknowledgments والتسلسل sequencing والتحكم في التدفق flow control.

تعتمد الشبكات الموثوقة على توظيف جلسة اتصال مهيأة الاتصال connection-oriented بين الأنظمة تضمن تحقيق ما يلي:

- يتم تأكيد الأجزاء التي تم تسليمها للمرسل عند استلامها.
- يتم إعادة إرسال أي أجزاء لم يتم تأكيدها.
- يتم ترتيب الأجزاء مرة أخرى وفقًا لترتيبها الصحيح عند وصولها إلى وجهتها.
- يتم الحفاظ على تدفق بيانات قابل للإدارة لتجنب الازدحام والحمل الزائد وفقدان البيانات.

الارسال مهيأ الاتصال Connection-Oriented

قبل أن يبدأ المضيف المرسل في إرسال القطع عبر نموذج OSI الطبقي تتصل عملية TCP الخاصة بالمرسل بعملية TCP الخاصة بالوجهة لإنشاء اتصال. يُعرف الإنشاء الناتج باسم الدائرة الافتراضية virtual circuit. يسمى هذا النوع من الاتصال Connection-Oriented الاتصال المهيأ. أثناء هذه المصافحة الأولية initial handshake تتفق عمليتا TCP أيضًا

على كمية المعلومات التي سيتم إرسالها في أي اتجاه قبل أن يرسل TCP الخاص بالمستقبل المعني إشارة تأكيد acknowledgment.

مع الاتفاق على كل شيء مسبقًا يتم تمهيد الطريق لحدوث اتصال موثوق.

يوضح الشكل (6) جلسة reliable موثوقة نموذجية تجري بين أنظمة الإرسال والاستقبال.

يبدأ كل من برامج التطبيقات الخاصة بالمضيفين بإخطار أنظمة التشغيل الفردية الخاصة بهما بأن الاتصال على وشك البدء.

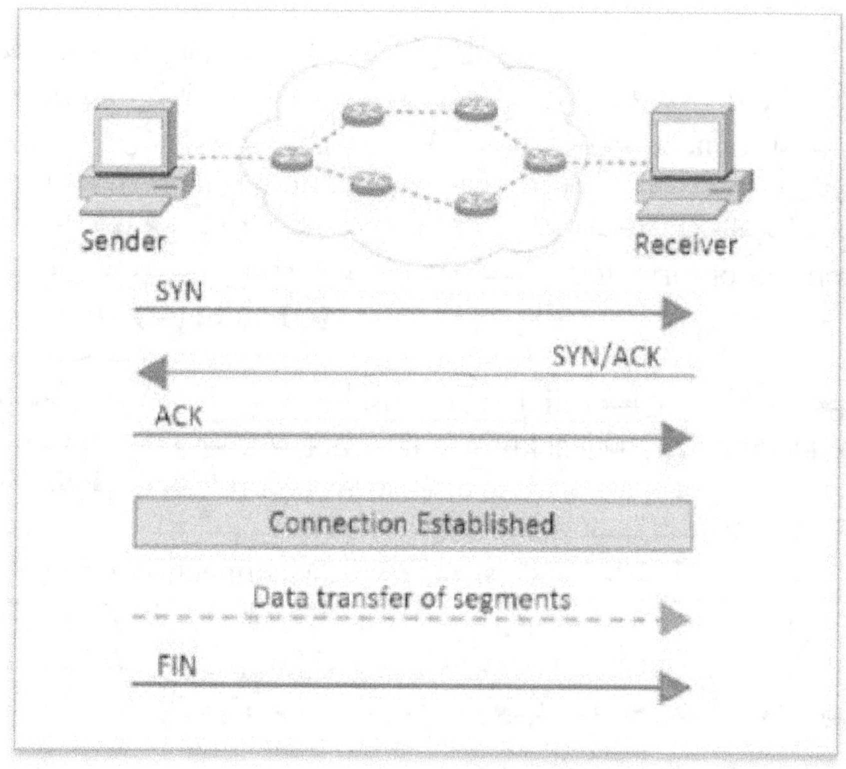

الشكل رقم (6) يبين جلسة اتصال reliable موثوقة.
CompTIA Network+ Study Guide Exam N10-009, 6th Edition-2024.

جلسة إتصال موثوقة reliable data transport

- يتواصل نظاما التشغيل عن طريق إرسال رسائل عبر الشبكة تؤكد الموافقة على النقل وأن كلا الجانبين جاهزان لحدوثه.

- بعد حدوث كل هذا التزامن المطلوب يتم إنشاء اتصال بالكامل ويبدأ نقل البيانات.

- يُطلق على إعداد الدائرة الافتراضية هذا اسم overhead التكلفة غير المباشرة.

- أثناء نقل المعلومات بين المضيفين يتحقق الجهازان بشكل دوري من بعضهما البعض ويتواصلان من خلال برنامج البروتوكول الخاص بهما للتأكد من أن كل شيء يسير على ما يرام وأن البيانات يتم استلامها بشكل صحيح.

ملخص الخطوات

تبدأ جلسة الاتصال الموجهة أو المصافحة ثلاثية الاتجاهات TCP الموضحة في الشكل (6) كما يلى:

1. القطعة الأولى segment من "اتفاق الاتصال" هى synchronization طلب التزامن.

2. القطع التالية تؤكد الطلب acknowledge وتنشئ معاملات الاتصال أوالقواعد بين المضيفين.

تطلب هذه القطع تزامن تسلسل المستقبل بحيث يتم تكوين اتصال ثنائي الاتجاه bidirectional connection.

3. القطعة الأخيرة إشعارتأكيد بإعلام المضيف الوجهة بقبول اتفاق الاتصال وإنشاء الاتصال ويمكن الآن بدء نقل البيانات.

ملاحظة هامة

تناولت الكثير من التفاصيل حول إعداد هذا الاتصال وقد فعلت ذلك حتى يكون لديك صورة واضحة حقًا لكيفية عمله.

يمكنك الإشارة إلى هذه العملية بالكامل باسم "المصافحة ثلاثية الاتجاهات لـ TCP" التي ذكرتها بالفعل والمعروفة بالاختصارات التالية:

- SYN التزامن.
- SYN/ACK التزامن-التأكيد.
- ACK التأكيد.

التحكم في تدفق البيانات Flow Control

- يتم ضمان سلامة البيانات Data integrity في طبقة النقل من خلال الحفاظ على التحكم في التدفق Flow Control والسماح للمستخدمين بطلب reliable data transport نقل بيانات موثوق بين الأنظمة.

- يوفر التحكم في التدفق وسيلة للمستقبل للتحكم في كمية البيانات المرسلة بواسطة المرسل.

- يمنع المستقبل أى مضيف مرسل على جانب من الاتصال من تجاوز سعة المخازن المؤقتة buffers في المضيف المستقبل وهو الحدث الذي يمكن أن يؤدي إلى فقدان البيانات.

- يستخدم نقل البيانات الموثوق جلسة اتصالات موثوقة بين الأنظمة.

تضمن البروتوكولات المعنية تحقيق ما يلي:

1. يتم إشعار تأكيد قبول القطع المسلمة segments للمرسل عند استلامها.
2. يتم إعادة إرسال أي قطع غير مؤكدة \معترف بها.
3. يتم إعادة ترتيب القطع مرة أخرى في ترتيبها الصحيح عند وصولها إلى وجهتها.
4. يتم الحفاظ على تدفق بيانات لتجنب الازدحام والحمل الزائد وفقدان البيانات.

حالة الإزدحام Congestion

- ماذا يحدث عندما يستقبل الجهاز طوفانًا من datagrams مخططات البيانات بسرعة كبيرة بحيث لا يتمكن من معالجتها؟
- يقوم بتخزينها في قسم ذاكرة يسمى buffer المخزن المؤقت.
- تكتيك التخزين المؤقت هذا لا يمكنه حل المشكلة إلا إذا كان مخطط البيانات جزءًا من burst إرسال رشقى (عرض نطاق عالى خلال فترة قصيرة).
- إذا لم يحدث ذلك واستمر تدفق البيانات فسوف تستنفد ذاكرة الجهاز في النهاية وسوف تتجاوز قدرته على الاستيعاب و يتفاعل الجهاز بالتخلص من أي بيانات إضافية.
- يبدو هذا سيئًا للغاية لولا وظيفة طبقة النقل و هى التحكم في تدفق بيانات الشبكة التي تعمل بشكل جيد بالفعل.

التحكم فى الإزدحام

- بدلاً من التخلص من الموارد والسماح بفقدان البيانات يمكن لطبقة النقل إصدار مؤشر "غير جاهز" أو "توقف" إلى المرسل أو مصدر التدفق كما هو موضح في الشكل (7).
- تعمل هذه الآلية مثل إشارة المرور فترسل إشارة إلى الجهاز المرسل بالتوقف عن إرسال حركة البيانات إلى نظيره المثقل بالبيانات.
- بعد أن يقوم جهاز الاستقبال بمعالجة البيانات الوفيرة في مخزن الذاكرة (مخزن البيانات المؤقت) فإنه يرسل مؤشر "جاهزية" ''ready'' للنقل.
- عندما يستقبل الجهاز الذي ينتظر إرسال بقية البيانات الخاصة به مؤشر "البدء" go فإنه يستأنف إرساله.
- أثناء نقل البيانات الأساسي والموثوق والموجه الاتصال يتم تسليم مخططات البياناتdatagrams إلى المضيف المتلقي بنفس التسلسل الذي يتم إرسالها به بالضبط.
- لذلك إذا فقدت أي أجزاء بيانات أو تكررت أو تعرضت للتلف أثناء النقل يتم إرسال إشعار بالفشل.
- يتم تصحيح هذا الخطأ من خلال التأكد من أن المضيف المتلقي يقر بأنه قد استلم كل جزء من البيانات وبالترتيب الصحيح.

تعتبر الخدمة مهيأة الاتصال إذا كانت تتمتع بالخصائص التالية:

- تم إعداد دائرة افتراضية (مثل المصافحة ثلاثية الاتجاهات).
- تستخدم التسلسل sequencing.
- تستخدم التأكيدات acknowledgments .
- تستخدم التحكم في التدفق flow control.

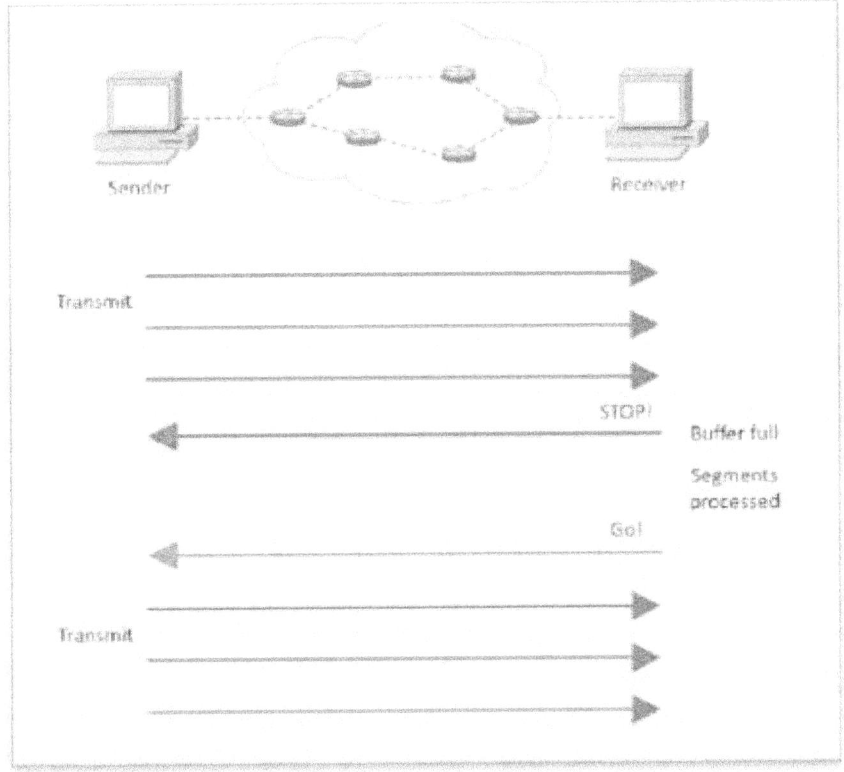

الشكل رقم (7) التحكم فى التدفق.
CompTIA Network+ Study Guide Exam N10-009, 6th Edition-2024.

استخدام النوافذ للتحكم فى إرسال البيانات Windowing

تعريف

تُستخدم النوافذ للتحكم في كمية أجزاء البيانات المتبقية وغير المؤكدة.
يتم تمثيل كمية قطع البيانات (مقاسة بالبايتات) التي يُسمح للآلة المرسلة بإرسالها دون تلقي إشعار بالاستلام بما يسمى النافذة.

سبب الإستخدام

- من المفترض تتم عملية نقل البيانات من الناحية المثالية بسرعة وكفاءة.
- لكن ستكون العملية بطيئة إذا اضطرت الآلة المرسلة إلى الانتظار

للحصول على إشعار بالاستلام بعد إرسال كل قطعة.

- نظرًا لتوفر الوقت بعد أن يرسل المرسل قطعة البيانات وقبل أن ينتهي من معالجة الإشعارات الواردة من الآلة المستقبلة يستخدم المرسل فترة التوقف كفرصة لإرسال المزيد من البيانات.

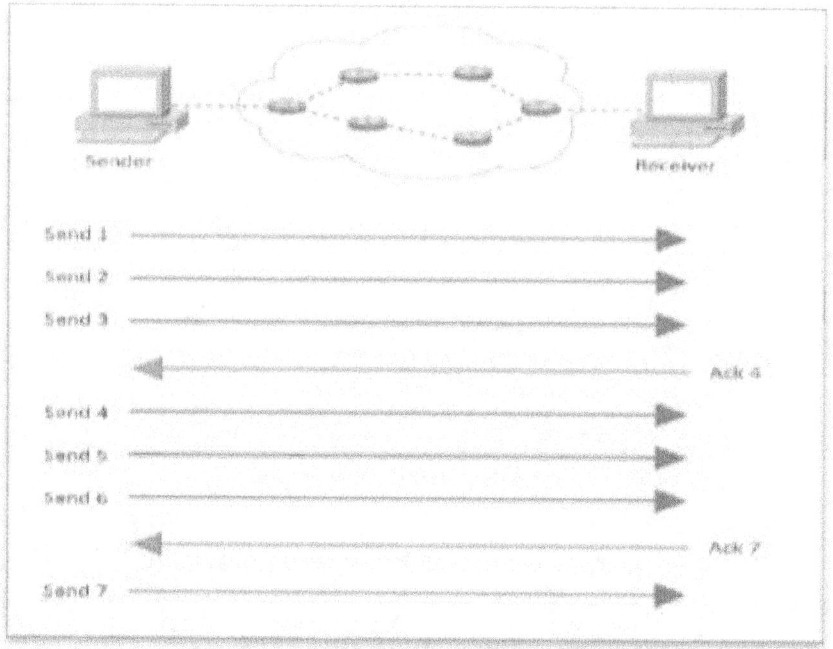

الشكل رقم (8) استخدام أسلوب النافذة فى الإرسال.
CompTIA Network+ Study Guide Exam N10-009, 6th Edition-2024.

طريقة تنفيذ النوافذ

- حجم النافذة يتحكم في مقدار المعلومات التي يتم نقلها من طرف إلى آخر.
- بعض البروتوكولات تقيس المعلومات من خلال ملاحظة عدد الرزم. بروتوكول TCP/IP يقيسها من خلال حساب عدد البايتات.

يوضح الشكل (9) في هذا المثال المبسّط تكون أجهزة الإرسال والاستقبال عبارة عن محطات عمل.

- جهاز الاستقبال مضبوط على 1
- جهاز الإرسال مضبوط على 3
- عندما تقوم بتكوين حجم نافذة على 1 تنتظر آلة الإرسال تأكيدا لكل جزء بيانات ترسله قبل إرسال جزء آخر.
- إذا قمت بتكوين حجم نافذة على 3 يُسمح لآلة الإرسال بإرسال ثلاثة أجزاء بيانات قبل تلقي تأكيد.
- يحدد حجم النافذة عدد البايتات التي يمكن إرسالها في المرة الواحدة.

70

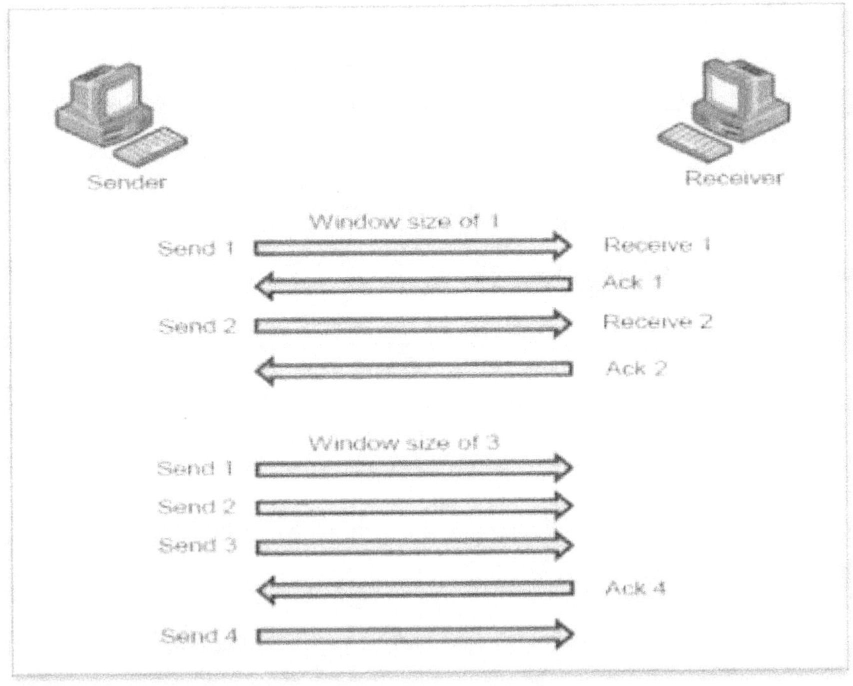

الشكل رقم (9) حجم نافذة الإستقبال 1 و الإرسال 3.

CompTIA Network+ Study Guide Exam N10-009, 6th Edition-2024.

ملاحظة

إذا فشل المضيف المستقبل في استقبال جميع الأجزاء التي يجب أن يقرها فيمكن للمضيف تحسين جلسة الاتصال عن طريق تقليل حجم النافذة.

التأكيدات Acknowledgments

تسليم البيانات الموثوقة Reliable data delivery يضمن سلامة تدفق البيانات المرسل من جهاز إلى آخر من خلال ربط بيانات يعمل بكامل طاقته ويضمن عدم تكرار البيانات أو فقدها.

التأكيد الإيجابي مع إعادة الإرسال

Positive Acknowledgment with Retransmission

يتحقق تسليم البيانات الموثوق من خلال ما يسمى بالتأكيد الإيجابى مع إعادة الإرسال كما يلى:

- هي تقنية تتطلب من الجهاز المستقبل التواصل مع مصدر الإرسال عن طريق إرسال رسالة تأكيد acknowledgment مرة أخرى إلى المرسل عندما يتلقى البيانات.

- يوثق المرسل كل قطعة يرسلها وينتظر التأكيد قبل إرسال القطعة التالية.

- عندما يرسل قطعة segment يبدأ الجهاز المرسل timer عداد زمنى ويعيد الإرسال إذا انتهى العداد الزمنى قبل وصول تأكيد المستقبل.

مثال التأكيد الإيجابي مع إعادة الإرسال
- في الشكل (10) ترسل الآلة المرسلة القطع1 و2 و3.
- تؤكد العقدة المستقبلة استلامها لها من خلال طلب القطعة 4.
- عندما تتلقى التأكيد ترسل العقدة المرسلة المقاطع 4 و5 و6.
- إذا لم تصل القطعة 5 إلى الوجهة تقر العقدة المستقبلة بهذا الحدث مع طلب إعادة إرسال القطعة.
- تعيد الآلة المرسلة إرسال المقطع المفقود وتنتظر التأكيد الذي يجب أن تتلقاه من أجل الانتقال إلى إرسال المقطع 7.

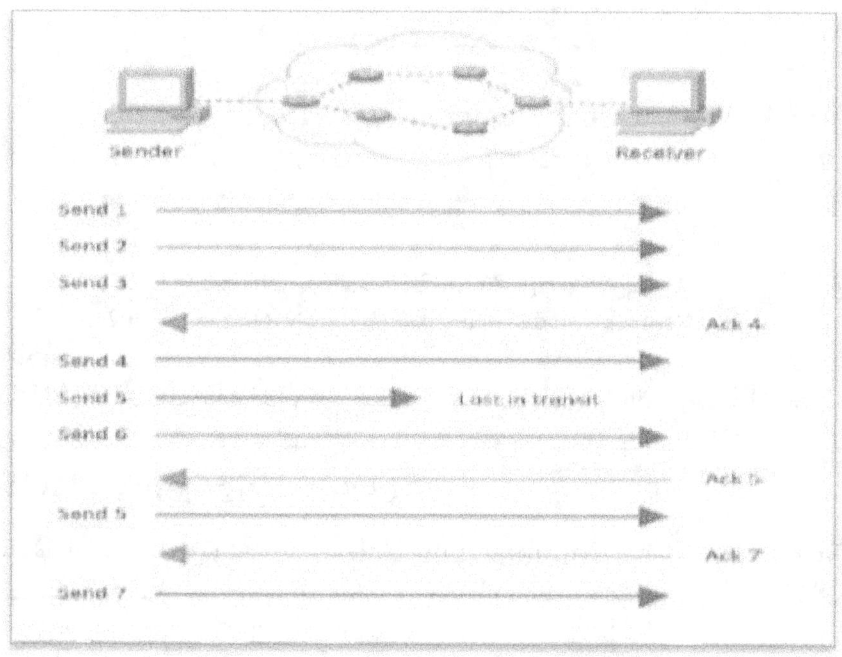

الشكل رقم (10) التسليم الموثوق به فى طبقة النقل.
CompTIA Network+ Study Guide Exam N10-009, 6th Edition-2024.

ملاحظة

لا تحتاج طبقة النقل إلى استخدام خدمة موجهة الاتصال.

هذا الاختيار متروك لمطور التطبيق.

من الآمن أن نقول إنه إذا كنت موجه الاتصال أي أنك قمت بإنشاء دائرة افتراضية فأنت تستخدم بروتوكول TCP.

عدم إعداد دائرة افتراضية يعنى بروتوكول UDP وهو اتصال (غير آمن).

72

طبقة الشبكة

- تدير طبقة الشبكة عنونة الأجهزة المنطقية addressing وتتبع موقع الأجهزة على الشبكة وتحدد أفضل طريقة لنقل البيانات.
- هذا يعني أن طبقة الشبكة يجب أن تنقل حركة المرور بين الأجهزة غير المتصلة محليًا.
- أجهزة التوجيه Routers هي أجهزة من الطبقة 3 محددة في طبقة الشبكة وتوفر خدمات التوجيه داخل شبكة الإنترنت.

يحدث الأمر على هذا النحو:

- عند استلام رزمة packet على واجهة جهاز التوجيه يتم التحقق من عنوان IP الوجهة destination.
- إذا لم تكن الرزمة موجهة إلى جهاز التوجيه المعين يبحث الموجه router عن عنوان شبكة الوجهة في جدول التوجيه.
- بمجرد اختيار الموجه واجهة الخروج يتم إرسال الرزمة إلى تلك الواجهة interface لتأطيرها framed وإرسالها على الشبكة المحلية.
- إذا لم يتمكن جهاز التوجيه من العثور على إدخال لشبكة وجهة الرزمة في جدول التوجيه routing table يتخلى جهاز التوجيه عن الرزمة.

يتم استخدام نوعين من الرزم packets في طبقة الشبكة:

رزم **البيانات** Data Packets

- تُستخدم لنقل بيانات المستخدم عبر شبكة الإنترنت.
- البروتوكولات المستخدمة لدعم حركة البيانات تسمى بروتوكولات التوجيه.
- هناك مثالان على البروتوكولات الموجهة وهما بروتوكول الإنترنت (IP) وبروتوكول الإنترنت الإصدار 6 (IPv6).
- يتم تناول كل ما يتعلق بموضوعات بروتكول الإنترنت في الفصل 7 تحت عنوان "عنونة IP".

رزم **تحديث المسار** Route-Update Packets

- تُستخدم لتحديث أجهزة التوجيه المجاورة حول الشبكات المتصلة بجميع أجهزة التوجيه ضمن الشبكة.
- تسمى البروتوكولات التي ترسل رزم تحديث المسار بروتوكولات التوجيه.
- من بين البروتوكولات الشائعة بروتوكول معلومات التوجيه (RIP) وRIPv2 وبروتوكول توجيه البوابة الداخلية المحسن (EIGRP) وبروتوكول أقصر مسار مفتوح أولاً (OSPF).

- تُستخدم رزم تحديث المسار للمساعدة في إنشاء جداول التوجيه والحفاظ عليها على كل جهاز توجيه.

يوضح الشكل رقم (11) جدول التوجيه.

محتويات جدول التوجيه

يتضمن جدول التوجيه الذي يستخدمه جهاز التوجيه المعلومات التالية:

عناوين الشبكة Network Addresses

- عناوين الشبكة تكون خاصة ببروتوكول معين.
- يجب أن يحتفظ جهاز التوجيه بجدول توجيه لكل بروتوكول توجيه.
- كل بروتوكول توجيه يتتبع شبكة تتضمن مخططات عنونة مختلفة مثل IP وIPv6.

الواجهة Interface

هذه هي واجهة الخروج التي ستتخذها الرزمة عند توجيهها إلى شبكة معينة.

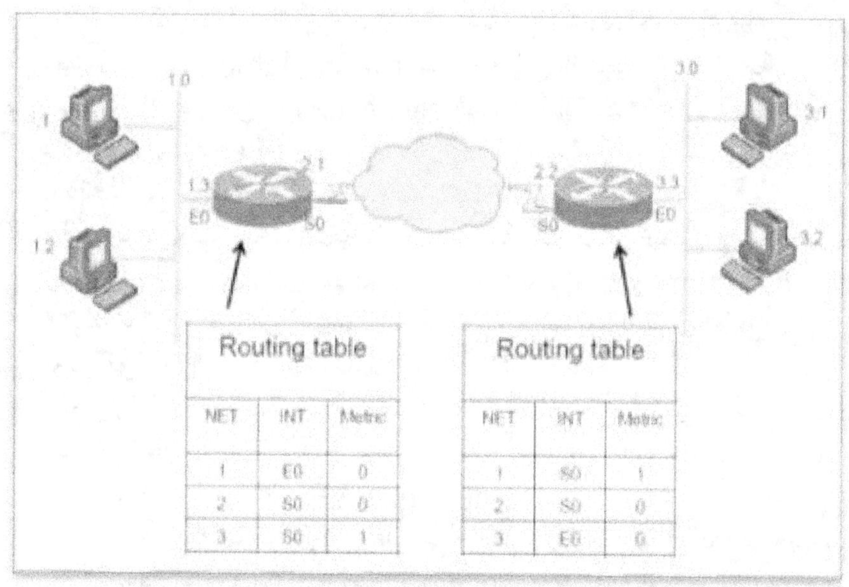

الشكل رقم (11) جدول التوجيه.
CompTIA Network+ Study Guide Exam N10-009, 6th Edition-2024.

المقياس Metric

- هذه القيمة تساوي المسافة إلى الشبكة البعيدة.
- تستخدم بروتوكولات التوجيه المختلفة طرقًا مختلفة لحساب هذه المسافة.

سأغطي بروتوكولات التوجيه في الفصل 9 "مقدمة إلى توجيه IP".

74

- بعض بروتوكولات التوجيه وبالتحديد RIP تستخدم hop count أى عدد القفزات الذى يمثل عدد أجهزة التوجيه التي تمر بها الرزمة في طريقها إلى شبكة بعيدة.
- تستخدم بروتوكولات التوجيه الأخرى bandwidth عرض النطاق الترددي وتأخير الخط delay of the line، وأحيانا tick count ما يُعرف بعدد النقرات الذي يساوي 18/1 من الثانية لاتخاذ قرار التوجيه.

عمل أجهزة التوجيه Routers

- تقوم أجهزة التوجيه بتقسيم نطاقات البث broadcast domains مما يعني أنه افتراضيًا لا يتم إعادة توجيه forward عمليات البث عبر جهاز توجيه.
- وهذا أمر جيد لأنه يقلل من حركة المرور على الشبكة.
- تقوم أجهزة التوجيه أيضًا بتقسيم مجالات التصادم collision domains و هذه الخاصية يمكن إنجازها باستخدام مبدلات switches الطبقة 2 (طبقة ارتباط البيانات) أيضًا.

يوضح الشكل (12) كيفية عمل جهاز التوجيه داخل شبكة إنترنت.

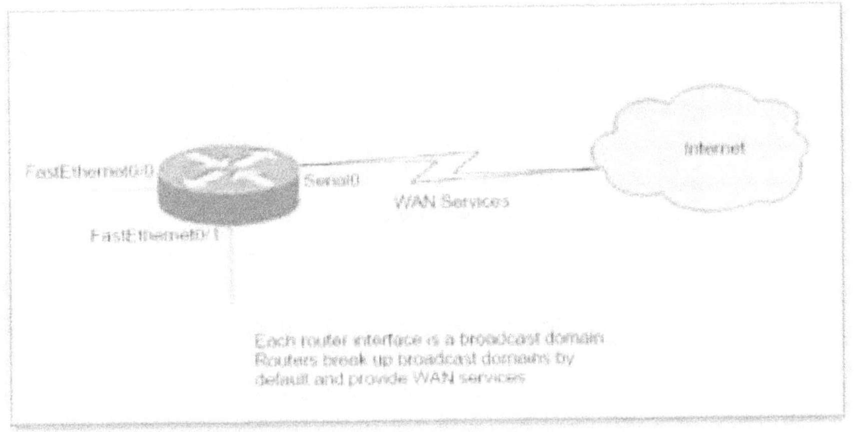

الشكل رقم (12) استخدام الموجه فى الطبقة الثالثة.
CompTIA Network+ Study Guide Exam N10-009, 6th Edition-2024.

ملاحظة
تذكر أن :
أجهزة التوجيه routers تقسم مجالات البث broadcast domains.
أجهزة التبديل switches تقسم مجالات التصادم collision domains.
نظرًا لأن كل واجهة في جهاز التوجيه تمثل شبكة منفصلة فيجب تعيين أرقام تعريف شبكة فريدة لها.
يجب أن يستخدم كل مضيف متصل بجهاز التوجيه نفس رقم الشبكة.

النقاط الرئيسية حول أجهزة التوجيه

- لن تقوم أجهزة التوجيه بإعادة توجيه forward أي رزم بث أو رزم متعددة.

- تستخدم أجهزة التوجيه العنوان المنطقي logical address في رأس طبقة الشبكة header لتحديد جهاز التوجيه التالي لإعادة توجيه الرزمة إليه.

- يمكن لأجهزة التوجيه استخدام قوائم الوصول التي أنشأها مسؤول إدارة الشبكة administrator للتحكم في الأمان فيما يتعلق بأنواع الرزم المسموح لها بالدخول أو الخروج من واجهة.

- يمكن لأجهزة التوجيه توفير وظائف bridging ربط الطبقة 2 إذا لزم الأمر ويمكنها التوجيه في نفس الوقت عبر نفس الواجهة.

- توفر أجهزة الطبقة 3 (أجهزة التوجيه في هذه الحالة) اتصالات بين شبكات LAN الافتراضية (VLANs).

- يمكن لأجهزة التوجيه توفير جودة الخدمة (QoS) لأنواع معينة من حركة مرور الشبكة traffic.

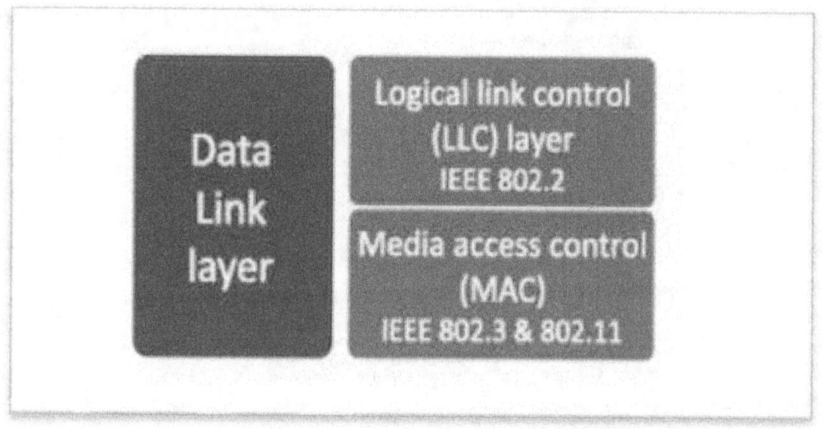

الشكل رقم (13) طبقة ربط البيانات.
CompTIA Network+ Study Guide Exam N10-009, 6th Edition-2024.

طبقة ربط البيانات The Data Link Layer

توفر طبقة ربط البيانات النقل المادي للبيانات وتتولى مهام إصدار إشارات الأخطاء وطوبولوجيا الشبكة والتحكم في التدفق.

هذا يعني أن طبقة ارتباط البيانات تضمن تسليم الرسائل إلى الجهاز المناسب على شبكة LAN باستخدام عناوين hardware الأجهزة (MAC) وتترجم الرسائل القادمة من طبقة الشبكة إلى بتات bits لكي تنقلها إلى الطبقة المادية تمهيدا لإرسالها.

طبقة ربط البيانات تنسق format الرسالة إلى أجزاء كل منها يسمى إطار بيانات data frame وتضيف رأسًا مخصصًا header يحتوي على عناوين هاردوير أجهزة الوجهة destination والمصدر source .
تشكل هذه المعلومات المضافة نوعًا من الكبسولة capsule التي تحيط بالرسالة الأصلية.

عمل أجهزة التوجيه فى هذه الطبقة

- أجهزة التوجيه التي تعمل أساسا في طبقة الشبكة لا تهتم بمكان وجود مضيف معين.
- أجهزة التوجيه معنية فقط بمكان وجود الشبكات وأفضل طريقة للوصول إليها بما في ذلك الشبكات البعيدة.
- طبقة ربط البيانات مسؤولة عن التعريف المميز لكل جهاز موجود على شبكة محلية.

عمل طبقة ربط البيانات

- تستخدم طبقة ربط البيانات عنونة الأجهزة hardware addressing وخاصة عناوين MAC حتى يتمكن المضيف من إرسال رزم إلى كل مضيف منفرد على شبكة محلية ونقل الرزم بين أجهزة التوجيه.
- في كل مرة يتم فيها إرسال رزمة packet بين أجهزة التوجيه يتم تأطيرها framed بمعلومات التحكم في طبقة ربط البيانات.
- الإ أنه يتم تجريد هذه المعلومات stripped off عند جهاز التوجيه المستقبل ولا تبقى سوى الرزمة الأصلية سليمة تمامًا.
- يستمر تأطير الرزمة لكل قفزة hop حتى يتم تسليم الرزمة أخيرًا إلى المضيف المستقبل الصحيح.
- من المهم أن نفهم أن الرزمة نفسها لا يتم تغييرها أبدًا على طول الطريق فهي مكبسلة محاطة فقط encapsulated بمعلومات التحكم المطلوبة لتمريرها بشكل صحيح إلى أنواع الوسائط المختلفة.

يوضح الشكل (12) طبقة ارتباط البيانات مع مواصفات Ethernet ومعهد مهندسي الكهرباء والإلكترونيات (IEEE).

ملاحظات على الشكل (12)

لاحظ أن معيار IEEE 802.2 لا يُستخدم فقط بالتزامن مع معايير IEEE الأخرى لكنه يضيف أيضًا الوظائفية إلى تلك المعايير.
تحتوي طبقة ارتباط بيانات Ethernet IEEE على طبقتين فرعيتين:
التحكم في وصول الوسائط (MAC)

- يحدد كيفية وضع الرزم على الوسائط.
- الوصول إلى الوسائط المتنازع عليها هو وصول "من يأتي أولاً يخدم أولاً"

حيث يتقاسم الجميع نفس النطاق الترددي.

- يتم تعريف العنونة المادية هنا وكذلك الطوبولوجيات المنطقية.

- ما هى الطوبولوجيا المنطقية؟

- إنها مسار الإشارة عبر الطوبولوجيا المادية.

- في هذه الطبقة الفرعية يمكن أيضًا استخدام انضباط الخط وإخطار حدوث الخطأ (وليس التصحيح) والتسليم المنظم للإطارات والتحكم الاختياري في التدفق.

التحكم في الارتباط المنطقي (LLC)

- المسؤول عن تحديد بروتوكولات طبقة الشبكة ثم تغليفها.

- يخبر رأس LLC header طبقة ارتباط البيانات بما يجب فعله بالرزمة بمجرد استلام إطار.

- تعمل هذه الطريقة على النحو التالي:

• يستقبل المضيف إطارًا ويبحث في رأس LLC لمعرفة وجهة الرزمة على سبيل المثال بروتوكول IP في طبقة الشبكة.

• يمكن لـ LLC أيضًا توفير التحكم في التدفق وتسلسل بتات التحكم.

الطبقة المادية

الطبقة المادية تقوم بأمرين مهمين:

ترسل البتات وتستقبل البتات.

تأتي البتات ثنائية بقيم 1 أو 0 فقط وهي شفرة مورس بقيم رقمية.

تتواصل الطبقة المادية بشكل مباشر مع الأنواع المختلفة من وسائط الاتصال الفعلية.

هناك حاجة إلى بروتوكولات محددة لكل نوع من الوسائط لوصف أنماط البتات المناسبة التي يجب استخدامها وكيفية تشفير البيانات في إشارات الوسائط والصفات المختلفة لواجهة ربط الوسائط المادية.

تحدد الطبقة المادية المتطلبات الكهربائية والميكانيكية والإجرائية والوظيفية لتنشيط وصيانة وإلغاء تنشيط رابط مادي بين الأنظمة الطرفية.

هذه الطبقة هي أيضًا المكان الذي تحدد فيه الواجهة بين معدات الطرفية للبيانات (DTE) ومعدات الاتصال بالبيانات (DCE).

عادةً ما يقع جهاز DCE لدى العميل و يكون جهاز DTE هو الجهاز المرفق.

غالبًا ما يتم الوصول إلى الخدمات المتاحة لجهاز DTE عبر جهاز DCE وهو مودم أو وحدة خدمة قناة/وحدة خدمة بيانات (CSU/DSU).

يتم تحديد موصلات الطبقة المادية والطوبولوجيات المادية المختلفة بالمعايير مما يسمح للأنظمة المختلفة بالتواصل.

تحدد الطبقة المادية تخطيط وسائط النقل أو ما يُعرف بطوبولوجياتها.
تصف الطوبولوجيا المادية الطريقة التي يتم بها وضع الكابلات ماديًا على عكس الطوبولوجيا المنطقية التي تحدثنا عنها للتو في قسم "طبقة ارتباط البيانات".
تشمل الطوبولوجيات المادية المختلفة الناقل والنجمة والحلقة والشبكة وتم وصفها في الفصل الأول "مقدمة إلى الشبكات".

نبذة عن التغليف Encapsulation

- عندما ينقل مضيف بيانات عبر شبكة إلى جهاز آخر تمر البيانات عبر عملية التغليف encapsulation أى يتم تغليفها بمعلومات البروتوكول protocol information في كل طبقة من نموذج OSI.

- تتواصل كل طبقة فقط مع طبقة نظيرتها على الجهاز المستقبل.

- للتواصل وتبادل المعلومات تستخدم كل طبقة وحدات بيانات البروتوكول (PDUs).

- تحتوي هذه الوحدات على معلومات التحكم المرفقة بالبيانات في كل طبقة من النموذج.

- عادة ما تكون مرفقة بالرأس the header أمام حقل البيانات ولكن يمكن أن تكون أيضًا في الجزء الخلفي the trailer منه أو نهايته.

طريقة تغليف البيانات في جهاز الإرسال:

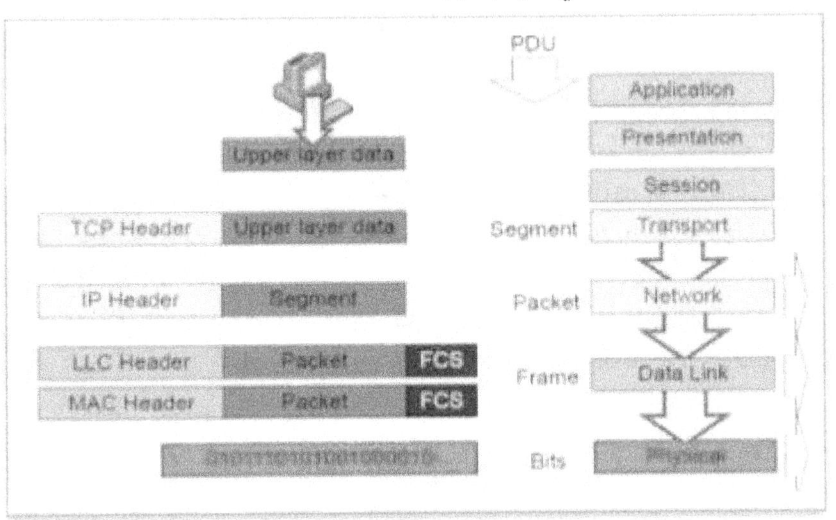

الشكل رقم (14) تغليف (كبسلة) البيانات.
CompTIA Network+ Study Guide Exam N10-009, 6th Edition-2024.

يوضح الشكل (14) كيفية تغليف بيانات المستخدم في المضيف الناقل:

- تحويل معلومات المستخدم إلى بيانات للنقل على الشبكة.
- تحويل البيانات إلى قطع segments وإنشاء اتصال موثوق بين المضيفين المرسل والمستقبل.
- تحويل القطع Segments إلى رزم packets أو بيانات datagrams ووضع عنوان منطقي logical address في الرأس header حتى يمكن توجيه كل رزمة عبر شبكة إنترنت.
- تحمل الرزمة جزءًا من البيانات.
- يتم تحويل الرزم أو البيانات إلى إطارات frames لنقلها على الشبكة المحلية.
- يتم استخدام عناوين الأجهزة (الإيثرنت) لتمييز المضيفين بشكل فريد على segment جزء الشبكة المحلية.
- تحمل الإطارات الرزم.
- يتم تحويل الإطارات إلى بتات ويتم استخدام مخطط ترميز digital encoding وتوقيت رقمي clocking scheme.

تقنيات تعديل الإشارات Modulation

التعديل في الشبكات هو عملية تغيير خاصية أو أكثر من خصائص موجة تسمى إشارة الناقل carrier signal بإشارة تحتوي على معلومات يجب إرسالها.

تعديل الموجة Modulation of a waveform

- يحول إشارة رسالة النطاق الأساسي baseband (الإيثرنت أو اللاسلكي) إلى إشارة نطاق تمرير passband signal.
- نطاق التمرير معروف أيضًا باسم bandpass filtered signal إشارة مرشحة النطاق الترددي هو نطاق الترددات أو الأطوال الموجية التي يمكن أن تمر عبر مرشح دون إضعاف (attenuation).
- في الشبكات الحالية يأخذ التعديل إشارة رقمية أو تناظرية ويضعها في إشارة أخرى يمكن إرسالها فعليًا.
- جهاز المعدِّل modulator هو جهاز يقوم بتعديل الإشارة
- جهاز فك التعديل demodulator هو جهاز يقوم بفك التعديل وهو عكس التعديل.
- نطلق على العمليتين و الجهازين معا عادةً المودمات (المعدِّل- فك التعديل) والتي يمكنها تنفيذ كلتا العمليتين.

التعديل الرقمي digital modulation

- الغرض منه نقل تدفق بت رقمي digital bit stream عبر قناة نطاق تمرير تناظرية analog bandpass channel.
- من الأمثلة الجيدة على ذلك نقل البيانات عبر شبكة الهاتف العامة حيث يقوم مرشح النطاق الترددي بالحد من نطاق التردد إلى 3400-300 هرتزأو نقل البيانات عبر نطاق تردد لاسلكي محدود.

التعديل التناظري analog modulation

- الغرض منه نقل إشارة النطاق الأساسي التناظري analog baseband (أو إشارة التردد المنخفض lowpass) (على سبيل المثال إشارة صوتية أو شبكة لاسلكية أو إشارة تلفزيونية) عبر قناة نطاق تمرير تناظري بتردد مختلف analog bandpass.
- يستخدم التعديل التناظري والرقمي ما يسمى الإرسال المتعدد بتقسيم التردد (FDM) حيث يتم نقل العديد من إشارات المعلومات ذات التردد المنخفض في وقت واحد عبر نفس الشبكة المادية المشتركة باستخدام قنوات نطاق تمرير منفصلة (عدة ترددات مختلفة).

تعديل النطاق الأساسي الرقمي digital baseband modulation

- تُستخدم هذه الطريقة في شبكات Ethernet الخاصة بالشبكات والمعروفة أيضًا باسم الترميز الخطي line coding وتستخدم لنقل تيار بت رقمي عبر قناة النطاق الأساسي baseband channel.
- يعني النطاق الأساسي أن الإشارة التي يتم تعديلها تستخدم النطاق الترددي الكامل المتاح.

الإرسال المتعدد بتقسيم الزمن (TDM)

- هو طريقة لإرسال واستقبال العديد من الإشارات المستقلة عبر مسار إشارة مشترك باستخدام أجهزة شبكة متزامنة synchronized عند كل طرف من طرفي خط النقل بحيث تظهر كل إشارة على الخط في جزء بسيط فقط من الوقت في نمط متناوب.
- يقوم الطرف المستقبل بفك الإرسال المتعدد للإشارة مرة أخرى إلى شكلها الأصلي.

الفصل الرابع:أساسيات الإيثرنت

أساسيات الشبكة

كيف يحدث الاتصال على شبكة محلية أساسية (LAN) متصلة باستخدام اتصال Ethernet بواسطة موزع hub كما فى الشكل رقم (1). تمثل هذه الشبكة في الواقع مجال تصادم واحد ومجال بث واحد. سنبدأ في تغطية هذه المصطلحات في هذا الفصل.

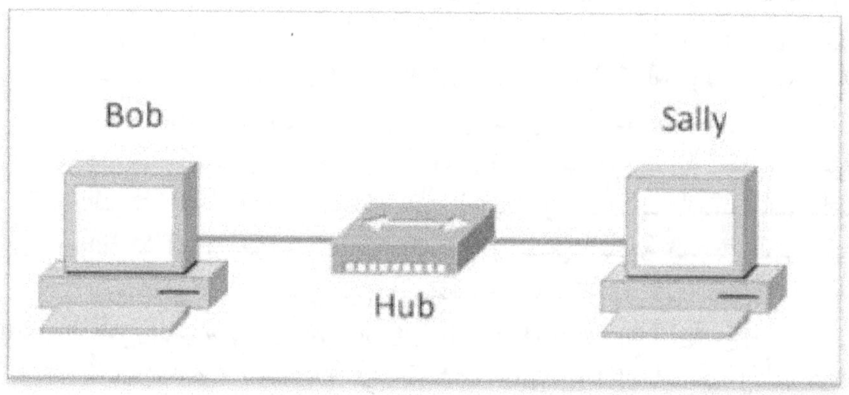

الشكل رقم (1) شبكة محلية أساسية بسيطة.
CompTIA Network+ Study Guide Exam N10-009, 6th Edition-2024.

كيف يتصل بوب مع سالي؟
كلاهما على نفس شبكة LAN ومتصلان بموزع.
يستخدم بوب عنوان MAC الخاص ببطاقة الشبكة الخاصة بجهاز الكمبيوتر الشخصي الخاص بسالي للوصول إليها.
كيف يحصل بوب على عنوان MAC الخاص بسالي وهو لا يعرف سوى اسم سالي ولا يعرف حتى عنوان IP الخاص بها؟
سيبدأ بوب باستخدام تحليل الأسماء name resolution (تحليل اسم المضيف إلى عنوان IP) وهو أمر يتم عادةً باستخدام نظام اسم المجال (DNS).
فيما يلي ناتج محلل الشبكة يصور عملية حل الأسماء البسيطة من بوب إلى سالي:

```
Time          Source       Destination    Protocol  Info
53.892794 192.168.0.2  192.168.0.255 NBNS    Name quer
```

نظرًا لأن المضيفين موجودان على نفس شبكة LAN فسوف يقوم ويندوز على جهاز بوب بالبث لتحديد الاسم Sally لاحظ أن 192.168.0.255 هو عنوان الوجهة Destination.
دعنا نلقي نظرة على بقية المعلومات:

```
EthernetII,Src:192.168.0.2(00:14:22:be:18:3b),Dst:Bro
```

يُظهر هذا الناتج أن بوب فى البداية يعرف عنوان MAC الخاص به وهو عنوان IP المصدر source ولكنه لا يعرف عنوان IP أو عنوان MAC الخاص بسالي.

أرسل بوب عنوان بث طبقة ربط البيانات لجميع Fs وبث IP LAN إلى العنوان 192.168.0.255.

بعد كشف الاسم يتعين على بوب بعد ذلك أن يبث على شبكة LAN للحصول على عنوان MAC الخاص بسالي حتى يتمكن من التواصل مع الكمبيوتر الخاص بها:

```
Time    Source    Destination Protocol Info
5.153054 192.168.0.2 Broadcast   ARP Who has 192.168.0
```

بعد ذلك يتحقق من رد سالي:

```
Time    Source    Destination Protocol Info
5.153403   192.168.0.3 192.168.0.2 ARP 192.168.0.3 is
5.53.89317 192.168.0.3 192.168.0.2 NBNS Name query re
```

الآن أصبح لدى بوب عنوان IP الخاص بسالي وعنوان MAC الخاص بها (00:0b:db:99:d3:5e) وكلاهما مدرج كعنوان المصدر في هذه المرحلة لأن هذه المعلومات تم إرسالها من سالي إلى بوب.
أخيرًا أصبح لدى بوب كل ما يحتاجه للتواصل مع سالي.

سأخبرك بعد قليل أيضًا كل شيء عن بروتوكول تحليل العناوين (ARP) وأوضح لك بالضبط كيف تم تحليل عنوان IP الخاص بسالي إلى عنوان MAC في الفصل السادس.

الأمر المهم هو أنني أريدك أن تفهم أن سالي كان عليها أن تمر بنفس عمليات التحليل للتواصل مع بوب مرة أخرى.

يبدو الأمر جنونيًا أليس كذلك؟ اعتبر هذا ترحيبًا بـ IPv4 والشبكات الأساسية باستخدام Windows ولم نضف حتى جهاز توجيه حتى الآن!

مصدر جميع اللقطات:

CompTIA Network+ Study Guide Exam N10-009, 6th Edition-2024.

أساسيات Ethernet

- يعتبر Ethernet طريقة وصول إلى الوسائط يسمح لجميع المضيفين على الشبكة بمشاركة نفس النطاق الترددي لرابط.

- يعد Ethernet شائعًا لأنه قابل للتطوير بسهولة مما يعني أنه من السهل نسبيًا دمج التقنيات الجديدة مثل Fast Ethernet و Gigabit Ethernet في البنية الأساسية للشبكة الحالية.

- من السهل نسبيًا تنفيذه في المقام الأول واستكشاف الأخطاء وإصلاحها أمربسيط إلى حد معقول.

- يستخدم Ethernet كلًا من مواصفات Data Link و Physical Layer وسيقدم لك هذا الجزء من الفصل المعلومات التي تحتاجها لتنفيذ شبكة Ethernet واستكشاف أخطائها وإصلاحها وصيانتها.

- في الأقسام التالية سأغطي أيضًا بعض المصطلحات الأساسية المستخدمة في الشبكات باستخدام تقنيات Ethernet.

مجال التصادم Collision Domain

مصطلح مجال التصادم هو مصطلح إيثرنت يشير إلى سيناريو شبكة معين حيث يرسل جهاز معين رزمة packet على جزء من الشبكة وبالتالي يجبر كل جهاز آخر على نفس جزء الشبكة المادي على الانتباه إليه.

وهذا أمر سيئ لأنه إذا أرسل جهازان على جزء مادي واحد في نفس الوقت يحدث موقف تصادم حيث تتداخل الإشارات الرقمية لكل جهاز مع إشارات أخرى على السلك ويجبر الأجهزة على إعادة الإرسال لاحقًا.

للتصادمات تأثير سلبي كبير على أداء الشبكة لذا فهي بالتأكيد شيء نريد تجنبه! الموقف الذي وصفته يحدث عادةً في بيئة موزع hub عندما تتصل كل قطعة بيانات سجمنت segment من مضيف host بموزع يمثل ذلك مجال تصادم واحد ومجال بث واحد فقط.

Broadcast Domain مجال البث

يشير مجال البث إلى مجموعة الأجهزة الموجودة على جزء من الشبكة والتي تستمع إلى جميع البث المرسل على هذا الجزء.
مجال البث هو حدود محددة بواسطة وسائط مادية مثل المبدلات switches والمكررات repeaters و يشير أيضًا إلى تقسيم منطقي لجزء من الشبكة حيث يمكن لجميع المضيفين الوصول إلى بعضهم عبر بث طبقة ربط البيانات.

CSMA/CD الوصول المتعدد باستشعار الموجة الحاملة مع كشف التصادم.

- تستخدم شبكات Ethernet الوصول المتعدد مع الكشف عن التصادم (CSMA/CD)وهي طريقة للتحكم في الوصول إلى الوسائط تساعد الأجهزة على مشاركة النطاق الترددي بالتساوي دون الحاجة إلى إرسال جهازين في نفس الوقت على وسيط الشبكة.
- تم إنشاء CSMA/CD للتغلب على مشكلة التصادمات التي تحدث عند إرسال الرزم في وقت واحد من مضيفين مختلفين.
- إدارة التصادم الجيدة أمر بالغ الأهمية لأنه عندما يرسل مضيف في شبكة CSMA/CD فإن جميع المضيفين الآخرين على الشبكة يتلقون هذا الإرسال ويفحصونه.
- الجسور bridges والمبدلات switches والموجهاتrouters فقط و ليس الموزعات hubs يمكنها منع الإرسال من الانتشار في جميع أنحاء الشبكة.

كيف يعمل بروتوكول CSMA/CD؟

لنبدأ بإلقاء نظرة على الشكل رقم (2) حيث حدث تصادم في الشبكة.
- عندما يريد مضيف الإرسال عبر الشبكة فإنه يتحقق أولاً من وجود إشارة
- رقمية على السلك.
- إذا كان كل شيء على ما يرام بمعنى أنه لا يوجد مضيف آخر يرسل فسيستمر المضيف في إرساله.
- يراقب المضيف المرسل السلك باستمرار للتأكد من عدم بدء أي مضيف آخر في الإرسال.
- إذا اكتشف المضيف إشارة أخرى على السلك فإنه يرسل إشارة إزدحام ممتدة jam signal تتسبب في توقف جميع المضيفين على القطاع عن إرسال البيانات (إشارة مشغول).
- يستجيب المضيفون لإشارة الإزدحام بالانتظار لفترة من الوقت قبل محاولة الإرسال مرة أخرى.

- خوارزميات التراجع Backoff algorithms التي تمثلها الموقتات التي تعد الزمن تنازليًا على جانبي الأجهزة المتوقفة تحدد متى يمكن للمحطات المتصادمة إعادة الإرسال.
- إذا استمرت التصادمات في الحدوث بعد 15 محاولة فإن المضيفين الذين يحاولون الإرسال سينتهي وقتهم.

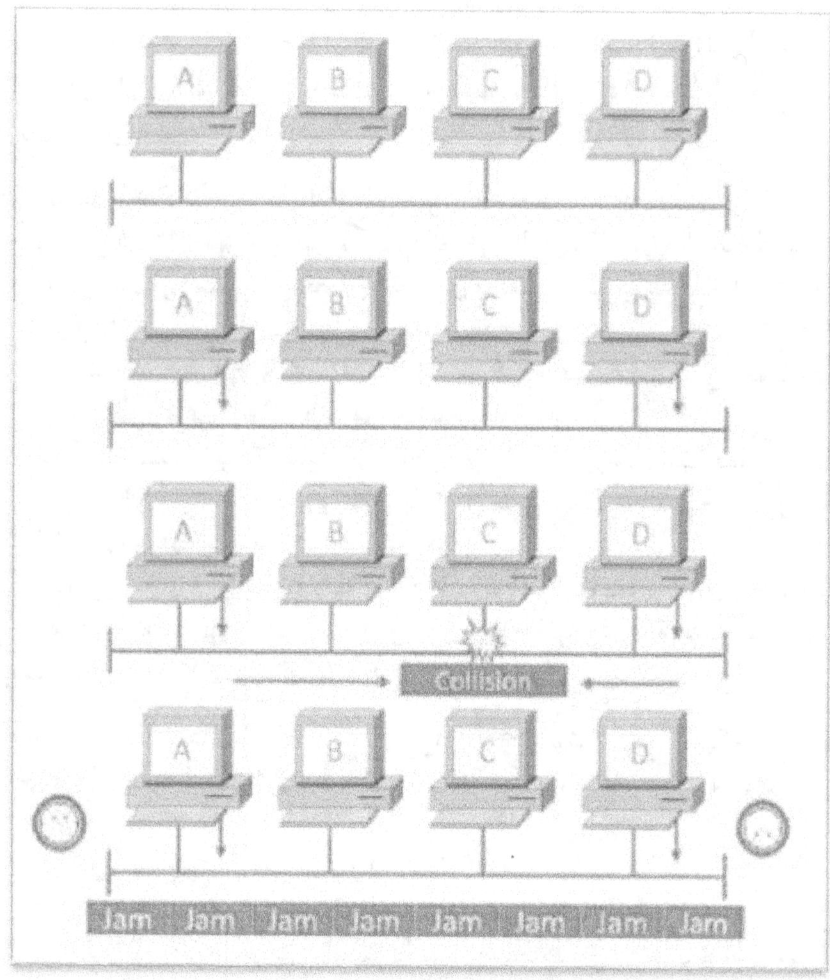

الشكل رقم (2) مثال للتصادم فى الشبكة.
CompTIA Network+ Study Guide Exam N10-009, 6th Edition-2024.

توابع التصادم

عندما يحدث تصادم على شبكة LAN Ethernet تحدث الأشياء التالية:
- تخبر إشارة الإزدحام جميع الأجهزة بحدوث تصادم.
- يستدعي التصادم خوارزمية تراجع عشوائية.

86

- يتوقف كل جهاز على شريحة Ethernet عن الإرسال لفترة قصيرة حتى انتهاء الموقتات.
- تتمتع جميع الأجهزة المضيفة بأولوية متساوية للإرسال بعد انتهاء الموقتات.

تأثيرات التصادم

التأثيرات المترتبة على وجود شبكة CSMA/CD التي تعرضت لتصادمات شديدة:

- التأخير.
- انخفاض الإنتاجية.
- الازدحام.

Backoff on an 802.3 Ethernet network

- يعد التأخير في شبكة Ethernet 802.3 هو تأخير إعادة الإرسال الذي يتم فرضه عند حدوث تصادم.
- عند حدوث تصادم يستأنف المضيف الإرسال بعد انتهاء فترة التأخير القسري.
- بعد انتهاء فترة التأخير تتمتع جميع المحطات بأولوية متساوية لنقل البيانات.

النطاق العريض/النطاق الأساسي

هناك طريقتان لإرسال الإشارات التناظرية والرقمية عبر سلك: النطاق العريض والنطاق الأساسي.

النطاق العريض Broadband

- يسمح بنقل الصوت التناظري والبيانات الرقمية على نفس كبل الشبكة أو الوسيط المادي.
- يسمح لنا النطاق العريض بإرسال ترددات متعددة لإشارات مختلفة عبر نفس السلك في نفس الوقت (يسمى الإرسال المتعدد بتقسيم التردد) وإرسال كل من الإشارات التناظرية والرقمية.

النطاق الأساسي Baseband

- هو ما تستخدمه جميع شبكات LAN.
- يتم فيه استخدام كل عرض النطاق الترددي للوسائط المادية بواسطة إشارة واحدة فقط.
- على سبيل المثال يستخدم Ethernet إشارة رقمية واحدة فقط في كل مرة ويتطلب كل عرض النطاق الترددي المتاح.
- إذا تم إرسال إشارات متعددة من مضيفين مختلفين في نفس الوقت

فسنحصل على تصادمات ونفس الشيء مع اللاسلكي باستثناء أنه يستخدم فقط الإشارات التناظرية عبر الموجات الراديوية.

معدل البت و معدل البود

- معدل البت هو مقياس لعدد بتات البيانات (0 و 1) التي يتم إرسالها في ثانية واحدة في إشارة رقمية أو تناظرية.
- الرقم 56000 بت في الثانية (bps) يعني أنه يمكن إرسال 56000 بت في الثانية (0 أو 1) في ثانية واحدة وهو ما نشير إليه ببساطة باسم bps.
- في السبعينيات والثمانينيات استخدم مصطلح معدل البود كثيرًا ولكن تم استبداله بمعدل البت bps لأنه أكثر دقة.
- البود الواحد هو تغيير حالة إلكترونية واحدة في الثانية على سبيل المثال من 0.2 فولت إلى 3 فولت أو من الثنائي 0 إلى 1.
- نظرًا لأن تغيير الحالة الواحدة قد ينطوي على أكثر من بت واحد من البيانات فقد حلت وحدة قياس البت محلها كتعريف أكثر دقة لكمية البيانات التي ترسلها أو تستقبلها.

الطول الموجي Wavelength

موجات الإشعاع الكهرومغناطيسي كالموجات الراديوية أو الموجات الضوئية أو الموجات تحت الحمراء (الحرارة) تشكل أنماطًا مميزة لكل منها أثناء انتقالها عبر الفضاء.

يمكن أن تكون بعض الأنماط متماثلة ويمكن أن تكون بعضها مختلفة كما هو موضح في الشكل

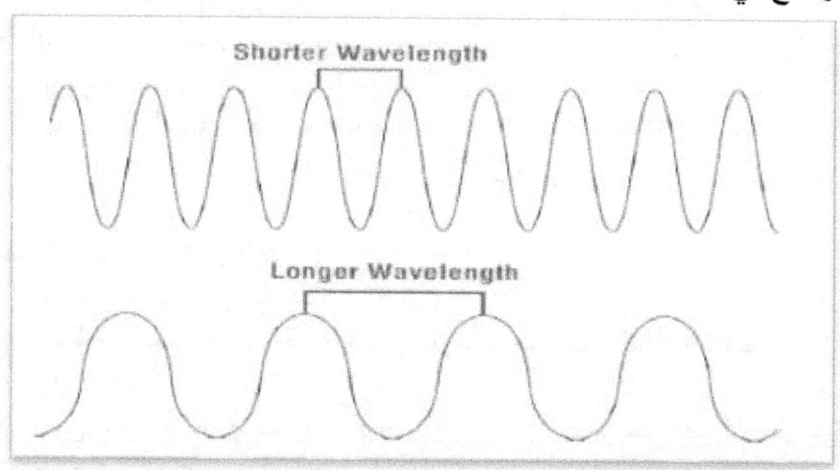

الشكل رقم (3) الأطوال الموجية القصيرة و الطويلة.
CompTIA Network+ Study Guide Exam N10-009, 6th Edition-2024.

تعريف الطول الموجي

- كل نمط موجة له شكل وطول معينين.
- المسافة بين القمم (النقط العالية) تسمى الطول الموجي.
- إذا كان نمطا الموجة مختلفين فسنقول إنهما ليسا على نفس الطول الموجي وهذه هي الطريقة التي نميز بها أنواعًا مختلفة من الطاقة الكهرومغناطيسية.
- يستخدم ذلك في مجال الإلكترونيات عن طريق إرسال الإشارات على أطوال موجية مختلفة في نفس الوقت.

إيثرنت نصف إزدواج وكامل الإزدواج

- تم تعريف إيثرنت نصف إزدواج half-duplex Ethernet في مواصفات إيثرنت 802.3 الأصلية عندما تستخدم زوجًا واحدًا فقط من الأسلاك مع إشارة رقمية إما للإرسال أو الاستقبال.
- كامل الإزدواج Full-Duplex Ethernet تستطيع الإرسال والاستقبال في نفس الوقت ولكنك لا تستطيع القيام بذلك في نفس الوقت عند تشغيل نصف إزدواج.

كيفية عمل إيثرنت نصف إزداوج

- إذا تلقى المضيف إشارة رقمية فإنه يستخدم بروتوكول CSMA/CD للمساعدة في منع التصادمات والسماح بإعادة الإرسال إذا حدث تصادم.
- إن كفاءة شبكة إيثرنت نصف المزدوجة 10BaseT عادةً لا تتجاوز 30 إلى 40% لأن شبكة 10BaseT الكبيرة توفرمن 3 ميجابت في الثانية إلى 4 ميجابت في الثانية على الأكثر.
- شبكة إيثرنت بسرعة 100 ميجابت في الثانية يمكنها العمل على التشغيل نصف المزدوج إلا أنه لم يعد من الشائع جدًا أن يحدث ذلك بعد الآن.

كيفية عمل إيثرنت إزدواج كامل

- يستخدم إيثرنت كامل الإزدواج زوجين من الأسلاك في نفس الوقت بدلاً من زوج واحد ضئيل من الأسلاك مثل نصف ثنائي الاتجاه.
- يستخدم كامل الإزدواج اتصالاً من نقطة إلى نقطة بين جهاز الإرسال وجهاز الاستقبال (في معظم الحالات المبدل).
- هذا يعني أنه مع نقل البيانات كامل الإزدواج ، لا تحصل فقط على سرعات نقل بيانات أسرع بل تحصل أيضًا على منع التصادم.
- يوفر إيثرنت كامل الإزدواج كفاءة بنسبة 100% في كلا الاتجاهين.
- يمكنك الحصول على 20 ميجابت في الثانية مع إيثرنت بسرعة 10 ميجابت في الثانية يعمل بنظام كامل الإزدواج.

<u>تطبيقات</u>

يمكن استخدام Ethernet الإزدواج الكامل في العديد من المواقف:

- **مع اتصال من مبدل إلى مضيف.**
- **مع اتصال من مبدل إلى مبدل.**
- **مع اتصال من مضيف إلى مضيف باستخدام كبل كروس أوفر.**

يمكن تشغيل وضع الإزدواج الكامل مع أي جهاز باستثناء الموزع.

الموزع و ضبط الإعدادات

- عندما يتم تشغيل منفذ Ethernet إزدواج كامل فإنه يتصل أولاً بالطرف البعيد ثم يتفاوض مع الطرف الآخر من رابط Fast Ethernet وهذا ما يسمى بآلية الكشف التلقائي.

- تقرر هذه الآلية أولاً قدرة التبادل مما يعني أنها تتحقق لمعرفة ما إذا كان يمكن تشغيله بسرعة 10 أو 100 أوحتى 1000 ميجابت في الثانية.

- ثم تتحقق لمعرفة ما إذا كان يمكن تشغيله إزدواج كامل وإذا لم يكن يمكنه ذلك فسوف يعمل نصف إزدواج بدلاً من ذلك.

- عادةً ما يكتشف المضيفون تلقائيًا كلًّا من السرعة بالميغا بت في الثانية ونوع الدوبلكس المتاح (الإعداد الافتراضي).

- يمكنك ضبط كل من السرعة ونوع الدوبلكس يدويًا على بطاقة واجهة الشبكة (NIC) كما فى الشكل (4) في إعدادات Network Connection Properties خصائص اتصال الشبكة و موائم الشبكة network adapter.

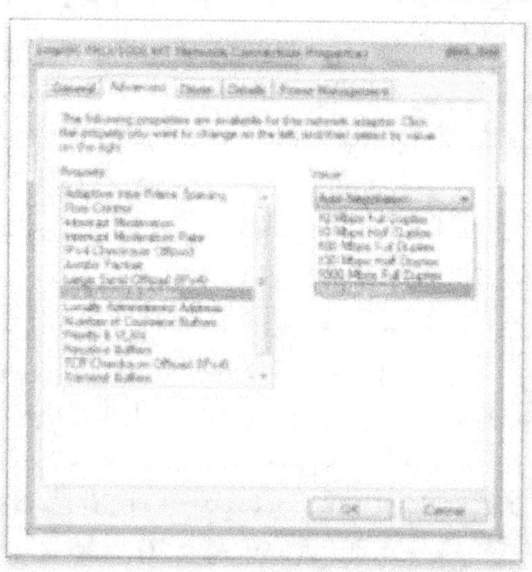

الشكل رقم (4) إعدادات خصائص إتصال الشبكة.
CompTIA Network+ Study Guide Exam N10-009, 6th Edition-2024.

تذكر أن

شبكة إيثرنت نصف إزدواج تتعرض لمجال تصادم و معدل النقل الفعال أقل من شبكة إيثرنت الإزدواج الكامل التي لها مجال تصادم خاص ومعدل نقل فعال أعلى.

تذكر هذه النقاط المهمة

- لا توجد تصادمات في وضع الإزدواج الكامل.
- يُطلب منفذ تبديل مخصص لكل مضيف إزدواج كامل.
- يجب أن تكون بطاقة الشبكة المضيفة ومنفذ التبديل قادرين على العمل في وضع الإزدواج الكامل.

الإيثرنت في طبقة ارتباط البيانات

- الإيثرنت في طبقة ارتباط البيانات مسؤول عن addressingعنونة الإيثرنت الذي يُشار إليه عادةً بالعنونة المادية hardware addressing أو عنونة MAC.
- الإيثرنت مسؤول عن framing تأطير الرزم المستلمة من طبقة الشبكة وإعدادها للإرسال على الشبكة المحلية.
- صياغة عناوين MAC للإيثرنت هى عناوين سداسية عشرية.
- لذلك قبل أن أناقش عناوين MAC دعنا نبدأ بالحديث عن العناوين الثنائية والعشرية والسداسية عشرية وكيفية تحويل إحداها إلى الأخرى.

التحويل من الثنائي إلى العشري والسداسي عشر

الثنائى

يقتصر كل رقم مستخدم على 1 (واحد) أو 0 (صفر) وتسمى كل خانة بت (اختصار لـ bi nary digit).

عادةً ما تحسب كل 4 بتات معا تسمى نبل أو 8 بتات معًا تسمى byte.

لكل خانة من خانات الرقم قيمة أسية عشرية تتابعية كما فى الشكل التالى:

Nibble Values	**Byte Values**
8 4 2 1	128 64 32 16 8 4 2 1

الشكل رقم (5) يبين قيمة كل خانة غى النبلة و البايت.
CompTIA Network+ Study Guide Exam N10-009, 6th Edition-2024.

الشكل رقم (5) يُظهر القيم العشرية لكل موقع بت في النبلة والبايت.
في معالجة الشبكة غالبًا ما نشير إلى البايت باعتباره ثماني بتات.
رياضيًا يشير نظام المعالجة الثنائي إلى القاعدة 2، والتي تختلف تمامًا عن القاعدة 10 التي نعرفها فى النظام العشرى.

من ثنائي إلى عشري

إذا تم وضع رقم واحد (1) في موضع له قيمة فإن البت أو البايت يأخذ تلك القيمة العشرية ويضيفها إلى أي موضع قيمة آخر يحتوي على 1.
وإذا تم وضع صفر (0) في موضع بت فلن تحسب تلك القيمة.

مثال:

10010110

ما هي البتات الموجودة؟ البتات 128 و16 و4 و2 موجودة لذا سنجمعها كالتالى:

.150 = 2 + 4 + 16 + 128

مثال لجدول التحويل من ثنائى إلى عشرى.

Table 4.2: Binary-to-Decimal Memorization Chart

BINARY VALUE	DECIMAL VALUE
10000000	128
11000000	192
11100000	224
11110000	240
11111000	248
11111100	252
11111110	254
11111111	255

الشكل رقم (6) جدول تحويل من ثنائى إلى عشرى.
CompTIA Network+ Study Guide Exam N10-009, 6th Edition-2024.

مثال:
العدد الثنائى 11111111
المقابل العشرى: 128 + 64 + 32 + 16 + 8 + 4 + 2 + 1 = 255

الترقيم السداسي عشري

- يختلف تمامًا عن الترقيم الثنائي أو العشري حيث يتم تحويله عن طريق قراءة النيبلز وليس البايتات.
- نظام الترقيم السداسي عشري يستخدم فقط الأرقام من 0 إلى 9.
- كل حرف سداسي عشري هو عبارة عن nibble واحد وحرفان سداسي عشري معًا يشكلان بايتًا.
- **مثال:** رقم x6A0 لمعرفة القيمة الثنائية ضع أولاً الأحرف السداسية في nibble ثم ضعهما معًا في بايت واحد.
- 6 = 0110 وA = 1010 لذا فإن البايت الكامل هو 01101010.
- الأرقام 10 و11 و12 وما إلى ذلك لا يمكن استخدامها (لأنها أرقام مكونة من رقمين).
- يتم استخدام الأحرف A وB وC وD وE وF لتمثيل الأرقام 10 و11 و12 و13 و14 و15 على التوالي.

الشكل رقم (7) التحويل بيت الثنائى و العشرى و السداسى عشرى.

جدول التحويل من النظام السداسي عشري إلى الثنائي إلى العشري

HEXADECIMAL VALUE	BINARY VALUE	DECIMAL VALU
0	0000	0
1	0001	1
2	0010	2
3	0011	3
4	0100	4
5	0101	5
6	0110	6
7	0111	7
8	1000	8
9	1001	9
A	1010	10
B	1011	11
C	1100	12
D	1101	13
E	1110	14
F	1111	15

الشكل رقم (7) التحويل بيت الثنائى و العشرى و السداسى عشرى.
CompTIA Network+ Study Guide Exam N10-009, 6th Edition-2024.

عنونة الإيثرنت Ethernet Addressing

عنونة Ethernet تستخدم عنوان التحكم في الوصول إلى الوسائط (MAC) المدون على كل بطاقة شبكة Ethernet.
عنوان MAC أو عنوان الأجهزة هو عنوان مكون من 48 بت (6 بايت) مكتوب بتنسيق سداسي عشري.
يوضح الشكل (8) عناوين MAC المكونة من 48 بتًا وكيفية تقسيم البتات.

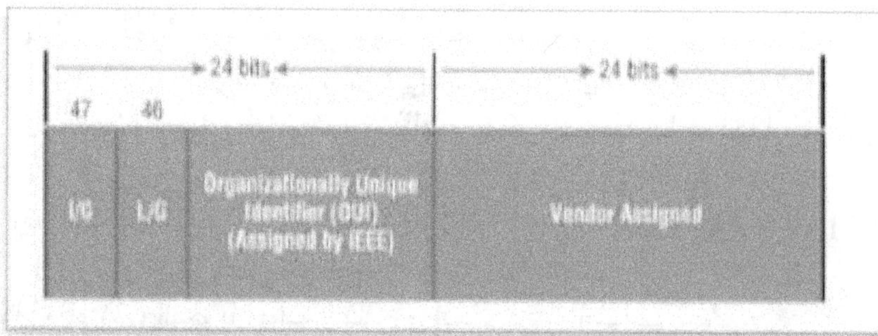

الشكل رقم (8) يبين عناوين MAC المكونة من 48 بتًا وكيفية تقسيم البتات
CompTIA Network+ Study Guide Exam N10-009, 6th Edition-2024.

المعيار IEEE 802

- المعيار IEEE 802 هو التنسيق المتبع لطباعة عناوين الماك من النمط MAC-48 بشكل سهل ومألوف.
- يتألف العنوان من ست مجموعات تتألف كل منها من رقمين بالنظام السداسي عشر ويتم الفصل بين كل مجموعتين بخط صغير (-) أو بنقطتين (:) وترتب هذه الأرقام بحسب الإرسال.
- مثال:ab:89:67:45:23:01{address2}
- الطرق الثلاثة المستخدمة للعنونة (MAC-48,EUI-48,EUI-64) تستخدم نفس الصياغة ولكن تختلف بطول المعامل الذي يدل كون العناوين مدارة عالمياً (universally administrated addresses) أو مدارة محلياً (locally administrated addresses).

الشكل رقم (9) مثال لعنوان ماك مطبوع مع الرقم الشريطي.

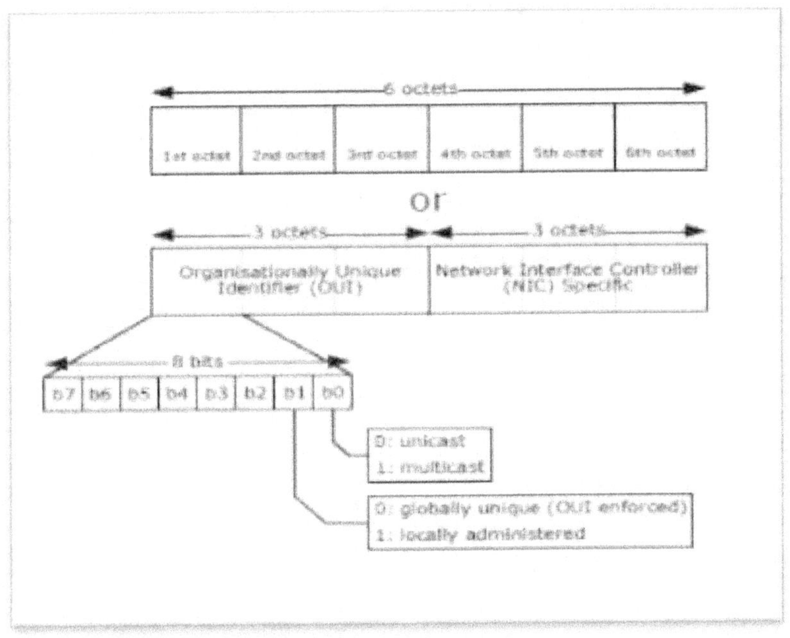

الشكل رقم (10) المعيار IEEE 802
المصدر:- ويكيبيديا.

المعرف الفريد للمنظمة (OUI)

- يتم تعيينه من قبل معهد مهندسي الكهرباء والإلكترونيات (IEEE) بالمعيار IEEE 802 كما فى الشكل رقم (9) إلى منظمة أو مؤسسة أو شركة.

- يتألف من 24 بتًا أو 3 بايتات وتقوم المنظمة بدورها بتعيين عنوان يتم إدارته عالميًا (24 بتًا أو 3 بايتات) يكون فريدًا لكل مبدل تصنعه.

- الثمانيات (octets) الثلاث الأولى (حسب ترتيب الإرسال) تُحدد الشركة المصنعة.

- يطلق على هذه الثمانيات الثلاث اسم OUI أي (Organizationally Unique Identifier) أي المعامل المميز على المستوى العالمي.

- أما الثمانيات الثلاث (في فضاءات الترقيم MAC-48 وEUI-48) أو الخمسة (في فضاء الترقيم EUI-64) اللاحقة تُحدد من قبل الشركة الصانعة تقريباً بأي طريقة تريدها وذلك لتمييز كل منتج من منتجاتها عن غيره من المنتجات.

- أما عناوين الماك التي تدار محلياً فهي تعطى لأي جهاز من قبل مدير الشبكة (network administrator) وذلك بدلاً من burned-in address فهذه العناوين لا تحتوي (OUI).

Individual/Group (I/G)

- يتم استخدام بت عنوان الفرد/المجموعة Individual/Group (I/G) للإشارة إلى ما إذا كان عنوان MAC الوجهة هو عنوان أحادي أو متعدد في الطبقة 2.
- إذا كان البت الأخير من البايت الأعلى من العنوان ماك يأخذ القيمة 0 فتكون الرزم مُرسلة بهدف الوصول إلى بطاقة شبكة وحيدة أي جهاز وحيد وهذا ما يُدعى بالـunicast.
- أما إذا كان يأخذ القيمة 1 فتكون الرزم مُرسلة لمرة واحدة ولكن بهدف الوصول إلى عدة بطاقات شبكة وهذا ما يُدعى بالـmulticast.

البت المحلي/العالمي (L/G)

- يستخدم هذا البت لتحديد ما إذا كان عنوان MAC هو العنوان الموسوم على البطاقة \العنوان المحروق (BIA) أو عنوان MAC الذي تم تغييره محليًا.
- تستطيع معرفة كون العنوان ماك هو مدار عالمياً أم محلياً بواسطة البت قبل الأخير من أعلى بايت في العنوان ماك.
- فإذا كان هذا البت يملك القيمة 0 فيكون العنوان مدار عالمياً.
- أما إذا أخذ القيمة 1 فيكون مدار محلياً.

إطارات Ethernet

- تتولى طبقة ربط البيانات مسؤولية دمج البتات في بايتات والبايتات في إطارات.
- تُستخدم الإطارات frame في طبقة ربط البيانات لتغليف الرزم encapsulate packets التي يتم تسليمها من طبقة الشبكة لنقلها على نوع من أنواع الوسائط المادية.
- تتمثل وظيفة محطات Ethernet في تمرير إطارات البيانات بين بعضها البعض باستخدام مجموعة من البتات تُعرف باسم تنسيق إطار MAC.
- يوفر هذا الكشف عن الأخطاء من خلال فحص التكرار الدوري (CRC).
- ولكن تذكر أن هذا الكشف عن الأخطاء وليس تصحيح الأخطاء.
- يوضح الشكل (11) إطار 802.3 وإطار Ethernet.

ملاحظة

- يُطلق على تغليف إطار داخل نوع مختلف من الإطارات اسم "النفق".
- المعلومات التالية المتعلقة بعناوين الإطارات والأنواع المختلفة من إطارات Ethernet تتجاوز نطاق أهداف CompTIA Network+ في بقية هذا الكتاب سأعرض لك لقطات شاشة من محلل شبكة.

تفاصيل حقول إطارات 802.3 وEthernet

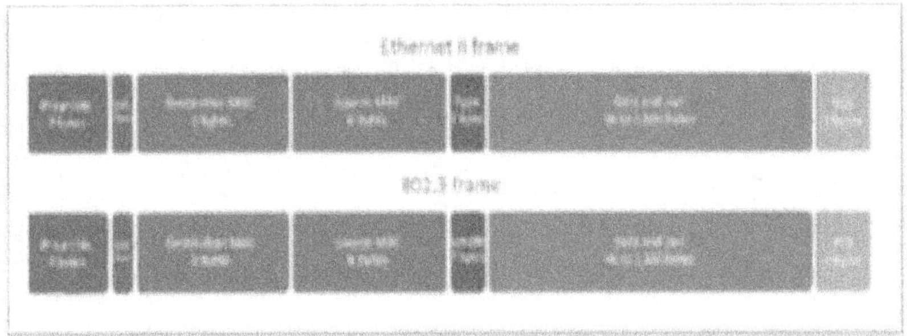

الشكل (11) إطار 802.3 وإطار Ethernet.
CompTIA Network+ Study Guide Exam N10-009, 6th Edition-2024.

المقدمة Preamble

تبدأ رزمة Ethernet بمقدمة مكونة من سبع بتات (56 بت) وفاصل إطار بدء مكون من ثماني بتات (8 بت).

تتناوب قيم بت المقدمة بين 1 و0 مما يسمح للمستقبلين بمزامنة ساعاتهم على مستوى البت مع المرسل.

يوفر النمط المتناوب 1,0 ساعة في بداية كل رزمة مما يسمح للأجهزة المستقبلة بقفل تدفق البتات الوارد.

بداية فاصل الإطار (SOF)/المزامنة Start of Frame Delimiter (SOF)/Synch

- يتبع المقدمة فاصل إطار البدء الذي ينتهي بـ 1 بدلاً من 0 لكسر نمط البت في المقدمة والإشارة إلى بداية الإطار الفعلي.
- بداية الإطار (SOF) هو أوكتيت (مزامنة).
- فاصل الإطار هو 10101011 حيث يسمح الزوج الأخير من الواحدات للمستقبل بالدخول إلى نمط 1,0 المتناوب في مكان ما في المنتصف ويظل يقوم بالمزامنة ويكتشف بداية البيانات.

عنوان الوجهة \ المستقبل(DA)

- يقوم بإرسال قيمة مكونة من 48 بت باستخدام البت (LSB) أولاً.
- يستخدم DA بواسطة محطات الاستقبال لتحديد ما إذا كانت الرزمة الواردة موجهة إلى مضيف معين.
- عنوان مالك المستقبل يمكن أن يكون عقدة وحيدة (UniCast) أو عدة عقد (MultiCast) أو كافة عقد الشبكة (BroadCast).
- تذكر أن عنوان كافة عقد الشبكة BroadCast يكون كله 1 (أو F في النظام السداسي عشري) ويتم إرساله إلى جميع الأجهزة و لكن فى حالة

إرسال لعدة عقد multicast يرسل فقط إلى مجموعة فرعية متماثلة من المضيفين على الشبكة.

عنوان المصدر (SA)

عنوان SA هو عنوان MAC مكون من 48 بت و يستخدم لتحديد جهاز الإرسال ويستخدم LSB أولاً.

عنوان كافة العقد او عدة عقد غير مسموح به فى حقل عنوان المصدر.

الطول أو النوع

إطار 802.3 يستخدم حقل الطول أما إطار Ethernet فيستخدم حقل النوع لتحديد بروتوكول طبقة الشبكة.

لا يمكن لإطار 802.3 نفسه تحديد upper-layer routed protocol بروتوكول التوجيه في الطبقة العليا ويجب استخدامه مع بروتوكول LAN.

البيانات

هى رزمة يتم إرسالها إلى طبقة ربط البيانات من طبقة الشبكة.

يمكن أن يختلف الحجم من 64 إلى 1500 بايت.

تسلسل فحص الإطار (FCS)

FCS هو حقل موجود في نهاية الإطار ويُستخدم لتخزين CRC.

لقطات محلل الشبكة

مصدر اللقطات:

CompTIA Network+ Study Guide Exam N10-009, 6th Edition-2024.

- الآن دعنا نأخذ دقيقة واحدة لنلقي نظرة على بعض الإطارات التي تم التقاطها على محلل الشبكة الموثوق لدينا.

- يمكنك أن ترى أن الإطار التالي يحتوي على ثلاثة حقول فقط: الوجهة والمصدر والنوع.

- تم اختيار هذه الحقول لعرضها كنوع بروتوكول على هذا المحلل.

الإطار الأول

```
Destination:  00:60:f5:00:1f:27
Source:       00:60:f5:00:1f:2c
Protocol Type: 08-00 IP
```

هذا إطار Ethernet II.

لاحظ أن حقل النوع هو IP، أو 08-00 (يشار إليه غالبًا باسم x8000) بالنظام السداسي عشر.

الإطار الثانى

```
Destination:  ff:ff:ff:ff:ff:ff Ethernet Broadcast
Source:       02:07:01:22:de:a4
Protocol Type: 08-00 IP
```

هذا الإطار يحتوي على نفس الحقول فهو إطار Ethernet II أيضًا.
هل لاحظت أن هذا الإطار عبارة عن (BroadCast) كافة عقد الشبكة يمكنك
معرفة ذلك لأن عنوان الجهاز الوجهة يكون كله رقم 1 في النظام الثنائي أوكله
رقم F في النظام السداسي عشر.

الإطار الثالث

دعنا نلقي نظرة على إطار Ethernet II آخر.
يمكنك أن ترى أنه نفس الإطار الذي نستخدمه مع بروتوكول التوجيه IPv4.
الفرق هو أن حقل النوع يحتوي على x86dd0 عندما تحمل بيانات IPv6،
وعندما يكون لدينا بيانات IPv4، نستخدم x08000 في حقل البروتوكول.

```
Destination: IPv6-Neighbor-Discovery_00:01:00:03 (33:
Source: Aopen_3e:7f:dd (00:01:80:3e:7f:dd)
Type: IPv6 (0x86dd)
```

هذا هو جمال إطار Ethernet II فبفضل حقل البروتوكول يمكننا تشغيل أي
بروتوكول موجه عبر طبقة الشبكة Network layer–routed protocol
وسيحمل البيانات بفضل تحديد بروتوكول طبقة الشبكة.

الإيثرنت في الطبقة المادية

أصدرت IEEE المعيار 802.3 ليشمل فئات: u802.3 (إيثرنت سريع)
و ab802.3 (إيثرنت جيجابت على الفئة 5+)، ثم أخيرًا ae802.3 (10
جيجابت في الثانية عبر الألياف والكبل المحوري).

هدفنا تشغيل شبكة LAN جيجابت إيثرنت لكل سطح مكتب و10 جيجابت في
الثانية أو 40 جيجابت في الثانية بين المبدلات وكذلك إلى الخوادم.

تبرير تكلفة هذه الشبكة اليوم بالنسبة لمعظم الشركات سيكون أمرًا صعبًا للغاية.
ولكن إذا قمت بفحص الأنواع المختلفة من طرق وسائط إيثرنت المتوفرة حاليًا
فيمكنك التوصل إلى حل شبكة فعال من حيث التكلفة ويعمل بشكل رائع!

يوضح الشكل(12) مواصفات IEEE 802.3 والطبقة المادية للإيثرنت.

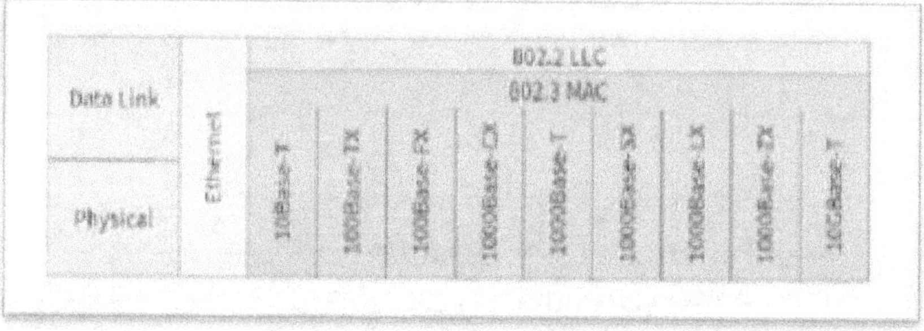

الشكل رقم (12) يبين مواصفات IEEE 802.3 والطبقة المادية الأصلية للإيثرنت.
CompTIA Network+ Study Guide Exam N10-009, 6th Edition-2024.

مواصفات الطبقة المادية لشبكة إيثرنت.

حددت EIA/TIA أن شبكة إيثرنت يجب أن تستخدم موصل مقبس مسجل (RJ) على كابلات زوج مجدول غير محمية (RJ-45) (UTP).

كل نوع من أنواع كبلات إيثرنت تحدده EIA/TIA لديه ما يسمى بالتوهين المتأصل inherent attenuation والذي يعرف بأنه فقدان قوة الإشارة أثناء انتقالها على طول الكابل ويتم قياسه بالديسيبل (dB).

يتم قياس الكابلات المستخدمة في الأسواق المؤسسية والمنزلية في فئات.

سيكون للكبل الأعلى جودة فئة أعلى تصنيفًا وتوهين أقل.

على سبيل المثال تعد الفئة 5 أفضل من الفئة 3 لأن كابلات الفئة 5 بها المزيد من التواءات الأسلاك لكل قدم وبالتالي تداخل أقل.

التداخل Crosstalk هو إضعاف الإشارة غير المرغوب فيه من الأزواج المجاورة في الكابل.

معايير IEEE 802.3 الأصلية

10Base2

يُعرف هذا أيضًا باسم thinnet ويمكنه دعم ما يصل إلى 30 محطة عمل على جزء واحد.

يستخدم 10 ميجابت في الثانية من تقنية النطاق الأساسي وكابل محوري يصل طوله إلى 185 مترًا وناقل فعلي ومنطقي مع موصلات واجهة وحدة المرفقات (AUI).

يعني الرقم 10 ميجابت في الثانية وتعني Base تقنية النطاق الأساسي طريقة إشارات للاتصال على الشبكة ويعني الرقم 2 ما يقرب من 200 متر. تستخدم بطاقات Ethernet 10Base2 موصل BNC وموصلات T للاتصال بالشبكة.

10Base5

يُعرف أيضًا باسم thicknet ويستخدم ناقل فعلي ومنطقي مع موصلات AUI وتقنية النطاق الأساسي بسرعة 10 ميجابت في الثانية وكابل محوري يصل طوله إلى 500 متر.

يمكنك الوصول إلى مسافة تصل إلى 2500 متر مع المكررات و قد يصل عدد المستخدمين إلى 1024 مستخدم لجميع القطاعات.

ملاحظة

من الناحية المثالية لن تحتاج أبدًا إلى التعامل مع 10Base2 أو 10Base5 في حياتك المهنية و لم يتم استخدام هذه التقنيات في السنوات العشرين الماضية ولكننا نذكرها كمرجع.

معايير IEEE Ethernet

100Base-TX (IEEE 802.3u)

المعروف باسم Fast Ethernet، يستخدم أسلاك UTP ثنائية الأزواج من الفئة 5 أو E5 أو 6 من EIA/TIA.

مستخدم واحد لكل مقطع بطول يصل إلى 100 متر.

يستخدم موصل RJ 45 بطوبولوجيا نجمية مادية وناقل منطقي.

100Base-FX (IEEE 802.3u)

يستخدم كبلات الألياف الضوئية متعددة الأوضاع 125/62.5 ميكرون فى حالة طوبولوجيا نقطة إلى نقطة بطول يصل إلى 412 مترًا.

يستخدم موصلات ST وSC وهي موصلات واجهة الوسائط.

1000Base-CX (IEEE 802.3z)

زوج مجدول من النحاس يسمى twinax (زوج محوري متوازن)

يمكنه العمل لمسافة تصل إلى 25 مترًا فقط ويستخدم موصلًا خاصًا مكوئًا من 9 دبابيس يُعرف باسم موصل البيانات التسلسلي عالي السرعة.

1000Base-T (IEEE 802.3ab)

كابلات الفئة 5 أربعة أزواج من أسلاك UTP بطول يصل إلى 100 متر.

1000Base-SX (IEEE 802.3z)

تنفيذ شبكة جيجابت إيثرنت تعمل عبركابل الألياف الضوئية متعدد الأوضاع (بدلاً من كابلات النحاس المجدولة) واستخدام الليزر قصير الموجة.

الألياف الضوئية متعددة الأوضاع (MMF) باستخدام قلب 62.5 و50 ميكرون تستخدم ليزرًا بطول 850 نانومترًا (nm) ويمكنها الوصول إلى مسافة تصل إلى 220 مترًا باستخدام 62.5 ميكرون، و550 مترًا باستخدام 50 ميكرون.

1000Base-LX (IEEE 802.3z)
ألياف أحادية الوضع تستخدم قلبًا بطول 9 ميكرون وليزر بطول 1300 نانومتر
ويمكنها الوصول إلى مسافة تتراوح من 3 كم إلى 10 كم.
10GBase-T
هو معيار اقترحته لجنة IEEE 802.3an لتوفير اتصالات بسرعة 10
جيجابت في الثانية عبركابلات UTP التقليدية (كبلات الفئة e5 أو 6 أو 7).
يسمح باستخدام RJ 45 التقليدي المستخدم في شبكات Ethernet LAN.
يمكنه دعم نقل الإشارة على مسافة 100 متر كاملة المحددة لأسلاك الشبكة.
10GBase-SR
تنفيذ لشبكة إيثرنت 10 جيجابت التي تستخدم أشعة الليزرذات الطول الموجي
القصير عند 850 نانومتر عبر الألياف متعددة الأوضاع.
ويبلغ الحد الأقصى لمسافة الإرسال ما بين 2 و300 متر اعتمادًا على حجم
وجودة الألياف.
10GBase-LR
تنفيذ شبكة إيثرنت 10 جيجابت التي تستخدم أشعة الليزر ذات الطول الموجي
الطويل عند 1310 نانومتر عبر الألياف أحادية الوضع.
يبلغ الحد الأقصى لمسافة الإرسال ما بين 2متر و10 كم اعتمادًا على حجم
وجودة الألياف.
10GBase-ER
تنفيذ شبكة إيثرنت 10 جيجابت التي تعمل عبر الألياف أحادية الوضع. تستخدم
أشعة الليزر ذات الطول الموجي الطويل للغاية عند 1550 نانومتر. ويبلغ الحد
الأقصى لمسافة الإرسال ما بين 2متر و40 كم اعتمادًا على حجم وجودة
الألياف المستخدمة.
10GBase-SW
كما هو محدد بواسطة IEEE 802.3ae هو وضع مناسب لـ MMF مع جهاز
إرسال واستقبال ليزر 850 نانومتر مع عرض نطاق ترددي يبلغ 10 جيجابت
في الثانية.
يمكنه دعم ما يصل إلى 300 متر من طول الكابل.
تم تصميم هذا النوع من الوسائط للاتصال بمعدات SONET.
10GBase-LW
يدعم طول رابط يبلغ 10 كم على الألياف أحادية الوضع القياسية (SMF)
(G.652) تم تصميم هذا النوع من الوسائط للاتصال بمعدات SONET.
10GBase-EW
يدعم طول رابط يبلغ حتى 40 كم على SMF استنادًا إلى G.652 باستخدام

الطول الموجي البصري 1550 نانومتر.

تم تصميم هذا النوع من الوسائط للاتصال بمعدات SONET.

ملاحظة

SONET تعنى Synchronous optical networking أى الشبكات الضوئية المتزامنة.

ملاحظة

لنفترض أنك تريد إختيار كابل شبكة غير قابل للتداخل الكهرومغناطيسي (EMI) في هذه الحالة توفر الألياف الضوئية كابلًا أكثر أمانًا وطويل المسافة وغير قابل للتداخل الكهرومغناطيسي (EMI) بسرعات عالية مثلما يؤدى الكابل من النوع UTP ذلك.

إيثرنت عبر معايير أخرى (IEEE 1905.1-2013)

- تكمن الفكرة وراء معايير تقنية 1905.1 في الإعداد والتكوين والتشغيل البسيط لأجهزة الشبكات المنزلية باستخدام التقنيات السلكية واللاسلكية.
- تحدد المعايير كيفية الإستفادة من مزايا الأداء والتغطية والتنقل التي توفرها الواجهات المتعددة (Ethernet و Wi-Fi و Powerline و MoCA) مما يتيح تغطية أفضل في كل غرفة لكل من الأجهزة اللاسلكية والثابتة.

الإيثرنت عبر خطوط الطاقة

- نشرت IEEE أخيرًا في 2011 معيارًا للنطاق العريض عبر خطوط الطاقة (BPL) يسمى IEEE 1901 يشار إليه باسم Power Line Digital Subscriber Line (PDSL).
- اكتسبت هذه التكنولوجيا مؤخرًا زخمًا وخاصة من شركات الطاقة التي تجمع البيانات من عداد الطاقة المثبت في منزلك.
- ينقل هذا العداد المعلومات إلى شركة الطاقة ويذكر على وجه التحديد مقدار الطاقة التي يستخدمها منزلك.
- تسمح تقنية النطاق العريض عبر خطوط الطاقة بتوصيل جهاز كمبيوتر بمقبس طاقة في الحائط والحصول على أكثر من 500 ميجابت في الثانية لمسافة تصل إلى 1500 متر.
- تستخدم شركة Xcel Energy تقنية BPL بالاشتراك مع الروابط اللاسلكية لمشروعها التجريبي Smart-Grid-City الذي سيرسل البيانات من عدادات الطاقة وسخانات المياه الساخنة ومنظمات الحرارة.

يوضح الشكل (13) مثالاً لمحول (BPL).

الشكل (13) مثالاً لمحول (BPL).
CompTIA Network+ Study Guide Exam N10-009, 6th Edition-2024.

إستخدام BPL فى المنزل

يمكن استخدام هذه التقنية لتوصيل خدمة الإنترنت إلى المنزل أيضًا.

إذا أردت توصيل جهاز كمبيوتر (أو أي جهاز آخر) ستحتاج ببساطة إلى توصيل مودم BPL بأي منفذ في مبنى مجهز للحصول على خدمة إنترنت عالية السرعة.

يوضح الشكل (14) طريقة تركيب دائرة BPL الأساسية.

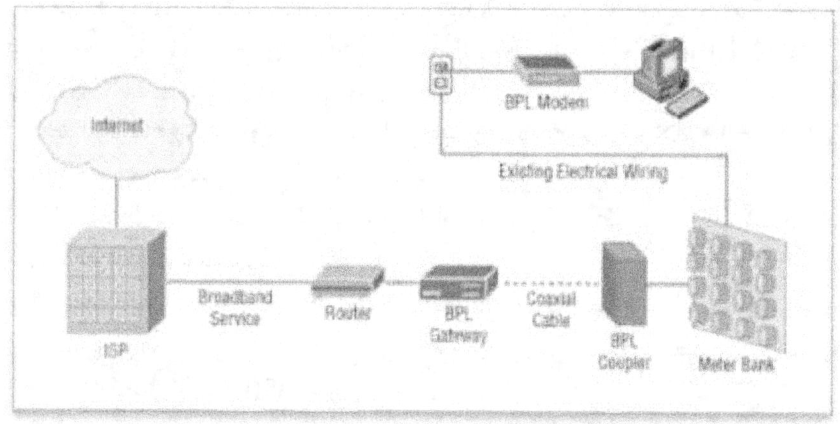

الشكل (14) طريقة تركيب أجهزة BPL فى المنزل.
CompTIA Network+ Study Guide Exam N10-009, 6th Edition-2024.

فكرة العمل

بعد توصيل البوابة من خلال الوصلة إلى مجموعة العدادات الخاصة بالمبنى يمكن استخدام أي منفذ كهربائي مع مودم BPL لتلقي اتصال الإنترنت.

لا تزال التحديات التالية قائمة:

104

■ حقيقة أن خطوط الطاقة عادة ما تكون صاخبة بالتشويش.

■ يتم استخدام التردد الذي يتم به نقل المعلومات بواسطة الموجات القصيرة ويمكن لخطوط الطاقة غير المحمية أن تعمل كهوائيات وبالتالي تتداخل مع الاتصالات بالموجات القصيرة.

Ethernet عبر HDMI

تعمل تقنية Ethernet Channel على دمج تدفقات الفيديو والصوت والبيانات في كبل HDMI واحد مما يجمع بين جودة إشارة اتصال HDMI وقوة ومرونة شبكات الترفيه المنزلي.

يوضح الشكل(15) كيف ستبدو شبكة الترفيه المنزلي المحتملة قبل وبعد تنفيذ Ethernet عبر HDMI حيث تتضمن قناة بيانات مخصصة في رابط HDMI مما يتيح شبكات ثنائية الاتجاه عالية السرعة تصل إلى 100 ميجابت في الثانية.

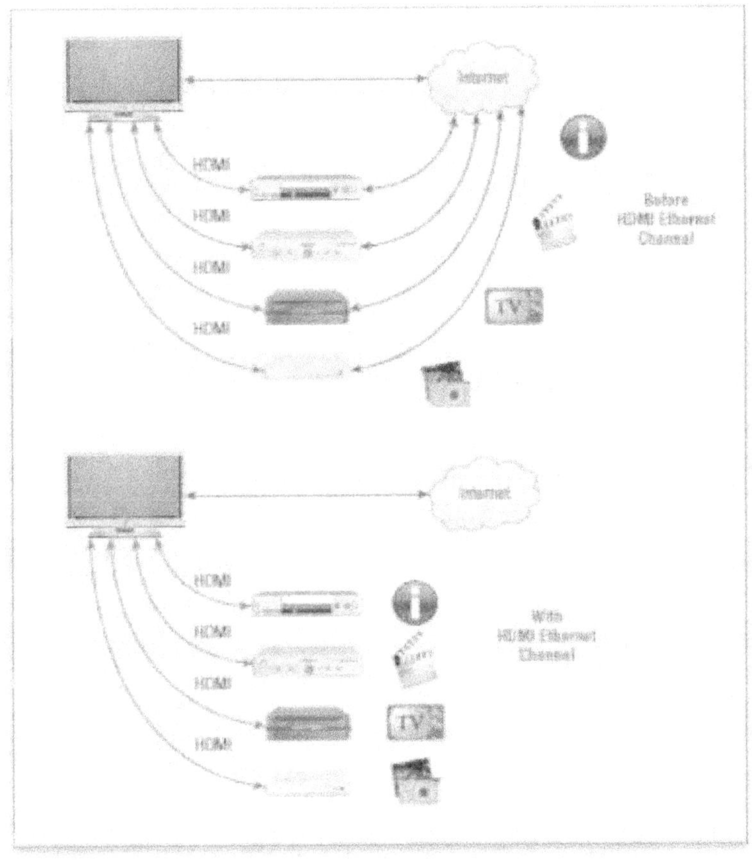

الشكل رقم (15) شبكة الترفيه المنزلي ايثرنت عبرHDMI.
CompTIA Network+ Study Guide Exam N10-009, 6th Edition-2024.

ملخص الفصل

في هذا الفصل (1)

- أساسيات شبكات الإيثرنت
- كيفية تواصل المضيفين على الشبكة
- كيفية عمل CSMA/CD في شبكة الإيثرنت نصف المزدوجة.
- الاختلافات بين وضعي نصف المزدوجة والكاملة.
- وصف أنواع ومعايير كبلات الإيثرنت الشائعة المستخدمة في شبكات اليوم.

فى هذا الفصل (2)

- تحديد الأسباب المحتملة لازدحام حركة مرور شبكة LAN.
- إن وجود عدد كبير جدًا من المضيفين في مجال البث، وعواصف البث والبث المتعدد والنطاق الترددي المنخفض كلها أسباب محتملة لازدحام حركة مرور شبكة LAN.
- صف الفرق بين مجال التصادم ومجال البث.
- مجال التصادم هو مصطلح إيثرنت يستخدم لوصف مجموعة من الأجهزة في الشبكة حيث يرسل جهاز معين رزمة على جزء من الشبكة مما يجبر كل جهاز آخر على نفس الجزء على الانتباه إليها.
- في مجال البث تستمع مجموعة من جميع الأجهزة على الشبكة إلى جميع عمليات البث المرسلة على جميع الأجزاء.
- الفرق بين عنوان MAC وعنوان IP ووصف كيفية ومتى يتم استخدام كل نوع من أنواع العناوين في الشبكة.
- عنوان MAC هو رقم سداسي عشري يحدد الاتصال المادي للمضيف.
- عناوين MAC تعمل على الطبقة 2 من نموذج OSI.
- عناوين IP يمكن التعبير عنها بتنسيق ثنائي أو عشري هي معرّفات منطقية موجودة على الطبقة 3 من نموذج OSI.
- تحدد المضيفات الموجودة على نفس القطاع المادي مواقع بعضها البعض باستخدام عناوين MAC بينما تُستخدم عناوين IP عندما توجد على قطاعات أو شبكات فرعية مختلفة من شبكة LAN.
- افهم الفرق بين الموزع والجسر والمبدل والموجه.
- ينشئ الموزع مجال تصادم واحد ومجال بث واحد.
- يقسم الجسر مجالات التصادم ولكنه ينشئ مجال بث كبير.
- تستخدم عناوين الأجهزة لتصفية الشبكة.

- المبدلات في الواقع مجرد جسور متعددة المنافذ مع المزيد من الذكاء فهي تقسم مجالات التصادم ولكنها تنشئ مجال بث كبير افتراضيًا.
- تستخدم الجسور والمبدلات عناوين الأجهزة لتصفية الشبكة.
- تقسم أجهزة التوجيه مجالات البث (ومجالات التصادم) وتستخدم العناوين المنطقية لتصفية الشبكة.
- حدد وظائف ومزايا أجهزة التوجيه.
- تقوم أجهزة التوجيه بتبديل الرزم والتصفية واختيار التوجيه كما تسهل اتصالات الشبكة.
- إحدى مزايا أجهزة التوجيه هي أنها تقلل من حركة البث.
- فرق بين خدمات الشبكة الموجهة للاتصال وغير الموجهة ووصف كيفية التعامل مع كل منها أثناء اتصالات الشبكة.
- تستخدم الخدمات الموجهة للاتصال التأكيدات والتحكم في التدفق لإنشاء جلسة موثوقة.
- يتم استخدام المزيد من النفقات الغير مباشرة مقارنة بخدمة الشبكة غير الموجهة.
- تُستخدم الخدمات غير المتصلة لإرسال البيانات دون تأكيدات أو تحكم في التدفق ويعتبر هذا غير موثوق.
- قم بتعريف طبقات OSI، وفهم وظيفة كل منها، ووصف كيفية تعيين الأجهزة وبروتوكولات الشبكات لكل طبقة.
- يجب أن تتذكر الطبقات السبع لنموذج OSI والوظيفة التي توفرها كل طبقة. طبقات التطبيق والعرض والجلسة هي طبقات عليا وهي مسؤولة عن الاتصال من واجهة المستخدم إلى التطبيق.
- توفر طبقة النقل التقطيع والتسلسل والدوائر الافتراضية.
- توفر طبقة الشبكة عنونة الشبكة المنطقية والتوجيه من خلال شبكة إنترنت.
- توفر طبقة ربط البيانات تأطير البيانات ووضعها على وسيط الشبكة.
- الطبقة المادية مسؤولة عن أخذ 1 و0 وتشفيرهما في إشارة رقمية للنقل على جزء الشبكة.

الفصل الخامس: مقدمة إلى TCP/IP

مقدمة:

تم تصميم وتنفيذ مجموعة بروتوكول التحكم في الإرسال/بروتوكول الإنترنت (TCP/IP) بواسطة وزارة الدفاع (DoD) لضمان والحفاظ على سلامة البيانات والاتصالات في حالة وقوع حرب كارثية.

شبكة TCP/IP آمنة وموثوقة ومرنة إذا تم تصميمها وتنفيذها بشكل صحيح.

سنبدأ باستكشاف إصدار وزارة الدفاع من بروتوكول TCP/IP ثم نقارن هذا الإصدار وبروتوكولاته بنموذج مرجع OSI.

بمجرد فهمك للبروتوكولات والعمليات المستخدمة على المستويات المختلفة لنموذج وزارة الدفاع سنتخذ الخطوة المنطقية التالية من خلال التعمق في عالم عناوين IP والفئات المختلفة لعناوين IP المستخدمة في الشبكات اليوم.

مقدمة عن بروتوكول TCP/IP

يعتبر بروتوكول TCP/IP جوهر كل ما يتعلق بالشبكات.

لذا يجب التأكد من أنك تتقنه بشكل شامل وعملي.

نبدأ بخلفية كاملة عن بروتوكول TCP/IP بما في ذلك بدايته.

ثم ننتقل إلى وصف الأهداف الفنية المهمة كما حددها مهندسوه الأصليون.

ثم كيفية مقارنة بروتوكول TCP/IP بنموذج OSI النظري.

نموذج TCP/IP ونموذج DoD

يعد نموذج DoD في الأساس نسخة مختصرة من نموذج OSI يتألف من أربع طبقات بدلاً من سبع:

- طبقة العملية/التطبيق
- طبقة المضيف إلى المضيف أو طبقة النقل
- طبقة الإنترنت
- طبقة الوصول إلى الشبكة أو طبقة الربط

يقدم الشكل (1) مقارنة بين نموذج DoD ونموذج OSI المرجعي.

النموذجان متشابهان من حيث المفهوم ولكن لكل منهما عدد مختلف من الطبقات بأسماء مختلفة.

تستخدم شركة Cisco في بعض الأحيان أسماء مختلفة لنفس الطبقة مثل "المضيف إلى المضيف" و"النقل" لوصف الطبقة الموجودة أعلى طبقة الإنترنت بالإضافة إلى "الوصول إلى الشبكة" و"الربط" لوصف الطبقة السفلية.

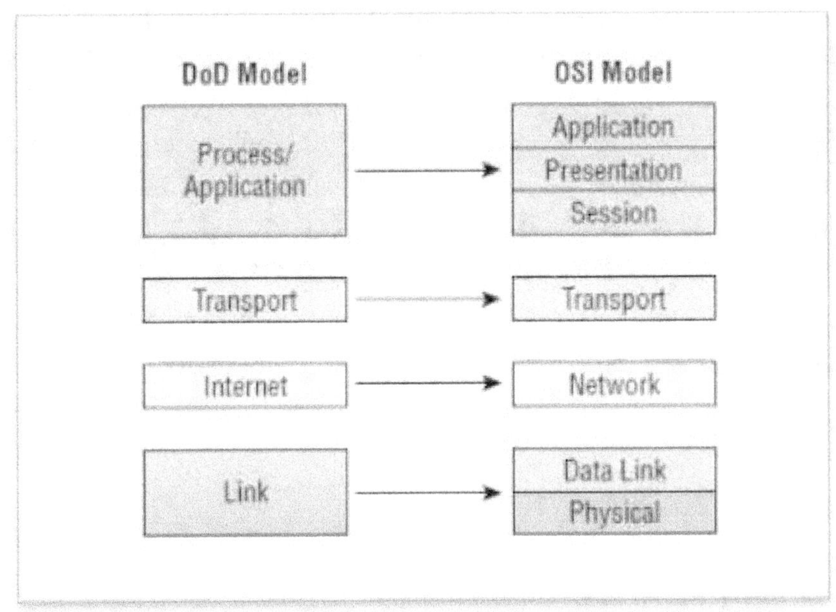

الشكل رقم (1) نموذج DoD ونموذج OSI المرجعي.

CCST Support Technician, Networking Exam, Todd Lammle.2024.

تتحد مجموعة كبيرة من البروتوكولات في طبقة العملية/التطبيق في نموذج وزارة الدفاع.

تدمج هذه العمليات الأنشطة والواجبات المختلفة التي تغطي تركيز الطبقات الثلاث العليا المقابلة لـ OSI (التطبيق والعرض والجلسة).

سنركز على بعض التطبيقات الأكثر أهمية الموجودة في أهداف CCST.

تحدد طبقة العملية/التطبيق البروتوكولات الخاصة باتصالات التطبيقات من عقدة إلى عقدة وتتحكم في مواصفات واجهة المستخدم.

تتوازي طبقة المضيف إلى المضيف أو طبقة النقل مع وظائف طبقة النقل في OSI حيث تحدد البروتوكولات لإعداد مستوى خدمة الإرسال للتطبيقات.

طبقة النقل تعالج قضايا مثل إنشاء اتصالات موثوقة من البداية إلى النهاية وضمان تسليم البيانات بدون أخطاء.

تتعامل مع تسلسل الرزم وتحافظ على سلامة البيانات.

تتوافق طبقة الإنترنت مع طبقة الشبكة في نموذج OSI حيث تحدد البروتوكولات المتعلقة بالنقل المنطقي للرزم عبر الشبكة بأكملها.

تعتني بمعالجة المضيفين من خلال منحهم عنوان IP (بروتوكول الإنترنت) وتتولى توجيه الرزم بين شبكات متعددة.

في الجزء السفلي من نموذج DoD تنفذ طبقة الوصول إلى الشبكة أو طبقة

الربط تبادل البيانات بين المضيف والشبكة.

تشرف طبقة الوصول إلى الشبكة باعتبارها معادلة لطبقتي ربط البيانات والطبقات المادية في نموذج OSI على معالجة الأجهزة وتحدد البروتوكولات الخاصة بالنقل المادي للبيانات.

السبب وراء انتشار بروتوكول TCP/IP هو أنه لم تكن هناك مواصفات محددة للطبقة المادية وبالتالي يمكن تشغيله على أي شبكة مادية موجودة أو مستقبلية! إن نموذجي DoD و OSI متشابهان في التصميم والمفهوم ولديهما وظائف مماثلة في طبقات مماثلة.

فى الشكل (2) مجموعة بروتوكولات TCP/IP وكيفية ربط بروتوكولاتها بطبقات نموذج DoD.

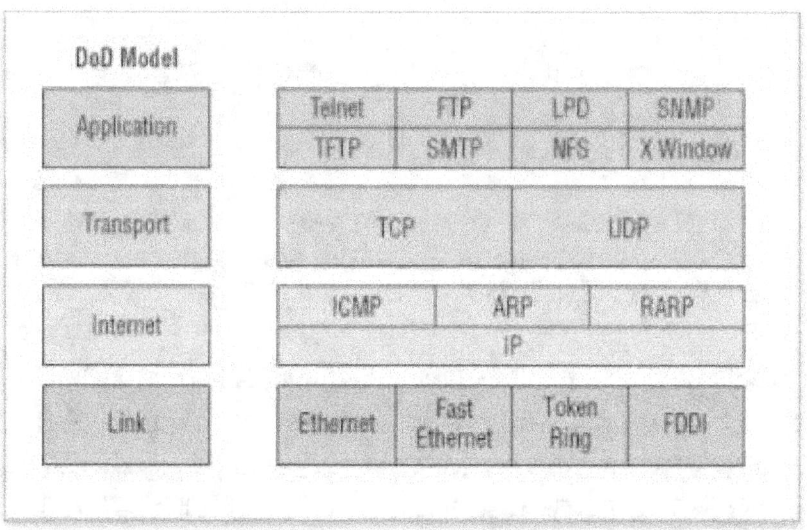

الشكل رقم (2) بروتوكولات TCP/IP و طبقات نموذج DoD.
CCST Support Technician, Networking Exam, Todd Lammle.2024.

بروتوكولات طبقة العملية/التطبيق

سنركز على التطبيقات والخدمات المختلفة المستخدمة عادةً في شبكات IP ورغم وجود العديد من البروتوكولات فسوف أركز على البروتوكولات الأكثر صلة بأهداف CCST.

فيما يلي قائمة بالبروتوكولات والتطبيقات التي سأغطيها في هذا القسم:

- Telnet ■
- SSH ■
- FTP ■
- SFTP ■

110

- TFTP ■
- SNMP ■
- HTTP ■
- HTTPS ■
- NTP ■
- DNS ■
- DHCP/BootP ■
- APPIPA ■

بروتوكول Telnet

- كان Telnet أحد أول معايير الإنترنت وقد تم تطويره في عام 1969 وهو عبارة عن بروتوكولات متغيرة تخصصه هو محاكاة الطرفيات.
- يسمح للمستخدم على جهاز بعيد يسمى عميل Telnet بالوصول إلى موارد خادم Telnet من خلال واجهة سطر الأوامر CLI.
- يحقق Telnet ذلك من خلال سحب أمر سريع على خادم Telnet وجعل جهاز العميل يبدو وكأنه جهاز طرفي متصل مباشرة بالشبكة المحلية.
- من العيوب أنه لا تتوفر تقنيات تشفير داخل بروتوكول Telnet لذا يجب إرسال كل شيء بنص واضح بما في ذلك كلمات المرور.
- يوضح الشكل (3) مثالاً لعميل Telnet يحاول الاتصال بخادم Telnet.

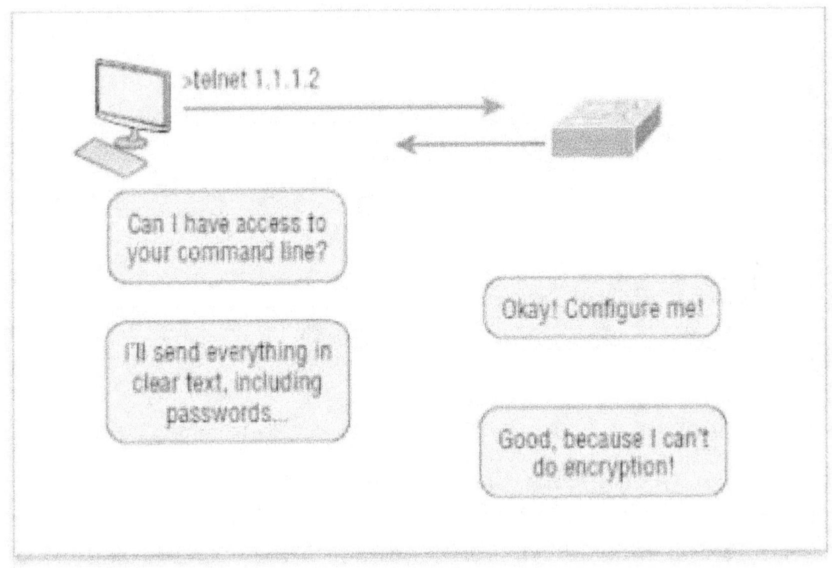

الشكل رقم (3) مثال لعميل Telnet يحاول الاتصال بخادم Telnet.
CCST Support Technician, Networking Exam, Todd Lammle.2024.

المحطات الطرفية يمكنها تنفيذ إجراءات محددة مثل عرض القوائم التي تمنح المستخدمين الفرصة لاختيار خيارات الوصول إلى التطبيقات على الخادم.
يبدأ المستخدمون جلسة Telnet بتشغيل برنامج عميل Telnet ثم تسجيل الدخول إلى خادم Telnet.
يستخدم Telnet اتصال بيانات 8 بت وموجهًا للبايتات عبر TCP مما يجعله شاملاً للغاية.
لا يزال قيد الاستخدام حتى اليوم لأنه بسيط للغاية وسهل الاستخدام مع تكلفة تشغيل منخفضة للغاية ولكن نظرًا لإرسال كل شيء بنص واضح لا يُنصح باستخدامه في الإنتاج.

بروتوكول Secure Shell

يقوم بروتوكول (SSH) Secure Shell بإعداد جلسة آمنة تشبه بروتوكول Telnet عبر اتصال TCP/IP القياسي ويتم استخدامه للقيام بمهام مثل تسجيل الدخول إلى الأنظمة وتشغيل البرامج على الأنظمة البعيدة ونقل الملفات من نظام إلى آخر.
يقوم بكل ذلك مع الحفاظ على اتصال مشفر.
يوضح الشكل (4) عميل SSH يحاول الاتصال بخادم SSH.
يجب على العميل إرسال البيانات مشفرة!

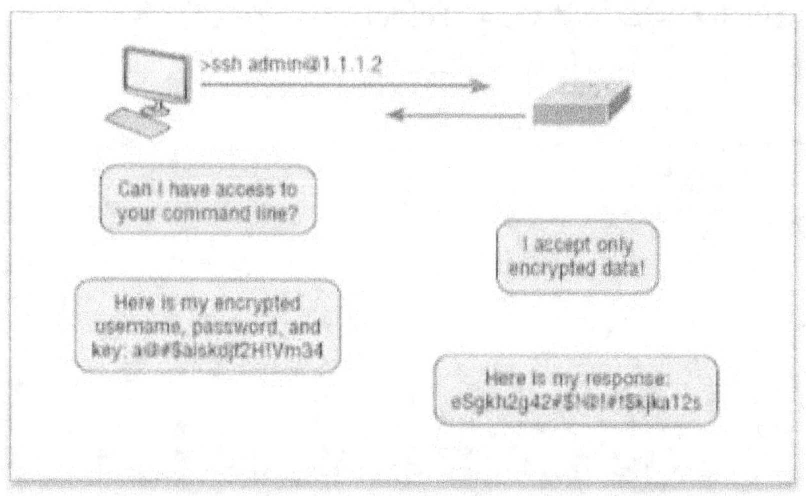

الشكل رقم (4) مثال لعميل Secure Shell يتصل بالخادم.
CCST Support Technician, Networking Exam, Todd Lammle.2024.
يمكن أن تعتبر SSH بروتوكول الجيل الجديد الذي يتم استخدامه الآن بدلاً من الأوامر القديمة غير المستخدمة كثيرًا لـ (rsh) remote shell و remote login (rlogin) وحتى Telnet.

بروتوكول نقل الملفات File Transfer Protocol

- يسمح بروتوكول نقل الملفات (FTP) بنقل الملفات ويمكنه إنجاز ذلك بين أي جهازين يستخدمانه.
- FTP ليس مجرد بروتوكول بل هو أيضًا برنامج.
- تستخدمه التطبيقات باعتباره بروتوكول.
- يستخدمه المستخدمون لأداء مهام الملفات يدويًا.
- يسمح بالوصول إلى كل من مجلد الدلائل directories والملفات ويمكنه إنجاز أنواع معينة من عمليات الدلائل مثل الانتقال إلى دلائل مختلفة كما في الشكل (5).
- عملية الوصول إلى المضيف من خلال بروتوكول FTP ليست سوى الخطوة الأولى.
- بعد ذلك يخضع المستخدمون لتسجيل دخول و مصادقة تأمينية بكلمات مرور وأسماء مستخدمين يتم تنفيذها بواسطة مسؤولي النظام لتقييد الوصول.
- يمكن التغلب على هذا إلى حد ما من خلال تبني اسم مستخدم مجهول ولكنك ستكون مقيدًا فيما ستتمكن من الوصول إليه.
- عند استخدامه من قبل المستخدمين يدويًا كبرنامج تقتصر وظائف بروتوكول FTP على سرد الدلائل وعرضها وكتابة محتويات الملفات ونسخ الملفات بين المضيفين.
- لا يمكنه تنفيذ الملفات البعيدة كبرامج.

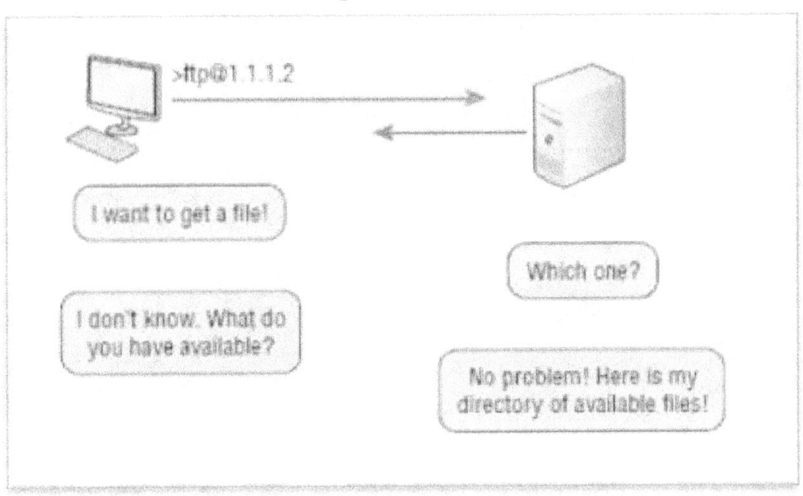

الشكل رقم (5) بروتوكول نقل الملفات.

CCST Support Technician, Networking Exam, Todd Lammle.2024.

بروتوكول نقل الملفات الآمن Secure File Transfer Protocol (SFTP)

يستخدم بروتوكول نقل الملفات الآمن (SFTP) عندما تحتاج إلى نقل الملفات عبر اتصال مشفر.

يستخدم جلسة SSH التي تقوم بتشفير الاتصال ويستخدم SSH المنفذ 22 وبالتالى المنفذ 22 لـ SFTP.

بصرف النظر عن الجزء الآمن يستخدم هذا البروتوكول مثل بروتوكول FTP لنقل الملفات بين أجهزة الكمبيوتر على شبكة IP مثل الإنترنت.

بروتوكول نقل الملفات البسيط Trivial File Transfer Protocol (TFTP)

- يعد بروتوكول نقل الملفات البسيط (TFTP) الإصدار الأساسي المختصر من بروتوكول FTP ولكنه البروتوكول المفضل إذا كنت تعرف بالضبط ما تريده وأين تجده لأنه سريع وسهل الاستخدام للغاية!

- بروتوكول TFTP لا يوفر الكثير من الوظائف التي يوفرها بروتوكول FTP لأنه لا يتمتع بقدرات تصفح الدليل مما يعني أنه يمكنه فقط إرسال واستقبال الملفات كما فى الشكل (6).

- يستخدم بكثافة لإدارة أنظمة الملفات على أجهزة Cisco.

- هذا البروتوكول الصغير المدمج يبخل في قسم البيانات حيث يرسل كتل بيانات أصغر كثيرًا من تلك التي يرسلها بروتوكول FTP.

- لا يتضمن مصادقة دخول مثل بروتوكول FTP وبالتالي فهو أقل أمانًا ولا تدعمه سوى مواقع قليلة بسبب المخاطر الأمنية الكامنة فيه.

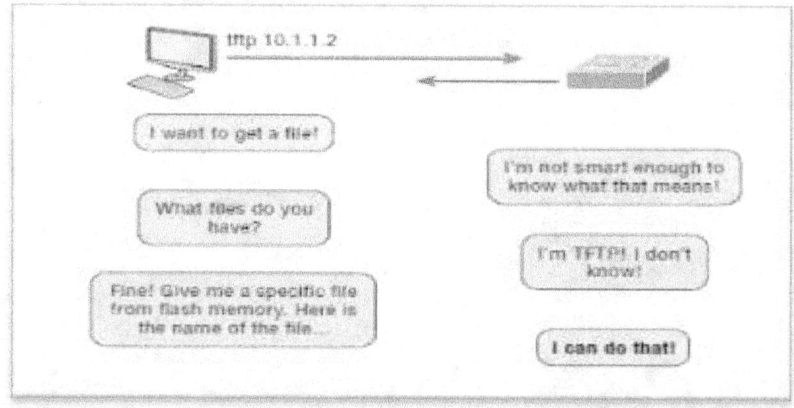

الشكل رقم (6) بروتوكول نقل الملفات البسيط.

CCST Support Technician, Networking Exam, Todd Lammle.2024.

بروتوكول إدارة الشبكة البسيط (SNMP)

- يقوم بروتوكول إدارة الشبكة البسيط (SNMP) بجمع ومعالجة معلومات الشبكة القيمة كما هو موضح في الشكل(7).

- يجمع البيانات عن طريق استطلاع الأجهزة الموجودة على الشبكة من محطة إدارة الشبكة network management station (NMS) على فترات زمنية ثابتة أو عشوائية ويطلب منها الإفصاح عن معلومات معينة أو حتى يطلب معلومات معينة من الجهاز.

- يمكن لأجهزة الشبكة إبلاغ محطة إدارة الشبكة بالمشكلات فور حدوثها حتى يتم تنبيه مسؤول الشبكة.

- عندما يكون كل شيء على ما يرام يتلقى بروتوكول إدارة الشبكة البسيط ما يسمى بالخط الأساسي baseline وهو تقرير يحدد السمات التشغيلية للشبكة السليمة.

- يمكن لهذا البروتوكول أيضًا أن يعمل بمثابة watchdog فرد حراسة على الشبكة فيقوم بإخطار المديرين بسرعة بأي تحول مفاجئ للأحداث.

- تسمى أفراد حراسة الشبكة بالوكلاء أو العملاء agents وعندما تحدث انحرافات يرسل الوكلاء تنبيهًا يسمى الفخ trap إلى محطة الإدارة.

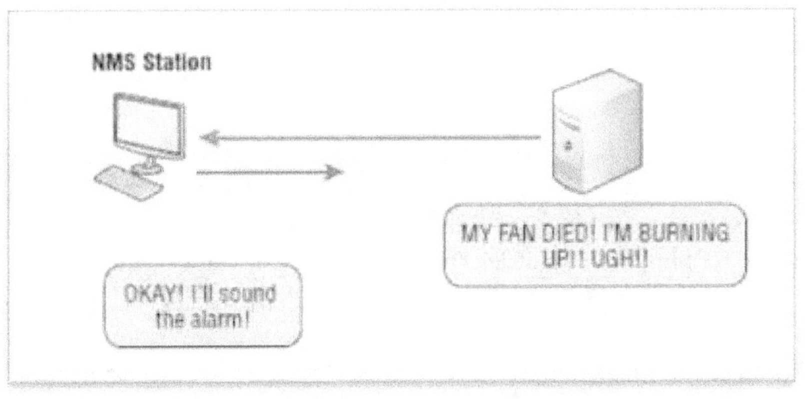

الشكل رقم (7) بروتوكول إدارة الشبكة البسيط.
CCST Support Technician, Networking Exam, Todd Lammle.2024.

- قدم الإصدار الثانى من البروتوكول SNMPv2 تحسينات في الأداء و أفضل الإضافات يسمى GETBULK لكنه لم يلق رواجًا كبيرًا في عالم الشبكات.

- أصبح الإصدار الثالث SNMPv3 الآن هو المعيار السائد الآن.

- يستخدم الإصدار الثالث كلًّا من TCP وUDP ويضيف المزيد من الأمان وسلامة الرسائل والمصادقة والتشفير.

بروتوكول نقل النص المتشعب (HTTP)

- تعتمد كل مواقع الويب الجذابة التي تتألف من مزيج من الرسومات والنصوص والروابط والإعلانات وما إلى ذلك على بروتوكول نقل النص المتشعب (HTTP) لجعل كل ذلك ممكنًا (الشكل8).

- يُستخدم هذا البروتوكول لإدارة الاتصالات بين متصفحات الويب وخوادم الويب ويفتح المورد الصحيح عند النقر على رابط أينما وجد هذا المورد بالفعل.

- لكي يتمكن المتصفح من عرض صفحة ويب يجب أن يجد الخادم الصحيح الذي يحتوي على صفحة الويب الصحيحة بالإضافة إلى التفاصيل الدقيقة التي تحدد المعلومات المطلوبة.

- يجب بعد ذلك إرسال هذه المعلومات مرة أخرى إلى المتصفح.

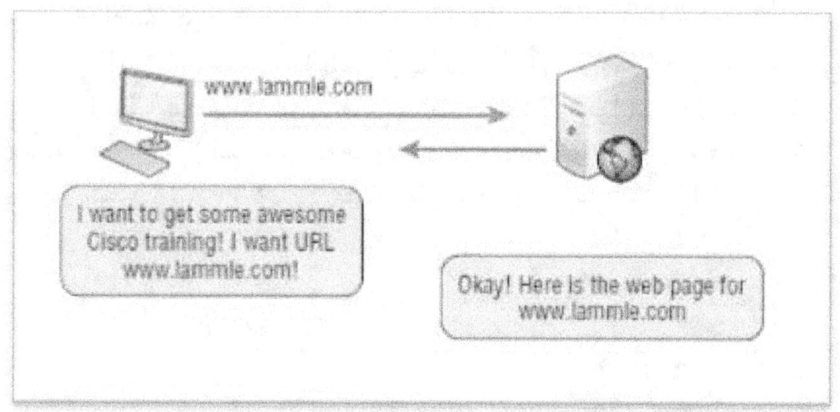

الشكل رقم (8) بروتوكول نقل النص المتشعب.
CCST Support Technician, Networking Exam, Todd Lammle.2024.

بروتوكول نقل النص التشعبي الآمن (HTTPS)

- هو بروتوكول يستخدم طبقة مآخذ التوصيل الآمنة (SSL) وفي بعض الأحيان يُشار إليه باسم SHTTP أوS-HTTP وهما بروتوكولان مختلفان بعض الشيء و نظرًا لأن Microsoft تدعم HTTPS فقد أصبح المعيار الفعلي لتأمين اتصالات الويب.

- يعتبر إصدار آمن من HTTP يزودك بمجموعة كاملة من أدوات الأمان للحفاظ على المعاملات بين متصفح الويب والخادم آمنة.

- هو بروتوكول يحتاجه متصفحك لملء النماذج وتسجيل الدخول والمصادقة وتشفير رسالة HTTPعندما تقوم بمهام عبر الإنترنت مثل إجراء حجز أو الوصول إلى البنك أو شراء شيء ما.

116

بروتوكول وقت الشبكة (NTP)

- هذا البروتوكول المفيد يستخدم لمزامنة الساعات على أجهزة الكمبيوتر لدينا مع مصدر وقت قياسي واحد (عادةً ساعة ذرية).
- يعمل بروتوكول وقت الشبكة (NTP) عن طريق مزامنة الأجهزة لضمان موافقة جميع أجهزة الكمبيوتر على شبكة معينة على الوقت كما فى الشكل رقم (9).
- بروتوكول وقت الشبكة (NTP) يعمل بشكل أساسي على منع سيناريو "العودة إلى المستقبل بدون تعطيل الشبكة وهو أمر مهم للغاية بالفعل!

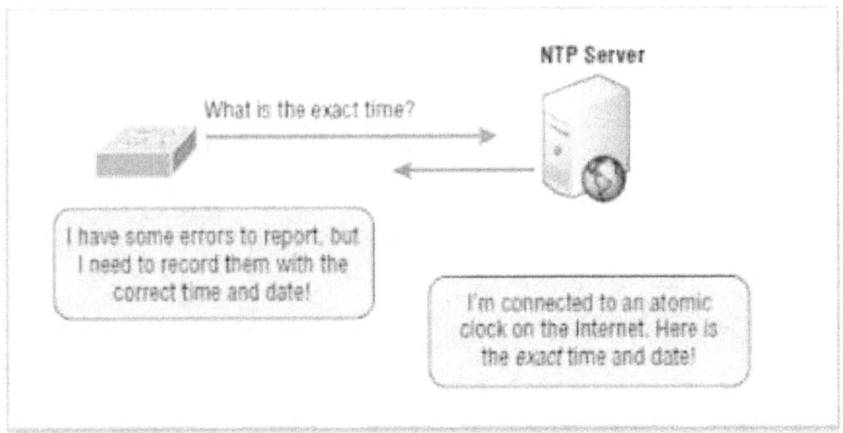

الشكل رقم (9) بروتوكول وقت الشبكة.
.CCST Support Technician, Networking Exam, Todd Lammle.2024

خدمة اسم المجال (DNS)

- تقوم خدمة اسم المجال Domain Name Service (DNS) بترجمة أسماء المضيفين و أسماء الإنترنت إلى عناوين IP.
- لايستخدم DNS مباشرة ما عليك إلا كتابة عنوان IP لأي جهاز تريد الاتصال به والعثور على عنوان IP ل URL باستخدام برنامج Ping.
- عنوان IP هو الذى يحدد المضيفين على الشبكة لكن DNS يسهل العملية.
- يسمح لك DNS باستخدام اسم المجال لتحديد عنوان IP و يمكنك تغيير عنوان IP بقدر ما تريد.
- لتفسير عنوان DNS من مضيف ستكتب عادةً عنوان URL فى متصفحك المفضل فيسلم البيانات إلى واجهة طبقة التطبيق ليتم نقلها على الشبكة.
- يبحث التطبيق عن عنوان DNS ويرسل طلب UDP إلى خادم DNS الخاص بك لتحديد الاسم المطلوب كما فى الشكل (10).

- إذا لم يكن خادم DNS يعرف إجابة الاستعلام فسيقوم بإعادة توجيه طلب TCP إلى خادم DNS الجذرى الخاص به.

- بمجرد حل الاستعلام يتم إرسال الإجابة مرة أخرى إلى المضيف الأصلي مما يعني أن المضيف يمكنه الآن طلب المعلومات من خادم الويب الصحيح.

- من الأشياء المهمة التي يجب ذكرها عن DNS هو أنه إذا كان بإمكانك إرسال أمر ping إلى جهاز باستخدام عنوان IP و لا يمكنك استخدام FQDN الخاص به فقد تعانى نوع من فشل تهيئة DNS.

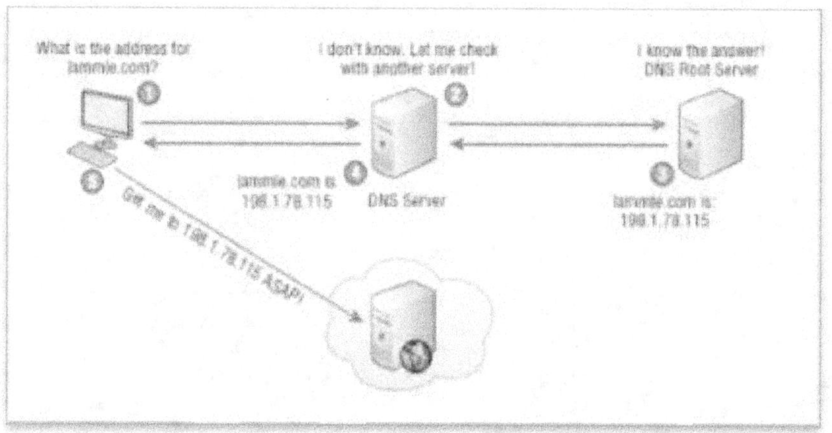

الشكل رقم (10) خدمة اسم المجال.
CCST Support Technician, Networking Exam, Todd Lammle.2024.

ملاحظة

- اسم النطاق المؤهل بالكامل Fully Qualified Domain Name أو إختصارا FQDN هو الاسم الكامل لجهاز كمبيوتر معين أو مضيف معين على شبكة الإنترنت يحدد كل مراحل النطاق بما في ذلك مجال المستوى الأعلى وهو تابع لنطاق الجذر الرئيسي (Root).

- على سبيل المثال www.somedomain.edu هو اسم نطاق مؤهل بالكامل على شبكة الإنترنت و ان www هو المضيف ولكن يوجد الملايين من www و ملايين من **edu** على الشبكة لكن somedomain. هو اسم النطاق (Domain Name) وهو فريد لايوجد اسم نطاق آخر مطابق له على الشبكة ويعتبرهو نطاق المستوى الأعلى.

بروتوكول تكوين المضيف الديناميكي/بروتوكول Bootstrap

يقوم بروتوكول تكوين المضيف الديناميكي (DHCP) بتعيين عناوين IP للمضيفين hosts.

118

- يتيح إدارة أسهل و يعمل بشكل جيد في بيئات جميع الشبكات من الصغيرة إلى الكبيرة جدًا.
- يمكن استخدام العديد من أنواع الأجهزة كخادم DHCP بما في ذلك جهاز توجيه Cisco router.
- يختلف DHCP عن BootP في أن BootP يخصص عنوان IP للمضيف ولكن يجب إدخال عنوان الجهاز الخاص بالمضيف يدويًا في جدول BootP.
- يمكنك التعامل مع DHCP باعتباره BootP ديناميكي.
- تذكر أن BootP يستخدم أيضا لإرسال نظام تشغيل يمكن للمضيف الإقلاع منه ولا يمكن لـ DHCP القيام بذلك.
- يمكن لخادم DHCP تقديم الكثير من المعلومات للمضيف عندما يطلب المضيف عنوان IP من خادم DHCP.

قائمة بأكثر أنواع المعلومات شيوعًا التي يمكن أن يوفرها خادم DHCP:

- عنوان IP
- قناع الشبكة الفرعية
- اسم المجال
- المنفذ الافتراضي (أجهزة التوجيه)
- عنوان خادم DNS

ملحوظة

- بروتوكول Bootstrap (BOOTP) هو بروتوكول شبكات كمبيوتر يستخدم في شبكات بروتوكول الإنترنت لتعيين عنوان IP تلقائيًا لأجهزة الشبكة من خادم التكوين.
- تم استبدال بعض أجزاء BOOTP بشكل فعال ببروتوكول تكوين المضيف الديناميكي (DHCP) الذي يضيف ميزة الإيجارات يتم استخدام أجزاء من BOOTP لتوفير الخدمة لبروتوكول DHCP.
- توفر بعض خوادم DHCP وظيفة BOOTP القديمة.

استخدام DHCP

العميل الذي يرسل رسالة اكتشاف DHCP من أجل تلقي عنوان IP يرسل بث عام في كل من الطبقة 2 والطبقة 3.

- تكون رسالة البث في الطبقة 2 كلها حروف Fs بنظام سداسي عشري و تبدو على هذا النحو: ff:ff:ff:ff:ff:ff كعنوان MAC الوجهة.
- تكون رسالة البث في الطبقة 3 (255.255.255.255) مما يعني جميع الشبكات وجميع المضيفين.

- يعتبر DHCP من النوع connectionless ما يعنى أنه يستخدم بروتوكول بيانات المستخدم (UDP) في طبقة النقل المعروفة أيضًا باسم طبقة المضيف إلى المضيف.

بمعنى إنه لا يقوم ببناء الاتصال ما بين المرسل و المستقبل مثل بروتوكول ال TCP بل إنه يرسل رسالة لعنوان المستقبل بشكل مباشر بدون بناء جلسة عمل ما بين الأجهزة و التي تسمى بعملية ال Three Way handshake.

بروتوكول ال TCP يعتمد على طريقة Connection-Oriented بمعنى إنه يقوم ببناء اتصال ما بين المرسل و المستقبل قبل عملية الإرسال و يقوم ببناء عملية اتصال كاملة و مباشرة ما بين المرسل و المستقبل.

مثال

لقطة من محلل الشبكة يوضح رسائل البث في الطبقة 2 والطبقة 3:

```
Ethernet II, Src: 0.0.0.0 (00:0b:db:99:d3:5e),Dst: Broadcast(ff:ff:ff:ff:ff:ff)
Internet Protocol, Src: 0.0.0.0 (0.0.0.0),Dst: 255.255.255.255(255.255.255.255)
```

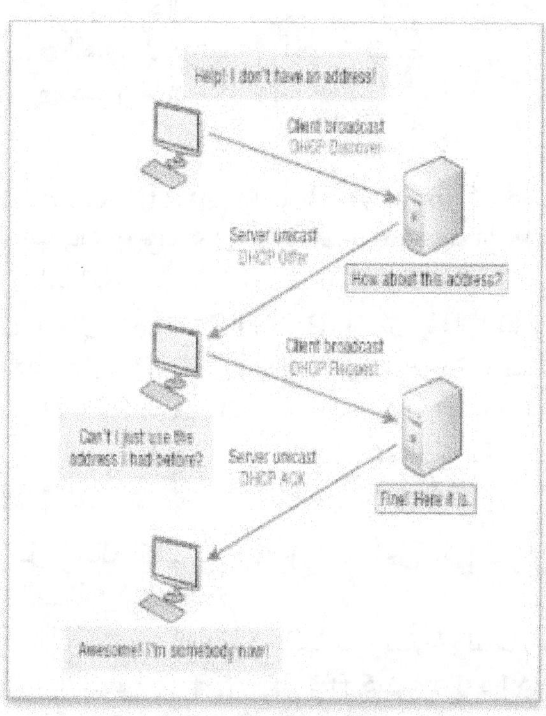

الشكل رقم (11) عملية العلاقة بين العميل والخادم باستخدام اتصال DHCP.
CCST Support Technician, Networking Exam, Todd Lammle.2024.

خطوات العلاقة بين العميل و خادم DHCP

يوضح الشكل (11) عملية العلاقة بين العميل والخادم باستخدام اتصال DHCP.

هذه هي العملية المكونة من أربع خطوات التي يتبعها العميل لتلقي عنوان IP من خادم DHCP:

1. يبث عميل DHCP رسالة DHCP Discover بحثًا عن خادم DHCP (المنفذ 67).

2. يرسل خادم DHCP الذي تلقى رسالة DHCP Discover رسالة DHCP Offer أحادية البث من الطبقة 2 إلى المضيف.

3. يبث العميل بعد ذلك إلى الخادم رسالة DHCP Request التي تطلب عنوان IP المعروض وربما معلومات أخرى.

4. ينهي الخادم عملية التبادل برسالة DHCP Acknowledgment أحادية البث.

تعارضات DHCP

- يحدث تعارض عنوان DHCP عندما يستخدم مضيفان نفس عنوان IP.

- تفاصيل مناقشة هذه المشكلة فى الفصل 3 "التقسيم السهل للشبكات الفرعية".

- أثناء تخصيص عنوان IP يتحقق خادم DHCP من وجود تعارضات باستخدام برنامج Ping لاختبار توفر العنوان قبل تعيينه من the pool المجموعة.

- إذا لم يرد أي مضيف فإن خادم DHCP يفترض أن عنوان IP لم يتم تخصيصه بالفعل.

- هذا يساعد الخادم على معرفة أنه يوفر عنوانًا جيدًا ولكن ماذا عن المضيف؟ لتوفير حماية إضافية ضد مشكلة تعارض IP الرهيبة يمكن للمضيف البث لعنوانه الخاص!

- يستخدم المضيف ما يسمى بـ ARP المجاني للمساعدة في تجنب عنوان مكرر محتمل.

- يرسل عميل DHCP بث ARP على شبكة LAN أو VLAN المحلية باستخدام عنوانه المخصص حديثًا لحل التعارضات قبل حدوثها.

- إذا تم اكتشاف تعارض في عنوان IP فسيتم إزالة العنوان من مجموعة العناوين DHCP pool (scope).

- من المهم حقًا أن تتذكر أن العنوان لن يتم تعيينه إلى مضيف حتى يقوم المسؤول بحل التعارض يدويًا!

التعيين التلقائي لعناوين IP الخاصة Automatic Private IP Addressing

- ماذا يحدث إذا كان لديك عدد قليل من المضيفين متصلين ببعضهم البعض باستخدام مبدل أو موزع ولم يكن لديك خادم DHCP؟
- يمكنك إضافة معلومات IP يدويًا والمعروفة باسم التعيين الثابت لعناوين IP أو static IP addressing.
- لكن أنظمة التشغيل Windows الأحدث توفر ميزة تسمى التعيين التلقائي لعناوين IP الخاصة (APIPA) Automatic Private IP Addressing (APIPA).
- باستخدام APIPA يمكن للعملاء تكوين عنوان IP وقناع الشبكة الفرعية ذاتيا تلقائيًا self-configure و هى معلومات IP الأساسية التي يستخدمها المضيفون للتواصل ـ عندما لا يكون خادم DHCP متاحًا.
- يتراوح نطاق عنوان IP لـ APIPA من 169.254.0.1 إلى 169.254.255.254.
- يقوم العميل أيضًا بتكوين ذاتى self-configure باستخدام قناع الشبكة الفرعية الافتراضي من الفئة B وهو 255.255.0.0.
- عندما يكون فى الشبكة خادم DHCP قيد التشغيل ويُظهر المضيف أنه يستخدم هذه العناوين IP هذا فذلك يعني أن عميل DHCP لدى المضيف لا يعمل أو أن الخادم معطل أو لا يمكن الوصول إليه بسبب بعض مشكلات الشبكة.

ملاحظة

إذا رأيت عنوان IP يبدأ بالأوكتاتين octets الأوليين من **169.254.x.x** فهذا يعني إما أنه ليس لديك خادم DHCP يعمل على الشبكة الفرعية أو أن لديك مشكلة في الاتصال بالشبكة.

بروتوكولات المضيف إلى المضيف أو طبقة النقل

- الغرض الرئيسي من طبقة المضيف إلى المضيف هو حماية تطبيقات الطبقة العليا من تعقيدات الشبكة.

فيما يلي سأقدم لك البروتوكولين المستخدمين في هذه الطبقة:

- بروتوكول التحكم في الإرسال (TCP)
- بروتوكول بيانات المستخدم (UDP)

تذكر أننا نعتبر نفسنا فى الطبقة الرابعة ويمكن للطبقة الرابعة استخدام التأكيدات والتسلسل والتحكم في التدفق.

بروتوكول التحكم في الإرسال (TCP)

عمل بروتوكول TCP

- يأخذ بروتوكول التحكم في الإرسال (TCP) كتلًا كبيرة من المعلومات من أحد التطبيقات ويقسمها إلى أجزاء segments.

- يقوم بترقيم كل جزء وترتيبه بحيث يمكن لبروتوكولات التحكم في الإرسال الخاصة بالوجهة إعادة ترتيب الأجزاء إلى الترتيب الذي قصده التطبيق.

- بعد إرسال هذه الأجزاء على المضيف المرسل ينتظر بروتوكول التحكم في الإرسال تأكيدا من جلسة TCP virtual circuit session الدائرة الافتراضية لبروتوكول التحكم في الإرسال الخاصة بالطرف المستقبل ويعيد إرسال أي أجزاء لم يتم تأكيدها.

- قبل أن يبدأ المضيف المرسل في إرسال الأجزاء عبر النموذج يتصل بروتوكول التحكم في الإرسال الخاص بالمرسل بمجموعة بروتوكولات التحكم في الإرسال الخاصة بالوجهة لإنشاء اتصال.

- ينشئ هذا دائرة افتراضية virtual circuit ويُعرف هذا النوع من الاتصالات باسم الاتصالات الموجهة connection-oriented.

- أثناء هذه المصافحة الأولية تتفق طبقتا بروتوكول التحكم في الإرسال أيضًا على مقدار المعلومات التي سيتم إرسالها قبل أن يرسل بروتوكول التحكم في الإرسال الخاص بالمستقبل تأكيدا.

- مع الاتفاق على كل شيء مسبقًا يتم تمهيد الطريق لحدوث اتصال موثوق.

سمات بروتكول TCP

- بروتوكول TCP هو بروتوكول اتصال مزدوج الاتجاه وموثوق ودقيق ولكن وضع كل هذه الشروط والأحكام بالإضافة إلى التحقق من الأخطاء ليس بالمهمة السهلة.

- بروتوكول TCP معقد للغاية وبالتالي ليس من المستغرب أن يكون مكلفًا من حيث النفقات العامة للشبكة.

- نظرًا لأن شبكات اليوم أكثر موثوقية بكثير من شبكات الماضي فإن هذه الموثوقية الإضافية غالبًا ما تكون غير ضرورية.

- يستخدم معظم المبرمجين بروتوكول TCP لأنه يزيل الكثير من عبء البرمجة ولكن بالنسبة لتطبيقات الفيديو في الوقت الفعلي وعمليات VoIP غالبًا ما يكون بروتوكول بيانات المستخدم (UDP) أفضل لأنه يؤدي إلى نفقات عامة أقل.

تنسيق بيانات TCP **TCP Segment Format**

نظرًا لأن الطبقات العليا ترسل دفق البيانات إلى بروتوكولات طبقات النقل فسوف أستخدم الشكل (12) لتوضيح كيفية تقسيم TCP لتدفق البيانات وإعداده لطبقة الإنترنت.

عندما تتلقى طبقة الإنترنت دفق البيانات تقوم بتوجيه segments الشرائح فى شكل رزم packets عبر شبكة إنترنت.

يتم تسليم الشرائح إلى بروتوكول طبقة (المضيف إلى المضيف) الخاص بالمضيف المستقبل الذي يعيد بناء دفق البيانات لتطبيقات أو بروتوكولات الطبقة العليا.

16-bit source port		16-bit destination port	
32-bit sequence number			
32-bit acknowledgment number			
4-bit header length	Reserved	Flags	16-bit window size
16-bit TCP checksum		16-bit urgent pointer	
Options			
Data			

الشكل (12) ترويسة بروتوكول TCP.
CCST Support Technician, Networking Exam, Todd Lammle.2024.

يوضح الشكل (12) تنسيق ترويسة TCP ويوضح الحقول المختلفة داخل ترويسة هيدر TCP.

يبلغ طول ترويسة TCP 20 بايت أو ما يصل إلى 24 بايت مع الخيارات.

حقول ترويسة TCP

منفذ المصدر Source Port

رقم منفذ تطبيق المضيف مرسل البيانات والذي سأتحدث عنه بمزيد من التفصيل لاحقًا في هذا الفصل.

منفذ الوجهة Destination Port

رقم منفذ التطبيق المطلوب على المضيف الوجهة.

الرقم التسلسلى

رقم يستخدمه TCP لإعادة البيانات إلى الترتيب الصحيح أو إعادة إرسال

البيانات المفقودة أو التالفة أثناء عملية تسمى التسلسل sequencing.

رقم التأكيد Acknowledgment Number

ثمانية بتات TCP المتوقعة بعد ذلك ويدل على رقم الثمانية التي يقوم مرسل هذا الطرد بانتظار وصولها وجميع الثمانيات التي سبقتها قد وصلت (كون نوع إشارات التأكيد التي يستخدمها التي سي بي إيجابية).

طول الترويسة\الهيدر Header Length

عدد الكلمات المكونة من 32 بت في هيدر TCP والتي تشير إلى مكان بدء البيانات.

هيدر TCP (بما في ذلك الخيارات) هو عدد صحيح مكون من 32 بت في الطول.

حجم النافذة Window

رقم يحدد به مرسل هذا الطرد الطرف الآخر بعدد الثمانيات التي ينوى مرسل هذا الطرد أن يقبلها ابتداءً من رقم التأكيد الذي يوجد في هذا الطرد (تحدد حجم النافذة المتزحلقة عند مرسل هذا الطرد).

محجوز Reserved

يتم ضبطه دائمًا على الصفر.

بتات/أعلام التعليمات البرمجية Code Bits/Flags

يتحكم في الوظائف المستخدمة لإعداد وإنهاء جلسة.

1) ع1 (URG): بت واحد يدل على أن البيانات التي توجد في هذا الطرد مستعجلة يقرأ المستقبل الرقم الذي يوجد في حقل «بيانات مستعجلة» وإذا كان يحوي هذا البت القيمة صفر فهذا يدل على أن البيانات ليست مستعجلة وبالتالي لا يقوم المستقبل بقراءة الرقم الموجود في الحقل.

2) ع2 (ACK): بت واحد يدل على أن البيانات الموجودة في هذا الطرد تحتاج إلى تأكيد من قبل مستقبلها.

3) ع3 (PSH): يدل هذا الحقل في حالة وضعه على القيمة 1 على أن البيانات التي توجد في هذا الطرد يجب أن يتم رفعها إلى الطبقات العليا بأسرع ما يمكن.

4) ع4 (RST): إذا كان على القيمة 1 يدل على أنه يجب إعادة تأسيس الاتصال (Reset the connection).

5) ع5 (SYN): يحوي القيمة 1 عند فتح الرابطة ليساعد بعملية التزامن بين المرسل والمستقبل.

6) ع6 (FIN): يدل على إغلاق الرابطة بشكل نظامي بين المرسل والمستقبل.

المجموع الاختباري Checksum

- التحقق الدوري من التكرار (CRC) يستخدم لأن TCP لا يثق في الطبقات السفلية ويتحقق من كل شيء فيتحقق CRC من الترويسة وحقول البيانات.
- هو مجموع قيم البتات في الرزمة وترويسة التي سي بي ويستخدم من أجل كشف الأخطاء حيث يقوم المرسل بجمع هذه البتات وتخزين نتيجة الجمع في هذا الحقل
- يقوم أيضاً المستقبل عند استقبال الطرد بعملية الجمع نفسها لنفس العدد من البتات ويقارن بين القيمتين وفي حال الاختلاف يكتشف وجود خطأ في الطرد المنقول ليطلب من المرسل بعدها أن يعيد إرساله إليه.

بيانات عاجلة

- حقل صالح فقط إذا تم تعيين مؤشر عاجل في بتات التعليمات البرمجية.
- إذا كان الأمر كذلك فإن هذه القيمة تشير إلى الإزاحة من رقم التسلسل الحالي بالثمانيات حيث يبدأ جزء البيانات غير العاجلة.
- لا يقوم المستقبل بقراءة هذا الحقل إلا إذا كان العلم ع1 (URG) فعالاً (أي على القيمة 1) ويدل على رقم آخر ثمانية في المعطيات المستعجلة مما يسمح للتطبيق بمعرفة حجم البيانات المستعجلة القادمة (أي يحوي على عدد الثمانيات المستعجلة).

الخيارات

قد تكون 0 مما يعني أنه لا يجب أن تكون هناك خيارات أو مضاعف لـ 32 بت. ومع ذلك إذا تم استخدام أي خيارات لا تتسبب في أن يصبح مجموع حقل الخيار مضاعفًا لـ 32 بتًا فيجب استخدام الحشو بـ 0 للتأكد من أن البيانات تبدأ عند حدود 32 بتًا وُعرف هذه الحدود بالكلمات.

البيانات

تنتقل إلى بروتوكول TCP في طبقة النقل والتي تتضمن رؤوس الطبقة العليا.

لقطة (1) ترويسة TCP المنسوخة من محلل الشبكة

اللقطة التالية من محلل الشبكة.

هل لاحظت أن كل ما تحدثنا عنه سابقًا موجود في اللقطة؟

يمكنك أن ترى من عدد الحقول في العنوان أن بروتوكول TCP يبالغ في الإنفاق على التفاصيل.

هذا هو السبب الذي قد يجعل مطوري التطبيقات يختارون الكفاءة على الموثوقية لتوفير النفقات العامة ويختارون بروتوكول UDP بدلاً من ذلك كما يتم تعريفه في طبقة النقل كبديل لبروتوكول TCP.

TCP -Transport
Control Protocol
Source Port: 5973
Destination Port: 23
Sequence Number: 1456389907
Ack Number: 1242056456
Offset: 5
Reserved: %000000
Code: %011000
Ack is valid
Push Request
Window: 61320
Checksum: 0x61a6
Urgent Pointer: 0
No TCP Options
TCP Data Area:
vL.5.+.5.+.5.+.5 76 4c 19 35 11 2b 19 35 11 2b 19 35 11
2b 19 35 +. 11 2b 19
Frame Check Sequence: 0x0d00000f
Page 50
UDP -User
Datagram Protocol
Source Port: 1085
Destination Port: 5136
Length: 41
Checksum: 0x7a3c
UDP Data Area:
..Z......00 01 5a 96 00 01 00 00 00 00 00 11 0000 00
...C..2._C._C 2e 03 00 43 02 1e 32 0a 00 0a 00 80 43 00
80
Frame Check Sequence: 0x00000000

بروتوكول بيانات المستخدم UDP

- يعد بروتوكول بيانات المستخدم (UDP) في الأساس نموذجًا اقتصاديًا مصغرًا لبروتوكول TCP.
- لهذا السبب يُشار إلى بروتوكول UDP أحيانًا باسم بروتوكول رقيق.

- لا يشغل البروتوكول الرقيق مساحة كبيرة و لا يتطلب نطاقًا ترددیًا كبيرًا على الشبكة.

- لا يوفر بروتوكول UDP كل الميزات والخصائص التي يوفرها بروتوكول TCP ولكنه يؤدي وظيفة رائعة في نقل المعلومات التي لا تتطلب تسليمًا موثوقًا به باستخدام موارد شبكة أقل كثيرًا.

- لا يقوم UDP بترتيب المقاطع ولا يهتم بالترتيب الذي تصل به المقاطع إلى الوجهة.

- يقوم UDP فقط بإرسال المقاطع ثم ينساها.

- لا يتابع الأمر ولا يتحقق منها ولا يسمح حتى بتأكيد وصولها بأمان.

- لهذا يشار إليه على أنه بروتوكول غير موثوق.

- هذا لا يعني أن UDP غير فعال فقط أنه لا يتعامل مع مشكلات الموثوقية على الإطلاق.

- لا ينشئ UDP دائرة افتراضية ولا يتصل بالوجهة قبل تسليم المعلومات إليها ولهذا يُعتبر أيضًا بروتوكولًا بدون اتصال.

- نظرًا لأن UDP يفترض أن التطبيق سيستخدم طريقة موثوقية خاصة به فإنه لا يستخدم أيًا منها بنفسه.

- وهذا يقدم لمطور التطبيق خيارًا عند تشغيل رزمة بروتوكولات الإنترنت: TCP للموثوقية أو UDP لنقل أسرع.

- من المهم معرفة كيفية عمل هذه العملية لأنه إذا وصلت المقاطع خارج الترتيب وهو أمر شائع في شبكات IP فسيتم تمريرها ببساطة إلى الطبقة التالية بأي ترتيب تم استلامها به.

- يمكن أن يؤدي هذا إلى بعض البيانات المشوهة بشكل خطير!

- يقوم بروتوكول TCP بتسلسل المقاطع بحيث يتم تجميعها مرة أخرى بالترتيب الصحيح تمامًا وهو أمر لا يستطيع بروتوكول UDP القيام به.

تنسيق ترويسة UDP

- يوضح الشكل (13) بوضوح التكلفة المنخفضة بشكل ملحوظ لـ UDP مقارنة بمتطلبات TCP الجائعة.

- انظر إلى الشكل بعناية هل يمكنك أن ترى أن UDP لا يستخدم النوافذ أو يوفر تأكيدات في ترويسة UDP؟

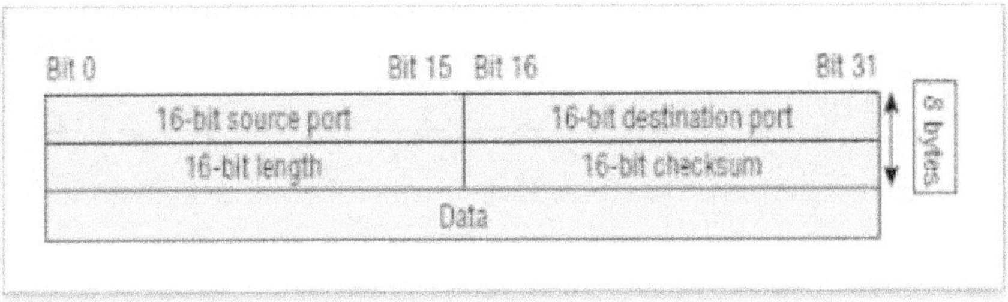

الشكل (12) ترويسة بروتوكول UDP.
CCST Support Technician, Networking Exam, Todd Lammle.2024.

من المهم فهم ماهية كل حقل في شريحة UDP.

عنوان منفذ المصدر

رقم منفذ التطبيق على المضيف الذي يرسل البيانات.

عنوان منفذ الوجهة

رقم منفذ التطبيق المطلوب على المضيف الوجهة.

طول الهيدر

هذا هو طول ترويسة UDP وبيانات UDP.
المجموع الاختباري المجموع الاختباري لكل من ترويسة UDP وحقول بيانات UDP.

البيانات

بيانات الطبقة العليا.

ملاحظة هامة

لا يثق UDP مثل TCP في الطبقات السفلى ويدير CRC الخاص به.
تذكر أن المجموع الاختباري هو الحقل الذي يحتوي على CRC ولهذا السبب يمكنك رؤية معلومات المجموع الاختباري.

Cyclic Redundancy Check تدقيق الفائض الدوار CRC

- يستخدم عند إرسال ملف من مرسل إلى مستقبل وهو يساعد على التدقيق بأن جميع البيانات التي أرسلت من المرسل هي نفسها ما إلى المستقبل بدون نقصان أو خطأ أي جزء منها.
- يمكن أيضًا تصحيح الأخطاء المكتشفة في المستقبل بحيث يُسترجع الكود الأصلي.

لقطة (2) ترويسة UDP المنسوخة من محلل الشبكة

توضح اللقطة التالية مقطع UDP تم التقاطه من محلل الشبكة:

لاحظ التكلفة المنخفضة! حاول العثور على رقم التسلسل ورقم التأكيد وحجم النافذة في مقطع UDP.
لن تتمكن من ذلك لأنها ببساطة غير موجودة.
لاحظ عدم المبالغة فى التفاصيل مقارنة بترويسة TCP.

```
Page 52
TCP -Transport
Control Protocol
Source Port: 5973
Destination Port: 23
Sequence Number: 1456389907
Ack Number: 1242056456
Offset: 5
Reserved: %000000
Code: %011000
Ack is valid
Push Request
Window: 61320
Checksum: 0x61a6
Urgent Pointer: 0
No TCP Options
TCP Data Area:
vL.5.+.5.+.5.+.5 76 4c 19 35 11 2b 19 35 11 2b 19 35 11
2b 19 35 +. 11 2b 19
Frame Check Sequence: 0x0d00000f
```

المفاهيم الأساسية لبروتوكولات المضيف إلى المضيف

بما أنك شاهدت الآن كلاً من البروتوكول الموجه للاتصال (TCP) والبروتوكول غير الموجه للاتصال (UDP) أثناء العمل فقد حان الوقت المناسب لتلخيص الاثنين هنا.
يسلط الجدول (1) الضوء على بعض المفاهيم الأساسية حول هذين البروتوكولين لتتمكن من حفظها.

TCP	UDP
Sequenced	Unsequenced
Reliable	Unreliable
Connection-oriented	Connectionless
Virtual circuit	Low overhead
Acknowledgments	No acknowledgment
Windowing flow control	No windowing or flow control of any type

الجدول (1) مقارنة بين بروتوكول (TCP) و بروتوكول UDP.
2024.CCST Support Technician, Networking Exam, Todd Lammle.

كيفية عمل بروتوكول التحكم في الإرسال.

المحادثة التليفونية و البروتوكول

- يعرف معظمنا أنه قبل التحدث إلى شخص ما على الهاتف يجب عليك أولاً إنشاء اتصال مع هذا الشخص الآخر بغض النظر عن مكانه.
- هذا يشبه إنشاء دائرة افتراضية باستخدام بروتوكول التحكم في الإرسال.
- إذا كنت تقدم لشخص ما معلومات مهمة أثناء محادثتك فقد تقول أشياء مثل "هل تعلم؟" أو "هل فهمت ذلك؟".
- إن قول أشياء مثل هذه يشبه إلى حد كبير التأكيد فى بروتوكول التحكم في الإرسال فهو مصمم للحصول على التحقق منك.
- من وقت لآخر وخاصة على الهواتف المحمولة يسأل الناس "هل ما زلت هناك؟" وينهي الناس محادثاتهم بـ "وداعًا" من نوع ما مما يضع نهاية
- للمكالمة الهاتفية والتي يمكنك التفكير فيها على أنها هدم للدائرة الافتراضية التي تم إنشاؤها لجلسة الاتصال الخاصة بك.

معنى البروتوكول

- يقوم بروتوكول التحكم في الإرسال TCP بهذه الوظائف.
- لكن استخدام بروتوكول UDP يشبه إرسال بطاقة تلغرافية فلست بحاجة إلى الاتصال بالطرف الآخر أولاً ما عليك سوى كتابة رسالتك وعنوان البطاقة البريدية وإرسالها.
- وهذا يعتبر التوجيه غير المرتبط بالاتصال في بروتوكول UDP.

- نظرًا لأن الرسالة الموجودة على البطاقة البريدية ربما لا تكون مسألة حياة أو موت فلن تحتاج إلى تأكيد باستلامها.
- على نحو مماثل لا يتضمن بروتوكول UDP تأكيدات و تأكيدات.

مقارنة بين بروتوكول TCP وبروتوكول UDP

الشكل (14) يتضمن بروتوكول TCP وبروتوكول UDP والتطبيقات المرتبطة بكل بروتوكول و أرقام المنافذ:

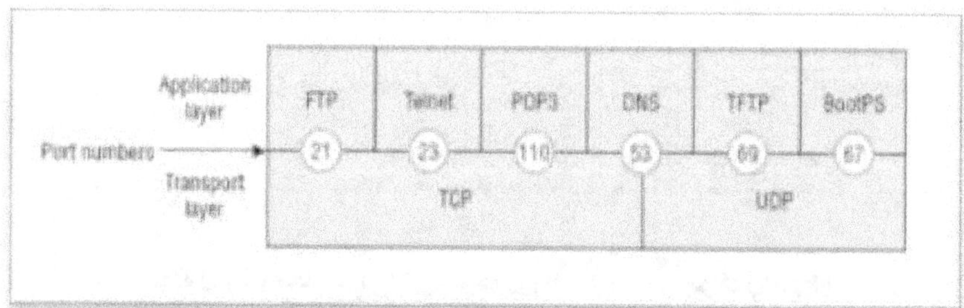

الشكل (14) مقارنة بين بروتوكول TCP وبروتوكول UDP.
CCST Support Technician, Networking Exam, Todd Lammle.2024.

يوضح الشكل (14) كيفية استخدام كل من TCP وUDP لأرقام المنافذ. وسأتناول فيما يلي أرقام المنافذ المختلفة التي يمكن استخدامها:

- تعتبر الأرقام الأقل من 1024 أرقام منافذ معروفة ومحددة في RFC 3232.
- تستخدم الطبقات العليا الأرقام 1024 وما فوق لإعداد الجلسات مع مضيفين آخرين وتستخدمها TCP وUDP كعناوين مصدر ووجهة في المقطع.

أرقام المنافذ Port Numbers

- يستخدم بروتوكولي TCP وUDP أرقام المنافذ للتواصل مع الطبقات العليا لأن هذه الأرقام هي التي تتعقب المحادثات المختلفة التي تعبر الشبكة في نفس الوقت.
- يتم تعيين أرقام المنافذ المصدرية ديناميكيًا بواسطة المضيف المصدر وستكون أرقام بدءًا من 1024.
- يتم تعريف رقم المنفذ 1023 وما دونه في RFC 3232.
- الدوائر الافتراضية التي لا تستخدم تطبيقًا برقم منفذ معروف يخصص لها أرقام منافذ بشكل عشوائي من نطاق محدد بدلاً من ذلك.
- تحدد أرقام المنافذ التطبيق أو العملية المصدر والوجهة في ترويسة TCP.

يوضح الشكل (14) كيفية استخدام كل من TCP وUDP لأرقام المنافذ. وسأتناول فيما يلي أرقام المنافذ المختلفة التي يمكن استخدامها:

- تعتبر الأرقام الأقل من 1024 أرقام منافذ معروفة ومحددة في RFC 3232.

■ تستخدم الطبقات العليا الأرقام 1024 وما فوق لإعداد الجلسات مع مضيفين آخرين وتستخدمها TCP وUDP كعناوين مصدر ووجهة في المقطع.

جلسة TCP: منفذالمصدر

دعنا نلقي نظرة على لقطة (3) من محلل الشبكة تظهر جلسة TCP:

```
TCP - Transport
Control Protocol
Source Port: 5973
Destination Port: 23
Sequence Number: 1456389907
Ack Number: 1242056456
Offset: 5
Reserved: %000000
Code: %011000
Ack is valid
Push Request
Window: 61320
Checksum: 0x61a6
Urgent Pointer: 0
No TCP Options
TCP Data Area:
vL.5.+.5.+.5.+.5 76 4c 19 35 11 2b 19 35 11 2b 19 35 11
2b 19 35 +. 11 2b 19
Frame Check Sequence: 0x0d00000f
```

لاحظ أن المضيف المصدر يمثله منفذ المصدر في هذه الحالة هو 5973. ومنفذ الوجهة هو 23 يستخدم لإخبار المضيف المستقبل بغرض الاتصال المقصود و هو(Telnet).

المضيف المصدر يشكل منفذ المصدر باستخدام أرقام من 1024 إلى 65535. ولكن لماذا يشكل المصدر رقم منفذ؟ من أجل التمييز بين الجلسات مع مضيفين مختلفين حتى يمكن للخادم أن يعرف من أين تأتي المعلومات و يكون لديه رقم مختلف عن كل مضيف المرسل.

ذلك لأن بروتوكول TCP والطبقات العليا لا يستخدم عناوين الأجهزة والمنطق لفهم عنوان المضيف المرسل كما تفعل بروتوكولات طبقة ربط البيانات والشبكة بدلاً من ذلك يستخدم أرقام المنفذ.

جلسة TCP: منفذ الوجهة

دعنا نلقي نظرة على لقطة (4) المنسوخة من محلل الشبكة تظهر جلسة TCP وتجد أن منفذ المصدر فقط هو الذي يتجاوز 1024 وأن منفذ الوجهة هو منفذ معروف كما هو موضح في التتبع التالي:

```
TCP -Transport
Control Protocol
Source Port: 1144
Destination Port: 80 World Wide Web HTTP
Sequence Number: 9356570
Ack Number: 0
Offset: 7
Reserved: %000000
Code: %000010
Synch Sequence
Window: 8192
Checksum: 0x57E7
Urgent Pointer: 0
TCP Options:
Option Type: 2 Maximum Segment Size
Length: 4
MSS: 536
Option Type: 1 No Operation
Option Type: 1 No Operation
Option Type: 4
Length: 2
Opt Value:
No More HTTP Data
Frame Check Sequence: 0x43697363
```

تلاحظ أن منفذ المصدر أكبر من 1024 ولكن منفذ الوجهة 80 مما يشير إلى خدمة HTTP.

يقوم الخادم أو المضيف المتلقي بتغيير منفذ الوجهة إذا لزم الأمر.

يتم إرسال رزمة "SYN" إلى جهاز الوجهة.

يتم استخدام تسلسل المزامنة لإبلاغ جهاز الوجهة البعيد بأنه يريد إنشاء جلسة.

جلسة TCP: تأكيد رزمة SYN

دعنا نلقي نظرة على لقطة (4) المنسوخة من محلل الشبكة تظهر جلسة TCP وتجد أن التتبع التالي يظهر تأكيدا لرزمة SYN:

```
TCP - Transport
Control Protocol
Source Port: 80 World Wide Web HTTP
Destination Port: 1144
Sequence Number: 2873580788
Ack Number: 9356571
Offset: 6
Reserved: %000000
Code: %010010
Ack is valid
Synch Sequence
Window: 8576
Checksum: 0x5F85
Urgent Pointer: 0
TCP Options:
Option Type: 2 Maximum Segment Size
Length: 4
MSS: 1460
No More HTTP Data
Frame Check Sequence: 0x6E203132
```

لاحظ أن التاكيد فعال مما يعني أن منفذ المصدر قد تم قبوله وأن الجهاز وافق على إنشاء دائرة افتراضية مع المضيف الأصلي.

يمكنك أن ترى أن الاستجابة من الخادم تظهر أن المصدر هو 80 وأن الوجهة المرسلة من المضيف الأصلي هي 1144 - كل شيء على ما يرام!

التطبيقات المستخدمة فى مجموعة TCP/IP

يبين الجدول (2) قائمة بالتطبيقات النموذجية المستخدمة في مجموعة TCP/IP من خلال إظهار أرقام المنافذ المعروفة وبروتوكولات طبقة النقل التي يستخدمها كل تطبيق أو عملية. من المهم حقًا حفظ هذا الجدول.

TCP	UDP
Telnet 23	SNMP 161
SMTP 25	TFTP 69
HTTP 80	DNS 53
FTP 20, 21	BooTP/DHCP 67
DNS 53	
HTTPS 443	NTP 123
SSH 22	
POP3 110	
IMAP4 143	

الجدول (2) التطبيقات المستخدمة فى بروتوكول (TCP) و بروتوكول UDP.
CCST Support Technician, Networking Exam, Todd Lammle.2024.

بروتوكولات طبقة الإنترنت Internet Layer Protocols

- في نموذج وزارة الدفاع هناك سببان رئيسيان لوجود طبقة الإنترنت: التوجيه وتوفير واجهة شبكة واحدة للطبقات العليا.

- لا يوجد لدى أي من بروتوكولات الطبقة العليا أو السفلى الأخرى أي وظائف تتعلق بالتوجيه.

- التوجيه مهمة معقدة تنتمي بالكامل إلى طبقة الإنترنت.

- الواجب الثاني لطبقة الإنترنت هو توفير واجهة شبكة موحدة لبروتوكولات الطبقة العليا.

- بدون هذه الطبقة سيحتاج مبرمجو التطبيقات للتدخل فى كل إصدار من تطبيقاتهم مع كل إصدار مختلف لل Network Access protocol و بصرف النظر عن المعاناة فى ذلك سيكون لديهم نسخ مختلفة لكل تطبيق إصدار لشبكة Ethernet وإصدار آخر لاسلكي وهكذا.

- لمنع ذلك يوفر IP واجهة شبكة واحدة لبروتوكولات الطبقة العليا.

- بعد إنجاز هذه المهمة تصبح مهمة IP وبروتوكولات الوصول إلى الشبكة المختلفة هي العمل معًا.
- لا تؤدي جميع طرق الشبكة إلى روما بل تؤدي إلى IP.
- بروتوكول IP تستخدمه جميع البروتوكولات الأخرى في هذه الطبقة فضلاً عن جميع البروتوكولات في الطبقات العليا.
- تمر جميع مسارات نموذج وزارة الدفاع عبر IP.

فيما يلي قائمة البروتوكولات المهمة في طبقة الإنترنت والتي سأتناولها بشكل فردي بالتفصيل لاحقًا:

- بروتوكول الإنترنت (IP)
- بروتوكول رسائل التحكم في الإنترنت (ICMP)
- بروتوكول حل العناوين (ARP)

بروتوكول الإنترنت (IP)

- يعتبر بروتوكول الإنترنت (IP) أساس طبقة الإنترنت.
- البروتوكولات الأخرى موجودة فقط لدعمه.
- يحمل بروتوكول الإنترنت الصورة الكبيرة ويمكن القول إنه "يرى الكل"، لأنه على دراية بكل الشبكات المترابطة.
- الإنترنت ينظر إلى عنوان كل رزمة ثم باستخدام جدول التوجيه يقرر إلى أين سيتم إرسال الرزمة بعد ذلك ويختار أفضل توجيه لإرسالها عليه.
- لا تمتلك بروتوكولات طبقة الوصول إلى الشبكة في أسفل نموذج وزارة الدفاع نطاق بروتوكول الإنترنت المستنير للشبكة بالكامل فهي تتعامل فقط مع الروابط المادية (الشبكات المحلية).
- تمييز الأجهزة الموجودة على الشبكة يتطلب عنوان برمجي أو منطقي و عنوان هاردوير.
- كل مضيف على الشبكة له عنوان منطقى هو IP address.
- بروتوكول IP يتلقى ال segments من طبقة المضيف إلى المضيف و يجزئها إلى رزم packets أو مخطط بيانات datagrams
- يقوم IP بإعادة تحويل الرزم إلىsegments فى جانب الإستقبال.
- كل مخطط بيانات يتضمن عنوان المرسل و المستقبل.
- كل راوتر أو سويتش فى الطبقة 3 يستقبل مخطط البيانات و يتخذ قرارات التوجيه وفقا لعنوان IP الوجهة.
- يوضح الشكل (15) ترويسة IP.
- يقدم الشكل صورة لما يجب أن يمر به بروتوكول IP في كل مرة يتم فيها إرسال بيانات المستخدم الموجهة إلى شبكة بعيدة من الطبقات العليا.

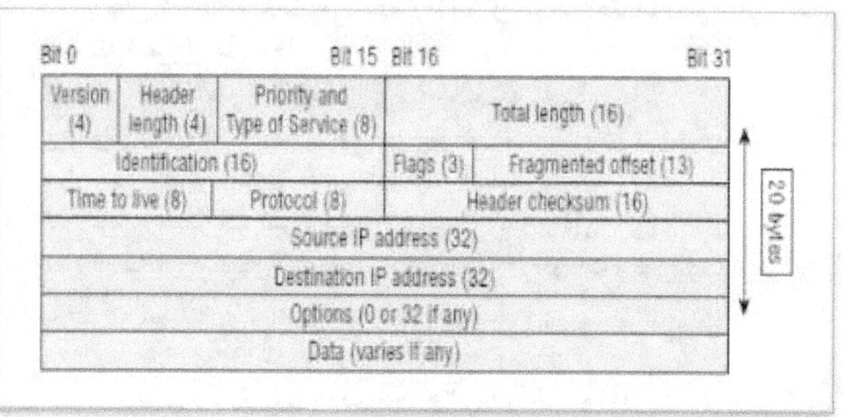

الشكل (15) ترويسة IP.

CCST Support Technician, Networking Exam, Todd Lammle.2024.

تنسيق ترويسة IP

الإصدار

رقم إصدار IP.

طول الهيدر

طول الهيدر (HLEN) بكلمات مكونة من 32 بت.

الأولوية ونوع الخدمة

يوضح نوع الخدمة كيفية التعامل مع رزمة البيانات.
البتات الثلاثة الأولى هي بتات الأولوية و تسمى الآن بتات الخدمات المتمايزة.

الطول الإجمالي

طول الرزمة بما في ذلك الترويسة والبيانات.

التعريف

قيمة رزمة IP فريدة تستخدم للتمييز بين الرزم المجزأة ورزم البيانات المختلفة.

الأعلام

تحدد ما إذا كان يجب حدوث التقطيع.

إزاحة التقطيع

توفر التقطيع وإعادة التجميع إذا كانت الرزمة كبيرة جدًا بحيث لا يمكن وضعها
في إطار كما تسمح بوحدات نقل قصوى مختلفة (MTUs) على الإنترنت.

وقت البقاء

يتم تعيين وقت البقاء (TTL) في الرزمة عند إنشائها في الأصل.
إذا لم تصل إلى المكان المحدد قبل انتهاء صلاحية TTL فستختفي.
يمنع هذا رزم IP من الدوران بشكل مستمر حول الشبكة بحثًا عن موطن.

البروتوكول

منفذ بروتوكول الطبقة العليا TCP هو المنفذ 6 أو UDP هو المنفذ 17.
يدعم بروتوكولات طبقة الشبكة مثل ARP وICMP ويمكن الإشارة إليه
بحقل النوع في بعض المحللين.

مجموع التحقق من الهيدر

التحقق من التكرار الدوري (CRC) على الهيدر فقط.

عنوان IP المصدر

رقم منفذ التطبيق المكون من 32 بت للمحطة المرسلة.

عنوان IP الوجهة

رقم منفذ التطبيق المكون من 32 بت للمحطة التي تتجه إليها هذه الرزمة.

الخيارات

تستخدم لاختبار الشبكة وتصحيح الأخطاء والأمان.

البيانات

بعد حقل خيار IP تكون بيانات الطبقة العليا.

لقطة من محلل الشبكة

لقطة رزمة IP تم التقاطها على محلل الشبكة لاحظ أن جميع معلومات
الترويسة التي تمت مناقشتها سابقًا تظهر فيها.

ملاحظات

- حقل النوع هو عادةً حقل بروتوكول.
- إذا لم يحمل الهيدر معلومات البروتوكول للطبقة التالية فلن يعرف IP ما
  يجب فعله بالبيانات المحمولة في الرزمة.
- يوضح الشكل (16) كيف ترى طبقة الشبكة البروتوكولات في طبقة النقل
  عندما تحتاج إلى تسليم رزمة إلى بروتوكولات الطبقة العليا.
- حقل البروتوكول IP يحدد إرسال البيانات إما إلى منفذ TCP 6 أو منفذ
  UDP 17 سيكون ذلك عبر UDP أو TCP فقط إذا كانت البيانات جزءًا
  من دفق بيانات متجه إلى خدمة أو تطبيق من الطبقة العليا.

- يمكن توجيهها بسهولة إلى بروتوكول رسائل التحكم في الإنترنت (ICMP) أو بروتوكول حل العناوين (ARP) أو أي نوع آخر من بروتوكولات طبقة الشبكة.

يسرد الجدول (3) بعض البروتوكولات الشائعة الأخرى التي يمكن تحديدها في حقل البروتوكول.

IP Header -Internet
Protocol Datagram
Version: 4
Header Length: 5
Precedence: 0
Type of Service: %000
Unused: %00
Total Length: 187
Identifier: 22486
Fragmentation Flags: %010 Do Not Fragment
Fragment Offset: 0
Time To Live: 60
IP Type: 0x06 TCP
Header Checksum: 0xd031
Source IP Address: 10.7.1.30
Dest. IP Address: 10.7.1.10
No Internet Datagram Options

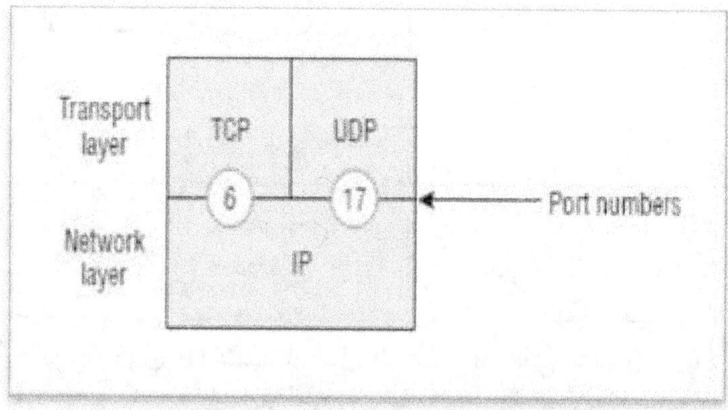

الشكل (16) حقل البروتوكول فى ترويسة IP.
CCST Support Technician, Networking Exam, Todd Lammle.2024.

Protocol	Protocol Number
ICMP	1
IP in IP (tunneling)	4
TCP	6
UDP	17
EIGRP	88
OSPF	89
IPv6	41
GRE	47
Layer 2 tunnel (L2TP)	115

الجدول رقم (3) بعض البروتوكولات الشائعة الأخرى في حقل البروتوكول.
CCST Support Technician, Networking Exam, Todd Lammle.2024.

بروتوكول رسائل التحكم في الإنترنت ICMP

Internet Control Message Protocol

- يعمل بروتوكول رسائل التحكم في الإنترنت (ICMP) على طبقة الشبكة ويستخدمه IP للعديد من الخدمات المختلفة.
- بروتوكول ICMP هو بروتوكول إدارة ومزود خدمة رسائل لـ IP.
- يتم نقل رسائله كرسائل مخطط بيانات IP

RFC 1256 يعتبر بروتوكول ملحق لـ ICMP الذي يمنح المضيفين قدرة موسعة على اكتشاف الطرق المؤدية إلى المنافذ.

تتمتع رزم ICMP بالخصائص التالية:

- يمكنها تزويد المضيفين بمعلومات حول مشاكل الشبكة.

■ يتم تغليفها داخل مخططات بيانات IP datagrams.

فيما يلي بعض الأحداث والرسائل الشائعة التي يرتبط بها ICMP:

عدم إمكانية الوصول إلى الوجهة Destination Unreachable

إذا لم يتمكن جهاز التوجيه من إرسال رسالة IP إلى أبعد من ذلك فإنه يستخدم ICMP لإرسال رسالة إلى المرسل لإبلاغه بالموقف.

مثال: الشكل (17) يوضح أن الواجهة e0 لجهاز التوجيه **LabB** معطلة. عندما يرسل المضيف A رزمة موجهة إلى المضيف B يرسل جهاز التوجيه LabB رسالة "وجهة ICMP غير قابلة للوصول" إلى الجهاز المرسل وهو المضيف A في هذا المثال.

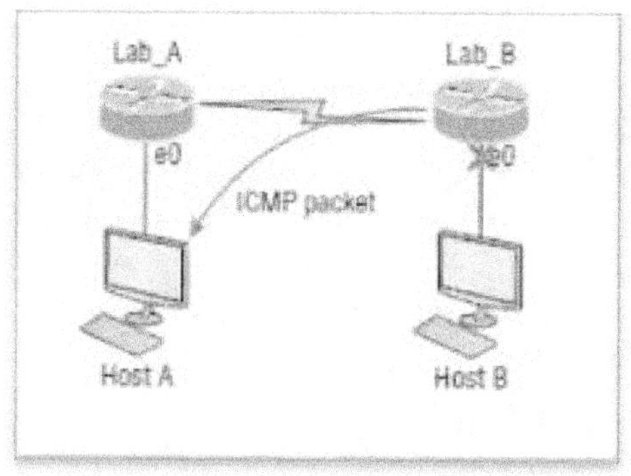

الشكل رقم (17) جهاز توجيه معطل.

CCST Support Technician, Networking Exam, Todd Lammle.2024.

Buffer Full/Source Quench

إذا كانت ذاكرة التخزين المؤقت لجهاز التوجيه الخاصة باستقبال رزم البيانات الواردة ممتلئة فسوف يستخدم ICMP هذا التنبيه حتى يخف الازدحام.

Hops/Time Exceeded

يتم تخصيص عدد معين من أجهزة التوجيه تسمى hops قفزات لكل رزمة بيانات IP.

إذا وصلت إلى الحد الأقصى للقفزات قبل الوصول إلى وجهتها يقوم آخر جهاز توجيه يستقبل تلك الرزمة بحذفها.

ثم يستخدم جهاز التوجيه بروتوكول ICMP لإرسال رسالة نعي لإبلاغ الجهاز المرسل بوفاة رزمة البيانات الخاصة به.

Ping Packet Internet Groper (Ping)

هذا الأمر يستخدم رسائل طلب صدى ICMP والرد للتحقق من الاتصال المادي والمنطقي للأجهزة على شبكة الإنترنت.

Traceroute تتبع التوجيه

باستخدام المهلة الزمنية time-outs فى بروتوكول ICMP يتم استخدام Traceroute لاكتشاف التوجيه الذي تتخذه الرزمة أثناء عبورها لشبكة الإنترنت.

لقطة من محلل الشبكة

البيانات التالية مأخوذة من محلل شبكة يلتقط طلب صدى ICMP:

```
Flags: 0x00
Status: 0x00
Packet Length: 78
Timestamp: 14:04:25.967000 12/20/03
Ethernet Header
Destination: 00:a0:24:6e:0f:a8
Source: 00:80:c7:a8:f0:3d
Ether-Type: 08-00 IP
IP Header -Internet
Protocol Datagram
Version: 4
Header Length: 5
Precedence: 0
Type of Service: %000
Unused: %00
Total Length: 60
Identifier: 56325
Fragmentation Flags: %000
Fragment Offset: 0
Time To Live: 32
IP Type: 0x01 ICMP
Header Checksum: 0x2df0
Source IP Address: 100.100.100.2
Dest. IP Address: 100.100.100.1
No Internet Datagram Options
ICMP-Internet
Control Messages Protocol
ICMP Type: 8 Echo Request
Code: 0
Checksum: 0x395c
Identifier: 0x0300
Sequence Number: 4352
ICMP Data Area:
abcdefghijklmnop 61 62 63 64 65 66 67 68 69 6a 6b 6c 6d 6e 6f
70
qrstuvwabcdefghi 71 72 73 74 75 76 77 61 62 63 64 65 66 67 68
69
Frame Check Sequence: 0x00000000
```

ملاحظة على لقطة طلب الصدى

هل لاحظت أنه على الرغم من أن ICMP يعمل في طبقة الإنترنت (الشبكة) فإنه لا يزال يستخدم IP لإجراء طلب Ping؟

حقل نوع IP في ترويسة IP هو x010 مما يحدد أن البيانات التي تحملها مملوكة لبروتوكول ICMP.

تذكر تمامًا كما تؤدي جميع الطرق إلى روما يجب أن تمر جميع الأجزاء أو البيانات عبر IP!

ملاحظة حول أمر Ping

يستخدم برنامج Ping الأبجدية في جزء البيانات من الرزمة كحمولة وعادة ما تكون حوالي 100 بايت بشكل افتراضي، ما لم تكن تقوم بتنفيذ الأمر من جهاز يعمل بنظام Windows والذي يعتقد أن الأبجدية تتوقف عند الحرف W (ولا تتضمن X أو Y أو Z) ثم تبدأ عند الحرف A مرة أخرى.

بروتوكول ICMP عمليا

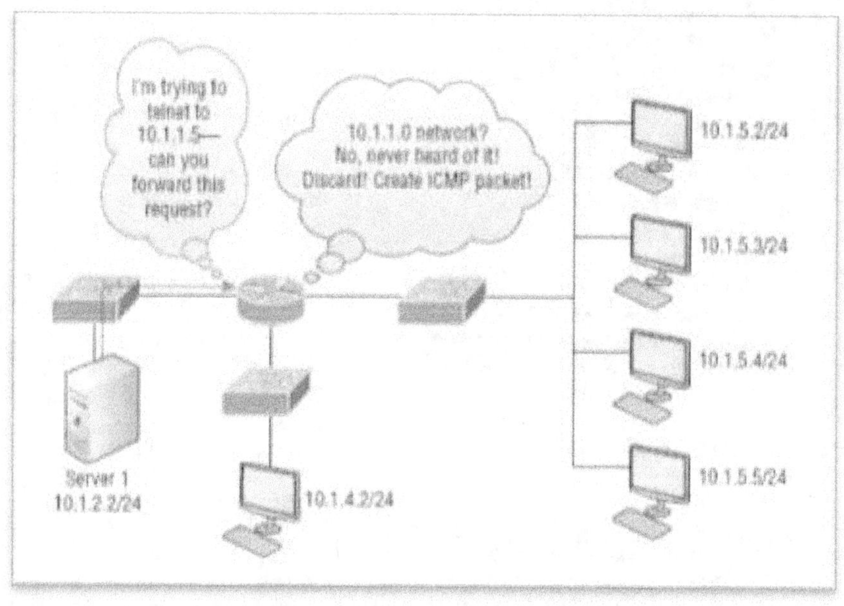

الشكل رقم (18) عمل بروتوكول ICMP.
CCST Support Technician, Networking Exam, Todd Lammle.2024.

- يقوم الخادم 1 (10.1.2.2) بإرسال رسائل Telnet إلى 10.1.1.5 من موجه أوامر DOS.
- ما الذي تتوقع أن يتلقاه الخادم 1 كاستجابة؟

- يرسل الخادم 1 بيانات Telnet إلى المنفذ الافتراضي جهاز التوجيه.
- يقوم جهاز التوجيه بإسقاط الرزمة لأنه لا توجد شبكة 10.1.1.0 في جدول التوجيه.
- نتيجة لذلك سيتلقى الخادم 1 رسالة مفادها أن وجهة ICMP غير قابلة للوصول من جهاز التوجيه.

بروتوكول حل العناوين (ARP)

يبحث بروتوكول حل العناوين (ARP) عن عنوان الأجهزة الخاص بالمضيف من عنوان IP معروف.

يوضح الشكل (19) كيف يعمل ARP على الشبكة محلية.

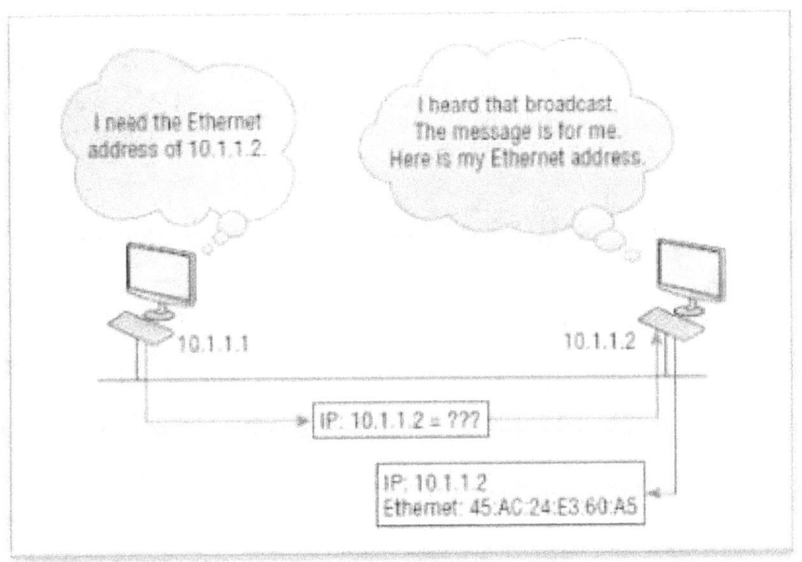

الشكل رقم (19) بروتوكول ARP.
CCST Support Technician, Networking Exam, Todd Lammle.2024.

كيفية عمل البروتوكول:

- عندما يكون لدى IP مخطط بيانات datagram لإرساله يجب عليه ابلاغ بروتوكول الوصول إلى الشبكة مثل Ethernet أو اللاسلكي بعنوان الجهاز الخاص بالوجهة على الشبكة المحلية.
- تذكر أن ما تم إبلاغه بالفعل من خلال بروتوكولات الطبقة العليا هو عنوان IP الخاص بالوجهة.
- إذا لم يجد IP عنوان الجهاز الخاص بالمضيف الوجهة في ذاكرة التخزين المؤقت لـ ARP فإنه يستخدم ARP للعثور على هذه المعلومة.

- بصفته محققًا لـ IP يقوم بروتوكول ARP باستجواب الشبكة المحلية عن طريق إرسال بث يطلب فيه من الجهاز الذي يحمل عنوان IP المحدد الرد بعنوان الجهاز الخاص بهذا العنوان.
- وهكذا فإن ARP في الأساس يترجم عنوان (IP) إلى عنوان الجهاز على سبيل المثال عنوان مبدل Ethernet الخاص بالجهاز الوجهة يستنتج منه مكانه على شبكة LAN عن طريق البث لهذا العنوان.

عناوين بروتوكول الإنترنت IP Addressing

عنوان IP هو معرف رقمي يتم تعيينه لكل جهاز على شبكة IP.
وهو يحدد الموقع المحدد لجهاز على الشبكة.
عنوان IP هو عنوان برمجي وليس عنوانًا ماديًا.
يتم ترميز العنوان المادي على بطاقة واجهة الشبكة (NIC) واستخدامه للعثور على مضيفين على شبكة محلية.
تم تصميم عناوين IP للسماح للمضيفين على شبكة واحدة بالتواصل مع مضيف على شبكة مختلفة بغض النظر عن نوع شبكات LAN التي يشارك فيها المضيفون.
قبل أن نتطرق إلى الجوانب الأكثر تعقيدًا لعنونة IP تحتاج إلى فهم بعض الأساسيات : أولاً سأشرح بعض أساسيات عناوين IP ومصطلحاتها.
بعد ذلك نتحدث عن مخطط عناوين IP الهرمي وعناوين IP الخاصة.

مصطلحات بروتوكول الإنترنت

البت: البت هو رقم واحد، إما 1 أو 0.
البايت: البايت 8 بتات
الأوكتيت: الثمانى يتكون من 8 بتات.
يمكن استخدام مصطلحي البايت والثماني بتات و الأوكتيت بالتبادل.
عنوان الشبكة:
يستخدم في التوجيه لإرسال الرزم إلى شبكة بعيدة على سبيل المثال:
10.0.0.0 و172.16.0.0 و192.168.10.0.
عنوان البث:
هو العنوان الذي تستخدمه التطبيقات والمضيفون لإرسال المعلومات إلى جميع العقد على الشبكة ويسمى عنوان البث.
تتضمن أمثلة عمليات البث في الطبقة 3 العنوان 255.255.255.255 وهو يعنى أي شبكة وجميع العقد وعنوان 16.255.255.255، وهو يعنى جميع الشبكات الفرعية وعنوان 172.16.0.0؛ و10.255.255.255 و يعنى كل المضيفين و الشبكات الفرعية على الشبكة.

مخطط عناوين IP

يتكون عنوان IP من 32 بت من المعلومات.
تنقسم هذه البتات إلى أربعة أقسام يشار إليها باسم ثمانيات أو بايتات ويحتوي كل منها على بايت واحد (8 بتات).
يمكنك تصوير عنوان IP باستخدام إحدى الطرق الثلاث التالية:

■ النظام العشري المنقط كما في المثال: 172.16.30.56
■ النظام الثنائي كما في المثال:

10101100.00010000.00011110.00111000

■ النظام السداسي عشر كما في المثال: AC.10.1E.38

تمثل كل هذه الأمثلة نفس عنوان IP.

عنونة IP

- عنوان بروتوكول الإنترنت هو مُعرّف رقمي، طوله 32 بت غالباً ما يكتب بالنظام العشري المُنقَّط وقد يكتب بالنظام الثنائي أيضاً.

- يقسّم كل عنوان إلى أربع أقسام تُسمّى خانات (بالإنجليزية: Octet) طول كل منها 8 بتات.

- تُرّقم الخانات انطلاقاً من الواحد وابتداءً من الخانة التي تضمّ البتات ذات الأهمية الأعلى وهي التي تقع أقصى يسار العنوان.

- يكتب عنوان بروتوكول الإنترنت في النظام العشري المنقط بالشكل #.#.#.#

- يُمثّل الرمز # قيمة عددية بنظام العد العشري.

- كل خانة تضم أعداد موجبة مُمثلة بثمانية بتات فقط، فإنّ القيمة العشريّة في كل خانة يمكن أن تتراوح بين القيمتين 0 و255 فقط.

- أمثلة على عناوين إنترنت مكتوبة بنظام العد العشري المُنقّط.

  - 10.0.0.1 و150.255.12.9 و240.0.0.9

- يمُكّن أن يُمثل العنوان بنظام العد الثنائي من خلال استبدال القيمة العشرية لكل خانة بالمقابل الثنائي ولكن يجب اعتماد تمثيل واحد فقط عند الكتابة ولا يجوز الخلط بين الشكلين معاً.

- التمثيلان التاليان يعبران عن نفس عنوان بروتوكول الإنترنت مكتوباً بالتمثيل الثنائي ثُمّ بالتمثيل العشري المُنقط:

  - 00001010.00000000.00000000.00000001

  - 10.0.0.1

عنونة الشبكة

- يحدد عنوان الشبكة (يُطلق عليه أيضًا رقم الشبكة) كل شبكة بشكل فريد.
- تشارك كل آلة على نفس الشبكة عنوان الشبكة هذا كجزء من عنوان IP الخاص بها.
- على سبيل المثال في العنوان IP 172.16.30.56 يكون 172.16 هو عنوان الشبكة.
- يتم تعيين عنوان العقدة node address لكل آلة على الشبكة بشكل مميز.
- يكون هذا الجزء من العنوان فريدًا لأنه يحدد آلة معينة فردية Individual و ليس الشبكة لأنها مجموعة group.
- يمكن أيضًا الإشارة إلى هذا الرقم بإعنباره عنوان المضيف.
- في عنوان IP النموذجي 172.16.30.56 يحدد 30.56 عنوان العقدة.
- قرر مصممو الإنترنت إنشاء فئات من الشبكات بناءً على حجم الشبكة.
- شبكة الفئة A للشبكات الصغيرة التي تمتلك عددًا كبيرًا جدًا من العقد.
- شبكة الفئة C مخصصة للشبكات التي تحتوي على عدد صغير من العقد.
- يُطلق على الفئة بين الشبكات الكبيرة جدًا والشبكات الصغيرة جدًا اسم شبكة الفئة B.
- يتم تحديد تقسيم عنوان IP إلى عنوان شبكة وعنوان عقدة من خلال تسمية فئة الشبكة.

يلخص الشكل (20) الفئات الثلاث للشبكات المستخدمة في معالجة المضيفين.

	8 bits	8 bits	8 bits	8 bits
Class A:	Network	Host	Host	Host
Class B:	Network	Network	Host	Host
Class C:	Network	Network	Network	Host
Class D:	Multicast			
Class E:	Research			

الشكل رقم (20) فئات الشبكات.
CCST Support Technician, Networking Exam, Todd Lammle.2024.

العنوان و تصنيف الشبكات

- حدّد مصممو الإنترنت لضمان التوجيه الفعّال نظاما لقسم البتات الرئيسية في العنوان لكل فئة شبكة مختلفة.
- جهاز التوجيه يدرك أن عنوان شبكة الفئة A يبدأ دائمًا بالرقم 0 فسيكون قادرًا على تسريع الرزمة في طريقها بعد قراءة البت الأول فقط من عنوانها.
- بذلك تحدد مخططات العناوين الفرق بين عناوين الفئات A و B و C.

نطاق عنوان الشبكة: الفئة A

- قرر مصممو مخطط عنوان IP أن يكون البت الأول من أول بايت في عنوان شبكة الفئة A مغلقًا دائمًا أو 0.
- هذا يعني أن عنوان الفئة A يجب أن يكون بين 0 و127 في البايت الأول كله.
- صيغةعنوان الشبكة 0xxxxxxx
- نطاق عناوين الشبكة الفئة A
  - 00000000 = 0
  - 01111111 = 127
- الرقمان 0 و127 غير مستخدمين في ش الفئة Aلأنهما عناوين محجوزة.

نطاق عنوان الشبكة: الفئة B

- في شبكة الفئة B تنص RFCs على أنه يجب دائمًا تشغيل البت الأول من البايت الأول ولكن يجب دائمًا إيقاف تشغيل البت الثاني.
- إذا قمت بإيقاف تشغيل البتات الستة الأخرى ثم تشغيلها جميعًا فستجد نطاق شبكة الفئة B:
  - 10000000 = 128
  - 10111111 = 191
- يتم تعريف شبكة الفئة B عندما يتم تكوين البايت الأول من128 إلى 191.

نطاق عنوان الشبكة: الفئة C

- بالنسبة لشبكات الفئة C تحدد RFCs أول بتين من الثمانية الأولى على أنهما قيد التشغيل دائمًا.
- لا يمكن تشغيل البت الثالث أبدًا.
- نطاق شبكة الفئة C:
  - 11000000 = 192
  - 11011111 = 223

نطاقات عناوين الشبكة: الفئتان D و E

- العناوين بين 224 و255 مخصصة لشبكات الفئتين D و E.
- تُستخدم الفئة D (224–239) لعناوين البث المتعدد.
- تستخدم الفئة E (240–255) للأغراض العلمية.
- لن أتناول هذه الأنواع من العناوين لأنها تتجاوز نطاق المعرفة التي تحتاج إلى اكتسابها من هذا الكتاب.

عناوين الشبكة: أغراض خاصة

يتم حجز بعض عناوين IP لأغراض خاصة وبالتالي لا يمكن لمسؤولي الشبكة أبدًا تعيين هذه العناوين للعقد.

يسرد الجدول (4) هذا التصنيف الحصري للعناوين و أغراضها الخاصة.

Address	Function
Network address of all 0s	Interpreted to mean "this network or segment."
Network address of all 1s	Interpreted to mean "all networks."
Network 127.0.0.1	Reserved for loopback tests. Designates the local node and allows that node to send a test packet to itself without generating network traffic
Node address of all 0s	Interpreted to mean "network address" or any host on a specified network
Node address of all 1s	Interpreted to mean "all nodes" on the specified network; for example, 128.2.255.255 means "all nodes" on network 128.2 (Class B address).
Entire IP address set to all 0s	Used by Cisco routers to designate the default route. Could also mean "any network."
Entire IP address set to all 1s (same as 255.255.255.255)	Broadcast to all nodes on the current network; sometimes called an "all 1s broadcast" or local broadcast.

الجدول (4) التصنيف الحصري للعناوين و أغراضها الخاصة.
CCST Support Technician, Networking Exam, Todd Lammle.2024.

عناوين الفئة A

- في عنوان شبكة الفئة A يتم تعيين البايت الأول لعنوان الشبكة ويتم استخدام البايتات الثلاثة المتبقية لعناوين العقد.
- صيغة عنوان الفئة A على النحو التالي:

Network.Node.Node.Node

- لتجنب تكرار N يمكن التعبير عن العنوان بالصيغة N. H. H. H حيث N يمثل الشبكة Network و H يمثل المضيف Host
- على سبيل المثال في العنوان 49.22.102.70 يكون 49 هو عنوان الشبكة و 22.102.70 هو عنوان العقدة Node.
- يكون لكل جهاز على هذه الشبكة المحددة عنوان شبكة مميز وهو 49.
- يبلغ طول عناوين شبكة الفئة A بايت واحد مع حجز أول بت من هذا البايت وإتاحة البتات السبعة المتبقية للمناورة فى (العنونة).
- يكون الحد الأقصى لعدد شبكات الفئة A التي يمكن إنشاؤها 128.
- يتم حجز العنوان (0000 0000) لتعيين التوجيه الافتراضي (راجع الجدول 4 في القسم السابق).
- لا يمكن استخدام العنوان 127 المحجوز للتشخيصات.
- يمكنك استخدام الأرقام من 1 إلى 126 فقط لتعيين عناوين شبكة الفئة A.
- العدد الفعلي لعناوين شبكة الفئة A القابلة للاستخدام هو 126.

ملاحظة

- يتم استخدام العنوان IP 127.0.0.1 لاختبار مجموعة IP على عقدة فردية ولا يصلح استخدامه كعنوان مضيف و يسمى عنوان loopback و يطلق عليه عنوان كرت الشبكة الداخلى ينشئ طريقة اختصار لتطبيقات وخدمات TCP/IP التي تعمل على نفس الجهاز للتواصل مع بعضها.

ملاحظة

- يحتوي كل عنوان من الفئة A على 3 بايتات (24 بت) لعنوان العقدة في الجهاز.
- هذا يعني أن هناك 224أو 16,777,216تركيبة فريدة وبالتالي هذا هو بالضبط عدد عناوين العقد الفريدة المحتملة لكل شبكة من الفئة A.
- لأن عناوين العقد التي تحتوي على النمطين 0 و 1 محجوزة فإن العدد الأقصى الفعلي القابل للاستخدام من العقد لشبكة من الفئة A هو 224 ناقص 2 وهو ما يساوي 16,777,214.

معرفات المضيف المتاحة من الفئة A

فيما يلي مثال لكيفية معرفة معرفات المضيف المتاحة في عنوان شبكة من الفئة
A:

- جميع بتات المضيف المعطلة هي عنوان الشبكة: 10.0.0.0.
- جميع بتات المضيف المعطلة هي عنوان البث: 10.255.255.255.

المضيفون الصالحون هى الأرقام الموجودة بين عنوان الشبكة وعنوان البث:
10.0.0.1 حتى 10.255.255.254.

  - لاحظ أن الأرقام 0 و255 يمكن أن تكون معرفات مضيف صالحة.
  - تذكر عند محاولة العثور على عناوين مضيف صالحة هو أنه لا يمكن
    إيقاف تشغيل بتات المضيف أو تشغيلها جميعا في نفس الوقت.

عناوين الفئة B

- في عنوان شبكة من الفئة B يتم تعيين أول بايتين لعنوان الشبكة ويتم
  استخدام البايتين المتبقيين لعناوين العقد.
- صيغة عنوان الفئة B هو كما يلي: network.network.node.node
- على سبيل المثال في عنوان IP 172.16.30.56 يكون عنوان الشبكة هو
  172.16 وعنوان العقدة هو 30.56.
- بما أن عنوان الشبكة يتكون من 2 بايت (8 بتات لكل بايت) فإنك تحصل
  على 216 تركيبة فريدة.
- تبدأ جميع عناوين شبكات الفئة B بالرقم الثنائي 1، ثم 0.
- يترك لنا ذلك 14 موضع بت للمناورة بها وبالتالي 16384 أو 214 عنوانًا
  فريدًا لشبكات الفئة B.
- يستخدم عنوان الفئة B بايتين لعناوين العقد وهذا يساوي 216، ناقصًا
  النمطين المحجوزين لجميع الأصفار ليصبح المجموع 65534 عنوان
  عقدة محتملًا لكل شبكة من الفئة B.

معرفات المضيف المتاحة للفئة B

فيما يلي مثال لكيفية العثور على المضيفين المتاحين في شبكة الفئة B:

- جميع بتات المضيف المعطلة هي عنوان الشبكة: 172.16.0.0.
- جميع بتات المضيف المفعلة هي عنوان البث: 172.16.255.255.

المضيفات المتاحة هي الأرقام الموجودة بين عنوان الشبكة وعنوان البث:
172.16.0.1 حتى 172.16.255.254.

عناوين الفئة C

- يتم تخصيص أول 3 بايتات من عنوان شبكة الفئة C لجزء الشبكة من

العنوان مع بقاء بايت واحد فقط لعنوان العقدة.

- صيغة عنوان الفئة C كما يلي: network.network.network.node
- باستخدام عنوان IP المثال 192.168.100.102، يكون عنوان الشبكة هو 192.168.100، وعنوان العقدة هو 102.
- في عنوان شبكة من الفئة C تكون مواضع البتات الثلاثة الأولى دائمًا هي الثنائية 110.
- يتم الحساب على النحو التالي: 3 بايتات أو 24 بت، ناقص 3 مواضع محجوزة يترك 21 موضعًا.
- وبالتالي هناك 221 أو 2,097,152، شبكة محتملة من الفئة C.
- تحتوي كل شبكة فريدة من نوعها من الفئة C على بايت واحد لاستخدامه لعناوين العقد.
- هذا يؤدي إلى 28 أو 256 ناقصًا النمطين المحجوزين لجميع الأصفار ليصبح المجموع 254 عنوان عقدة لكل شبكة من الفئة C.

معرفات المضيف المتاحة من الفئة C

فيما يلي مثال لكيفية العثور على معرف مضيف صالح في شبكة من الفئة C:
- جميع بتات المضيف المعطلة هي معرف الشبكة: 192.168.100.0.
- جميع بتات المضيف المفعلة هي عنوان البث: 192.168.100.255.

ستكون المضيفات المتاحة هي الأرقام الموجودة بين عنوان الشبكة وعنوان البث: 192.168.100.1 حتى 192.168.100.254.

عناوين IP الخاصة (RFC 1918)

- أنشأ الأشخاص الذين ابتكروا مخطط عناوين IP عناوين IP خاصة.
- يمكن استخدام هذه العناوين على شبكة خاصة لكنها غير قابلة للتوجيه عبر الإنترنت.
- تم تصميم هذا لغرض إنشاء قدر من الأمان المطلوب بشدة لكنه يوفر أيضًا مساحة قيمة لعناوين IP.
- باستخدام عناوين IP الخاصة لا يحتاج مزودو خدمة الإنترنت والشركات والمستخدمون المنزليون إلا إلى مجموعة صغيرة نسبيًا من عناوين IP الأصلية لتوصيل شبكاتهم بالإنترنت.
- يتعين على مزود خدمة الإنترنت والشركة استخدام ما يسمى بترجمة عناوين الشبكة (NAT) والتي تأخذ في الأساس عنوان IP خاصاً وتحوله للاستخدام على الإنترنت.
- يمكن للعديد من الأشخاص استخدام نفس عنوان IP الحقيقي لنقل البيانات إلى الإنترنت.

- القيام بالأمور بهذه الطريقة يوفر كميات هائلة من مساحة العناوين وهو أمر جيد لنا جميعاً!
- بيان العناوين الخاصة المحجوزة في الجدول (5).

Address Class	Reserved Address Space
Class A	10.0.0.0 through 10.255.255.255
Class B	172.16.0.0 through 172.31.255.255
Class C	192.168.0.0 through 192.168.255.255

الجدول (5) بيان العناوين المحجوزة.
CCST Support Technician, Networking Exam, Todd Lammle.2024.

أنواع عناوين Address Types IPv4

مصطلح البث broadcast

ما نعنيه باستخدام المصطلح الفني الصحيح هو:

- قام عميل DHCP بالبث لطلب عنوان IP ثم قام جهاز التوجيه بإعادة توجيه forwarded هذا كرزمة أحادية البث unicast packet إلى خادم DHCP.
- تذكر أنه مع IPv4 تكون عمليات البث مهمة جدًا ولكن مع IPv6 لا يتم إرسال أي عمليات بث على الإطلاق.

المصطلحات والاستخدامات المختلفة المرتبطة بعناوين IP

Loopback (Localhost)

يستخدم هذا العنوان لاختبار مجموعة عناوين IP على الكمبيوتر المحلي. يمكن أن يكون أي عنوان من 127.0.0.1 إلى 127.255.255.254.

عمليات البث العام Broadcasts من الطبقة 2

يتم إرسالها إلى جميع العقد على شبكة LAN.

عمليات البث العام Broadcasts من الطبقة 3

يتم إرسالها إلى جميع العقد على الشبكة.

Unicast

عنوان لواجهة واحدة ويستخدم لإرسال الرزم إلى مضيف وجهة واحد.

Multicast

رزم مرسلة من مصدر واحد إلى مجموعة محددة من الأجهزة على شبكة أو شبكات مختلفة.

عمليات البث من الطبقة 2

- تُعرف عمليات البث من الطبقة 2 أيضًا باسم عمليات البث المادية وهي تخرج فقط عبر شبكة LAN ولكنها لا تتجاوز حدود شبكة LAN (الموجه).

- يتكون عنوان الجهاز النموذجي من 6 بايتات (48 بتًا) ويبدو على الصيغة 45:AC:24:E3:60:A5.

- سيكون البث مكونًا من الكل وحايد (كل البتات 1 في النظام الثنائي) و سيكون مكونًا من الكل F في النظام السداسي عشركما في الصيغة ff:ff:ff:ff:ff:ff وكما هو موضح في الشكل (21).

- ستستقبل كل بطاقة واجهة شبكة (NIC) الإطار وتقرأه بما في ذلك جهاز التوجيه ونظرًا لأن هذا كان بتًا من الطبقة 2 جهاز التوجيه لن يقوم بإعادة توجيه هذا البث أبدًا!

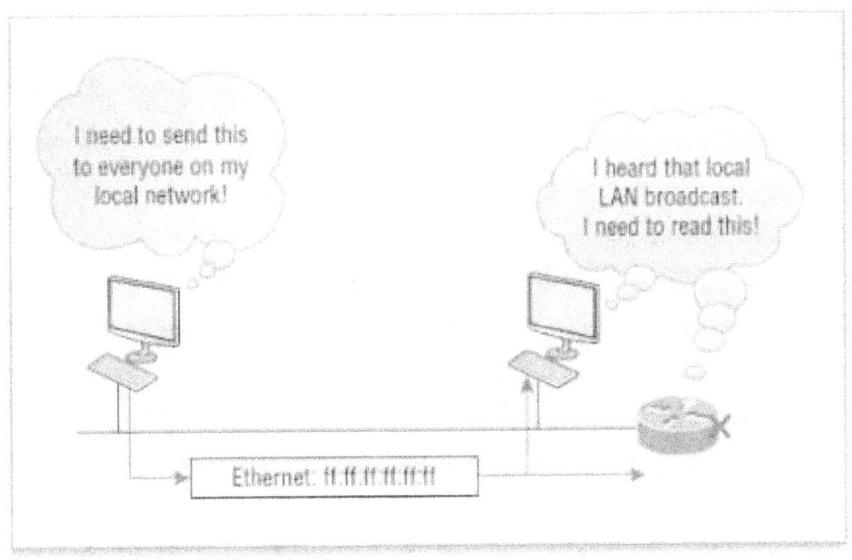

الشكل (21) صيغة البث من الطبقة 2.
CCST Support Technician, Networking Exam, Todd Lammle.2024.

عمليات البث في الطبقة 3

- تهدف رسائل البث إلى الوصول إلى جميع المضيفين على نطاق البث.
- هذه هي عمليات البث الشبكية التي تحتوي على جميع بتات المضيف.
- إليك مثالاً عنوان الشبكة 172.16.0.0 255.255.0.0 سيكون له عنوان بث 172.16.255.255 وجميع بتات المضيف مفعلة.
- يمكن أن تكون عمليات البث أيضًا "أي شبكة وجميع المضيفين" كما يعنيه العنوان 255.255.255.255 وكما هو موضح في الشكل (22).
- سيحصل جميع المضيفين فى شبكة LAN على هذا البث على بطاقة NIC الخاصة بهم بما في ذلك جهاز التوجيه ولكن بشكل افتراضي لن يقوم جهاز التوجيه بإعادة توجيه هذه الرزمة مطلقًا.

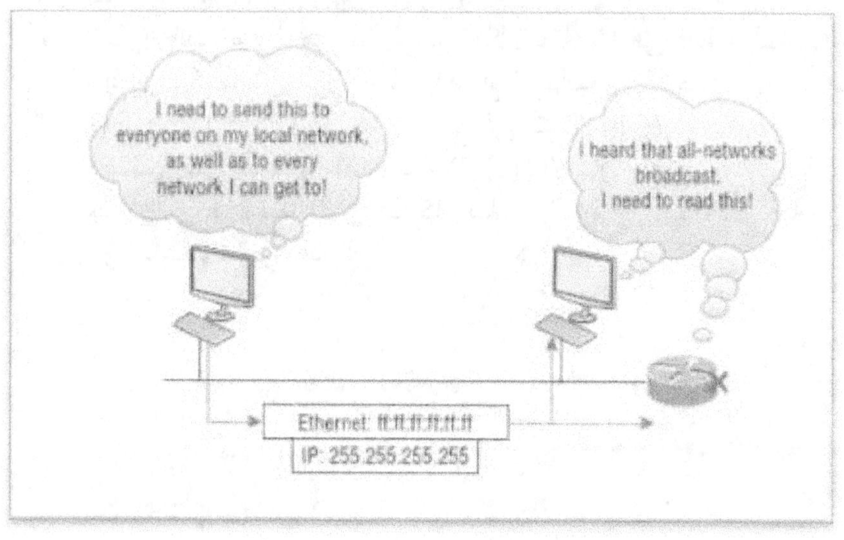

الشكل (22) عنوان البث فى الطبقة3
CCST Support Technician, Networking Exam, Todd Lammle.2024.

عنوان أحادي البث

- يتم تعريف عنوان أحادي البث على أنه عنوان IP واحد يتم تعيينه لبطاقة واجهة الشبكة وهو عنوان IP الوجهة في الرزمة.
- بعبارة أخرى يتم استخدامه لتوجيه الرزم إلى مضيف معين.
- في الشكل (23) كل من عنوان MAC وعنوان IP الوجهة مخصصان لبطاقة NIC واحدة على الشبكة.

- ستستقبل جميع المضيفات في نطاق التصادم هذا الإطار وتقبله.
- بطاقة NIC الوجهة فقط 10.1.1.2 ستقبل الرزمة وستتجاهل بطاقات NIC الأخرى هذه الرزمة.

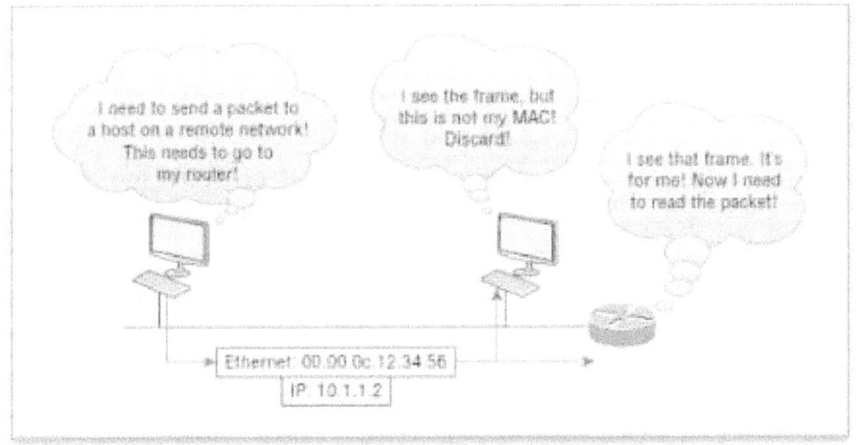

الشكل (23) عنوان MAC وعنوان IP الوجهة
CCST Support Technician, Networking Exam, Todd Lammle.2024.

عنوان البث المتعدد

- يعد البث المتعدد أمرًا مختلفًا تمامًا.
- يسمح البث المتعدد بالاتصال من نقطة إلى نقاط متعددة.
- يتيح لمستقبلين متعددين تلقي الرسائل دون غمر الرسائل لجميع المضيفين على نطاق البث.
- يعمل البث المتعدد عن طريق إرسال الرسائل أو البيانات إلى عناوين مجموعة البث المتعدد IP.
- على عكس البث المباشر الذي لا يتم إعادة توجيهه تقوم أجهزة التوجيه بإعادة توجيه نسخ من الرزمة إلى كل واجهة بها مضيفون مشتركون في عنوان المجموعة.
- يختلف البث المتعدد عن رسائل البث في اتصالات البث المتعدد يتم إرسال نسخ من الرزم من الناحية النظرية إلى المضيفين المشتركين فقط.
- عندما أقول "نظريًا" أعني أن المضيفين سيستقبلون رزمة متعددة البث موجهة إلى 224.0.0.10.
- هذه رزمة EIGRP ولن يقرأها سوى جهاز التوجيه الذي يعمل ببروتوكول EIGRP.
- قد يتسبب البث المتعدد في ازدحام خطير لشبكة LAN إذا لم يتم تنفيذه بعناية!

157

- يوضح الشكل (24) جهاز توجيه Cisco يرسل رزمة متعددة البث EIGRP على شبكة LAN المحلية ولن يقبل هذه الرزمة سوى جهاز التوجيه الآخر.

- هناك عدة مجموعات مختلفة يمكن للمستخدمين أو التطبيقات الاشتراك فيها.

- يبدأ نطاق عناوين البث المتعدد:
من 224.0.0.0 إلى 239.255.255.255.

- يقع نطاق العناوين هذا ضمن مساحة عناوين IP Class D استنادًا إلى تعيين IP حسب الفئة.

الشكل (24) جهاز توجيه Cisco يرسل رزمة متعددة البث.
CCST Support Technician, Networking Exam, Todd Lammle.2024.

ملخص الفصل

- لقد غطى هذا الفصل الكثير من الموضوعات.

- المعلومات الموجودة فيه ضرورية.

- ستتمكن من التنقل بشكل جيد عبر بقية هذا الكتاب.

- لن يضرك حقًا قراءة هذا الفصل أكثر من مرة.

- لا يزال هناك الكثير من الأمور التي يجب تغطيتها.

- تأكد من أنك قد أتقنت هذه المادة بالكامل.

- بهذه الطريقة ستكون مستعدًا للمزيد.

- تعرفت على نموذج وزارة الدفاع والطبقات والبروتوكولات المرتبطة.

- تعرفت على موضوع عناوين IP المهم للغاية.

- لقد ناقشت بالتفصيل الفرق بين كل فئة عنوان وكيفية العثور على عنوان شبكة وعناوين بث وما يدل على نطاق عنوان مضيف صالح.

- لا تتوقف راجع المختبرات المكتوبة وراجع الأسئلة في نهاية هذا الفصل وتأكد من فهمك لكل إجابة.

التمييز بين نموذج شبكة DoD ونموذج OSI.

نموذج DoD هو نسخة مختصرة من نموذج OSI ويتألف من أربع طبقات بدلاً من سبع ولكنه مع ذلك يشبه نموذج OSI من حيث أنه يمكن استخدامه لوصف إنشاء الرزم ويمكن تعيين الأجهزة والبروتوكولات إلى طبقاته.

تحديد بروتوكولات طبقة العملية/التطبيق.

Telnet هو برنامج محاكاة طرفية يسمح لك بتسجيل الدخول إلى مضيف بعيد وتشغيل البرامج.

بروتوكول نقل الملفات (FTP) هو خدمة موجهة نحو الاتصال تسمح لك بنقل الملفات.

FTP (TFTP) هو برنامج نقل ملفات بدون اتصال.

بروتوكول نقل البريد البسيط (SMTP) هو برنامج إرسال بريد.

تحديد بروتوكولات طبقة المضيف إلى المضيف.

بروتوكول التحكم في الإرسال (TCP) هو بروتوكول موجه نحو الاتصال يوفر خدمة شبكة موثوقة باستخدام التأكيدات والتحكم في التدفق.

بروتوكول بيانات المستخدم (UDP) هو بروتوكول بدون اتصال يوفر تكلفة إضافية منخفضة ويعتبر غير موثوق.

تحديد بروتوكولات طبقة الإنترنت.

بروتوكول الإنترنت (IP) هو بروتوكول بدون اتصال يوفر توجيه الشبكة والتوجيه من خلال شبكة إنترنت.

يجد بروتوكول حل العنوان (ARP) عنوانًا للأجهزة من عنوان IP معروف.

وصف وظائف DNSوDHCP في الشبكة.

يوفر بروتوكول تكوين المضيف الديناميكي (DHCP) معلومات تكوين الشبكة (بما في ذلك عناوين IP) للمضيفين، مما يلغي الحاجة إلى إجراء التكوينات يدويًا.

تحل خدمة اسم المجال (DNS) أسماء المضيفين ـ سواء أسماء الإنترنت مثل www.lammle.com أو أسماء الأجهزة مثل Workstation 2 - إلى عناوين IP، مما يلغي الحاجة إلى معرفة عنوان IP للجهاز لأغراض الاتصال.

تحديد ما هو موجود في ترويسة TCP للإرسال الموجه للاتصال.

تتضمن الحقول الموجودة في ترويسة TCP منفذ المصدر ومنفذ الوجهة ورقم التسلسل ورقم التأكيد وطول الترويسة وحقل محجوز للاستخدام المستقبلي

وبتات التعليمات البرمجية وحجم النافذة ومجموع الاختبار ومؤشر الطوارئ وحقل الخيارات وأخيرًا حقل البيانات.

حدد ما هو موجود في ترويسة UDP في عملية إرسال بدون اتصال.

تتضمن الحقول الموجودة في ترويسة UDP منفذ المصدر ومنفذ الوجهة والطول ومجموع الاختبار والبيانات فقط.
يأتي العدد الأصغر من الحقول مقارنة بترويسة TCP على حساب عدم توفير أي من الوظائف الأكثر تقدمًا لإطار TCP.

حدد ما هو موجود في ترويسة IP.

تتضمن حقول ترويسة IP الإصدار وطول الترويسة والأولوية أو نوع الخدمة والطول الإجمالي والتعريف والأعلام وإزاحة الشظايا ومدة البقاء والبروتوكول ومجموع اختبار الترويسة وعنوان IP المصدر وعنوان IP الوجهة والخيارات وأخيرًا البيانات.

قارن بين خصائص وميزات UDP وTCP.

TCP موجه نحو الاتصال ومعترف به ومتسلسل ولديه تحكم في التدفق والأخطاء، بينما UDP غير متصل وغير معترف به وغير متسلسل ولا يوفر أي خطأ أو تحكم في التدفق.

فهم دور أرقام المنفذ.

تُستخدم أرقام المنفذ لتحديد البروتوكول أو الخدمة المراد استخدامها في عملية الإرسال.

تحديد دور ICMP.

يعمل بروتوكول رسائل التحكم في الإنترنت (ICMP) في طبقة الشبكة ويستخدمه IP للعديد من الخدمات المختلفة. ICMP هو بروتوكول إدارة ومزود خدمة رسائل لـ IP.

حدد نطاق عنوان IP من الفئة A.

يتراوح نطاق IP لشبكة الفئة A من 1 إلى 126.
يوفر هذا 8 بتات من عناوين الشبكة و24 بتًا من عناوين المضيف بشكل افتراضي.

حدد نطاق عنوان IP من الفئة B.

يتراوح نطاق IP لشبكة الفئة B من 128 إلى191
توفر عناوين الفئة B 16 بتًا من عناوين الشبكة و16 بتًا من عناوين المضيف بشكل افتراضي.

حدد نطاق عنوان IP من الفئة C.

يتراوح نطاق IP لشبكة الفئة C من 192 إلى 223.
توفر عناوين الفئة C 24 بتًا من عناوين الشبكة و8 بتات من عناوين المضيف بشكل افتراضي.

حدد نطاقات IP الخاصة.

يتراوح نطاق العنوان الخاص من الفئة A
من 10.0.0.0 إلى 10.255.255.255
يتراوح نطاق العناوين الخاصة من الفئة B بين
172.16.0.0 و172.31.255.255.
ويتراوح نطاق العناوين الخاصة من الفئة C بين
192.168.0.0 و192.168.255.255.

تعرف على الفرق بين عنوان البث والعنوان أحادي البث والعنوان المتعدد البث.

العنوان البثي يُرسل إلى جميع الأجهزة في شبكة فرعية والعنوان أحادي البث إلى جهاز واحد والعنوان المتعدد البث إلى بعض الأجهزة وليس كلها.

الفصل السادس: تقسيم الشبكة Subnetting.

مقدمة

لدينا شبكة واحدة كبيرة جدا كما هو موضح في الشكل (1).
عملية تقسيم عنوان الشبكة الرئيسية الكبيرة إلى عدة عناوين شبكات فرعية
و الغرض من ذلك تقليل عملية استهلاك ال IP ضمن نطاق الشبكة الرئيسية و
القضاء على مشاكل إدارة الشبكة الكبيرة.

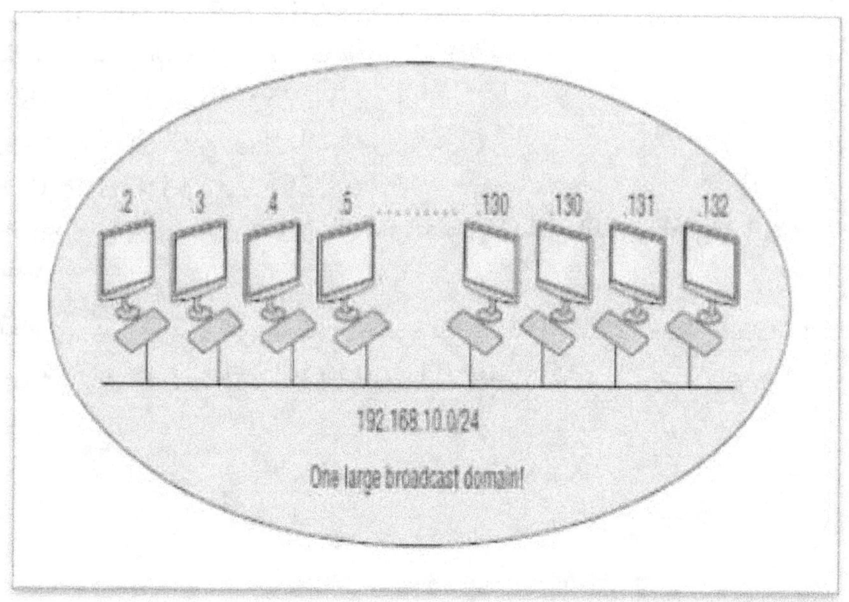

الشكل رقم (1) شبكة كبيرة واحدة.
CCST Support Technician, Networking Exam, Todd Lammle.2024.

- وجود شبكة واحدة كبيرة تعنى مشكلة كبيرة أيضا.
- كيف يمكنك إصلاح مشكلة عدم السيطرة التي يوضحها الشكل (1)؟
- ألن يكون من الإبداع أن تتمكن من تقسيم عنوان الشبكة الضخم وإنشاء
  أربع شبكات قابلة للإدارة مشتقة منه؟

مزايا تقسيم الشبكة

تقليل عملية البث المباشر Broadcast واستهلاك العناوين و ثقل الشبكة .
أفضل في مجال الحماية و ألامن في داخل الشبكة .
تسهيل أعمال الصيانة و الإدارة .
تصميم و تقسيم الشبكة حسب الأهداف التجارية و الصناعية.

162

طرق تقسيم الشبكة

لتحقيق أفضل طريقة لتقسيم شبكة عملاقة إلى مجموعة من الشبكات الأصغر. تأمل الشكل (2) لنرى كيف يتم تنفيذ ذلك.
ما هي عناوين **192.168.10.x** الموضحة في الشكل؟
هذا ما سيقدمه هذا الفصل: كيفية تقسيم شبكة واحدة إلى شبكات عديدة!
لننطلق من حيث توقفنا في الفصل 2 ونبدأ العمل من عنوان المضيف (بتات المضيف) أو الأوكتيت المهم فى العنوان.
نبدأ من استخدام العنوان و نرى كيف يمكننا استخدامه لإنشاء شبكات فرعية.

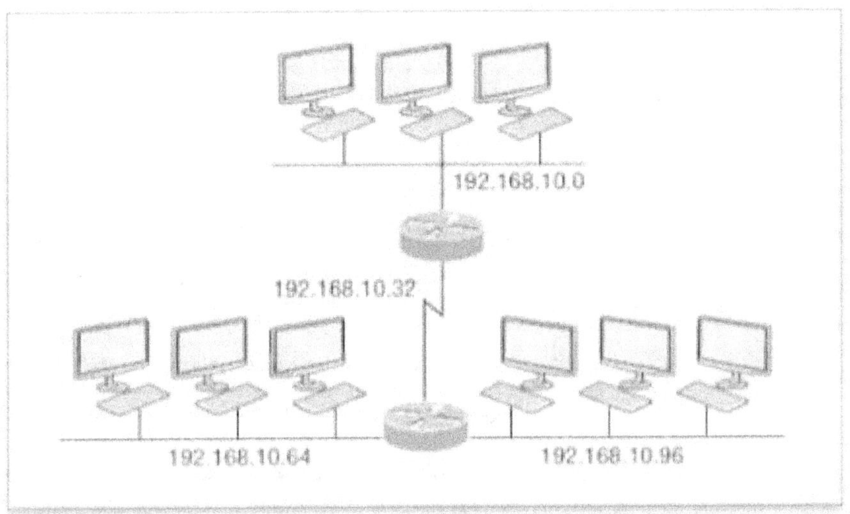

الشكل (2) شبكات متعددة متصلة معا.
CCST Support Technician, Networking Exam, Todd Lammle.2024.

إنشاء شبكات فرعية

- إنشاء شبكات فرعية هو في الأساس عملية أخذ بتات من عنوان المضيف وحجزها لتحديد عنوان الشبكة الفرعية.
- سيؤدي ذلك إلى وجود عدد أقل من البتات لتحديد المضيفين وهو أمر يجب أن تضعه دائمًا في اعتبارك.
- لاحظ أن دراسة الشبكات تتطلب قبل تنفيذ أي شيء فعليًا مثل تقسيم الشبكات الفرعية يجب أولاً تحديد المتطلبات الحالية والتأكد من التخطيط للظروف المستقبلية.
- القسم الأول نناقش فيه التوجيه الصنفى classful routing الذى يشير إلى أن جميع المضيفين (العقد) في الشبكة يستخدمون نفس قناع الشبكة الفرعية تمامًا.

- عندما أنتقل إلى موضوع variable-length subnet masks أقنعة الشبكة الفرعية ذات الطول المتغير (VLSMs) سنتناول كل شيء عن التوجيه غير الصنفى .
- التوجيه غير الصنفى بيئة يمكن فيها لكل جزء من الشبكة استخدام قناع شبكة فرعية مختلف.

خطوات إنشاء شبكة فرعية

لإنشاء شبكة فرعية يجب عليك تنفيذ الخطوات الثلاث التالية:
1. تحديد عدد معرفات الشبكة المطلوبة required network IDs:
   - معرف واحد لكل شبكة فرعية LAN
   - معرف واحد لكل اتصال WAN
2. تحديد عدد معرفات المضيف المطلوبة لكل شبكة فرعية:
   - معرف واحد لكل مضيف TCP/IP
   - معرف واحد لكل واجهة جهاز توجيه
3. بناءً على المتطلبات السابقة قم بإنشاء ما يلي:
   - قناع شبكة فرعية فريد للشبكة بالكامل
   - معرف شبكة فرعية فريد لكل جزء مادي
   - نطاق معرفات المضيف لكل شبكة فرعية

قناع الشبكة الفرعية Subnet Masks

- لكي ننفذ مخطط عناوين الشبكة الفرعية يجب أن نحدد لكل جهاز على الشبكة أي جزء من عنوان المضيف سيتم استخدامه كعنوان للشبكة الفرعية.
- يتم استيفاء هذا الشرط عن طريق تعيين قناع شبكة فرعية لكل جهاز.
- قناع الشبكة الفرعية هو قيمة مكونة من 32 بتًا تسمح للجهاز الذي يستقبل رزم IP بتمييز جزء معرف الشبكة فى عنوان ال IP عن جزء معرف المضيف فى عنوان IP.
- يتكون قناع الشبكة الفرعية من 32 بت من أحاد و أصفار. و أهمية الأحاد تكمن فى أنها المواضع التي ستحدد عناوين الشبكة الفرعية.
- سنرى كيف سنستخدم الأحاد و الأصفار فى التقسيم.
- لا تحتاج جميع الشبكات إلى شبكات فرعية وإذا لم تكن كذلك فهذا يعني أنها تستخدم قناع الشبكة الفرعية الافتراضي وهو نفس القول بأن الشبكة ليس لديها عنوان شبكة فرعية.
- يوضح الجدول (1) أقنعة الشبكة الفرعية الافتراضية للفئات A و B وC.

ضوابط قناع الشبكة الفرعية

- يمكنك استخدام أي قناع بأي طريقة على واجهة إلا أنه عادةً لا يكون من الجيد العبث بالأقنعة الافتراضية.
- لا تجعل قناع الشبكة الفرعية من الفئة B يقرأ 255.0.0.0 ولن تسمح لك بعض المضيفات حتى بكتابته.
- بالنسبة لشبكة الفئة A لا تغير الأوكتيت الأول في قناع الشبكة الفرعية لأنه يجب أن يقرأ 255.0.0.0 على الأقل.
- لا تقوم بتعيين 255.255.255.255 لأن هذا كله 1 وهو عنوان بث.
- يبدأ عنوان الفئة B بـ 255.255.0.0
- يبدأ عنوان الفئة C بـ 255.255.255.0.

Class	Format	Default Subnet Mask
A	network.node.node.node	255.0.0.0
B	network.network.node.node	255.255.0.0
C	network.network.network.node	255.255.255.0

الجدول رقم (1) أقنعة الشبكة الفرعية الإفتراضية.
CCST Support Technician, Networking Exam, Todd Lammle.2024.

التوجيه بين المجالات بدون فئات (CIDR)

مصطلح التوجيه بين المجالات دون فئات (CIDR).
Classless Inter-Domain Routing
هو الطريقة التّي يستخدمها مزودو خدمة الإنترنت (ISPs) لتخصيص عدد من العناوين لشركة أو منزل أو عملائهم.
فهم يوفرون العناوين في كتلة ذات حجم معين وهو أمر سأتحدث عنه بمزيد من التفصيل قريبًا.
عندما تتلقى كتلة من العناوين من مزود خدمة الإنترنت فإن ما تحصل عليه سيبدو شيئًا كهذا: **192.168.10.32/28**
يشير الرمز المائل (/) إلى عدد البتات التي ستكون كلها وحايد (1).
من الواضح أن الحد الأقصى لا يمكن أن يكون سوى **32/** لأن البايت يتكون من 8 بتات وهناك 4 بايتات في عنوان IP: (4 × 8 = 32).

بغض النظر عن فئة العنوان فإن أكبر قناع شبكة فرعية متاح فيما يتعلق بأهداف اختبار Cisco لا يمكن أن يكون سوى 30/ لأنه يتعين عليك الاحتفاظ بما لا يقل عن 2 بت لبتات المضيف.

مثال1

خذ قناع الشبكة الفرعية الافتراضي من الفئة A وهو 255.0.0.0.
الأوكتيت الأول 255 من قناع الشبكة الفرعية كله أحاد أو 11111111.
تحديد الشرطة المائلة يحتاج حساب كل الأحاد1 لمعرفة القناع.
قيمة CIDR للعنوان 255.0.0.0 هى 8/ لأنه يحتوي على 8 بتات كلها أحاد أي 8 بتات قيد التشغيل turned on.

مثال2

قناع الفئة B الافتراضي هو 255.255.0.0 وبداية العنوان 255.255 مما يعنى أن صيغة الرقم الثنائية أولها 11111111.1111111 عدد البتات التى كلها أحاد 16 و بالتالى قيمة CIDR لهذا العنوان 16/. و هكذا يسرد الجدول (2) كل قناع شبكة فرعية متاح وترميز الشرطة المائلة CIDR المكافئ له.

تقسيم عناوين الفئة C إلى شبكات فرعية: الطريقة السريعة!

عندما تختار قناع شبكة فرعية محتمل لشبكتك وتحتاج إلى تحديد عدد الشبكات الفرعية والمضيفين المتاحين وعناوين البث للشبكة الفرعية التي سيوفرها هذا القناع كل ما عليك فعله هو الإجابة على خمسة أسئلة بسيطة:

■ كم عدد الشبكات الفرعية التي ينتجها قناع الشبكة الفرعية المختار؟

■ كم عدد المضيفين المتاحين لكل شبكة فرعية؟

■ ما هي الشبكات الفرعية المتاحة؟

■ ما هو عنوان البث لكل شبكة فرعية؟

■ ما المضيفين المتاحين في كل شبكة فرعية؟

الوصول إلى إجابات هذه الأسئلة الخمسة الكبيرة:

■ كم عدد الشبكات الفرعية؟

عدد الشبكات الفرعية $= 2^x$

حيث x هو عدد الأحاد.

على سبيل المثال في 11000000 عدد الأحاد 2 يعطينا عدد2^2 شبكة فرعية أى عدد 4 شبكات فرعية.

■ كم عدد المضيفين لكل شبكة فرعية؟

عدد المضيفين لكل شبكة فرعية $= (2^y - 2)$

حيث y هو عدد الأصفار.

على سبيل المثال:
العنوان 11000000 يعطينا عدد $2^6 - 2$ مضيف أو 62 مضيفًا لكل شبكة فرعية.
تحتاج إلى طرح 2 لعنوان الشبكة الفرعية ولعنوان البث وهما مضيفان غير متاحين.

■ ما هي الشبكات الفرعية المتاحة؟
المعادلة (حجم الكتلة= 256 – الأوكتيت الرابع في القناع).
على سبيل المثال القناع 255.255.255.**192** حيث يكون الأوكتيت المهم هو الأوكتيت الرابع (مهم لأن هذا هو المكان الذي توجد فيه أرقام الشبكة الفرعية لدينا) و هو هنا 192.
ما عليك سوى استخدام المعادلة الحسابية: 64 = 192 – 256
حجم كتلة القناع = 64.
ابدأ العد من الصفرو أضف حجم الكتلة تصل إلى قيمة الأوكتيت الرابع في قناع كل شبكة فرعية.
سيكون الأوكتيت الرابع في شبكاتك الفرعية: 0، 64، 128، 192.

■ ما هو عنوان البث لكل شبكة فرعية؟
عنوان البث دائمًا هو الرقم الموجود قبل رقم الشبكة الفرعية التالية مباشرةً.
- على سبيل المثال تحتوي الشبكة الفرعية 0 على عنوان بث 63 لأن الشبكة الفرعية التالية هي 64.
- تحتوي الشبكة الفرعية 64 على عنوان بث 127 لأن الشبكة الفرعية التالية هي 128 وهكذا.
- تذكر أن عنوان البث للشبكة الفرعية الأخيرة يكون دائمًا 255.

■ ما هي الأجهزة المتاحة؟
نطاق الأجهزة المتاحة هو مجموعة الأرقام بين رقم الشبكة الفرعية وعنوان البث.
على سبيل المثال إذا كان 64 هو رقم الشبكة الفرعية و127 هو عنوان البث فإن نطاق الأجهزة المتاح هو 65–126.

تقسيم الشبكات الفرعية: عناوين الفئة C

أمثلة للتدريب

سنبدأ بقناع الشبكة الفرعية الأول للفئة C ونعمل على كل شبكة فرعية نستطيعها باستخدام عنوان الفئة C.
عندما ننتهي سأوضح لك مدى سهولة ذلك مع شبكات الفئة A وB أيضًا.
مثال عملي (25/) 2 1C: 255.255.255.128

نظرًا لأن 128 يساوي 10000000 في النظام الثنائي فهناك بت واحد فقط للتقسيم إلى شبكات فرعية و7 بتات للمضيفين.

سنقسم عنوان شبكة 192.168.10.0 الفئة C إلى شبكات فرعية.

0.10.168.192 = عنوان الشبكة

255.255.255.128 = قناع الشبكة الفرعية

الآن نجيب على الأسئلة الخمسة الكبرى:

■ كم عدد الشبكات الفرعية؟ نظرًا لأن 128 هو بت واحد (10000000) فإن الإجابة ستكون $2^1 = 2$.

■ كم عدد المضيفين لكل شبكة فرعية؟ لدينا 7 بتات أصفار (10000000) لذا فإن المعادلة ستكون $2^7 - 2 = 126$ مضيفًا.

■ ما هي الشبكات الفرعية المتاحة؟

حجم الكتلة = 256 – 128 = 128.

تذكر أننا سنبدأ بأول رقم ونضيف حجم كتلتنا لذا فإن شبكاتنا الفرعية هي 0، 128.

لدينا شبكتين فرعيتين تحتوي كل منهما على 126 مضيفًا.

■ ما هو عنوان البث لكل شبكة فرعية؟

الرقم الموجود قبل رقم الشبكة الفرعية التالية مباشرةً يساوي عنوان البث.

بالنسبة للشبكة الفرعية صفر الشبكة الفرعية التالية هي 128 وبالتالي فإن عنوان البث للشبكة الفرعية 0 هو 127.

■ ما هي الأجهزة المتاحة؟

هي الأرقام بين رقم الشبكة الفرعية وعنوان البث.

يوضح الجدول التالي الشبكات الفرعية 0 و128 ونطاقات المضيف المتاحة لكل منهما وعنوان البث لكلا الشبكتين الفرعيتين:

Subnet	0	128
First host	1	129
Last host	126	254
Broadcast	127	255

مفتاح فهم تقسيم الشبكات الفرعية هو فهم السبب الحقيقي للقيام بذلك من خلال المرور بعملية بناء شبكتين فرعيتين كما في الشكل (3).

أضفنا جهاز التوجيه الموضح لكي تتمكن أجهزة الشبكة من التواصل.

يجب أن يكون لدينا مخطط عنونة منطقي للشبكة يمكننا استخدام IPv6 ولكن IPv4 لا يزال الأكثر شيوعًا في الوقت الحالي.

لدينا شبكتين ماديتين لننفذ مخططًا منطقيًا للعنونة يسمح بشبكتين منطقيتين.

بالنسبة لهذا المثال في هذا الكتاب فإن 25/ يفي بالغرض.

يوضح الشكل أن كلتا الشبكتين الفرعيتين تم تعيينهما لواجهة جهاز توجيه تنشئ مجالات البث الخاصة بنا وتعين شبكاتنا الفرعية.

استخدم الأمر show ip route لرؤية جدول التوجيه على جهاز التوجيه.

لاحظ أنه بدلاً من مجال بث كبير واحد يوجد الآن مجالان بث أصغر مما يوفر ما يصل إلى 126 مضيفًا في كل منهما.

تترجم C في إخراج جهاز التوجيه إلى:

Directly connected network أى'' "شبكة متصلة مباشرة".

لدينا اثنتين من تلك الشبكات مع مجالين للبث.

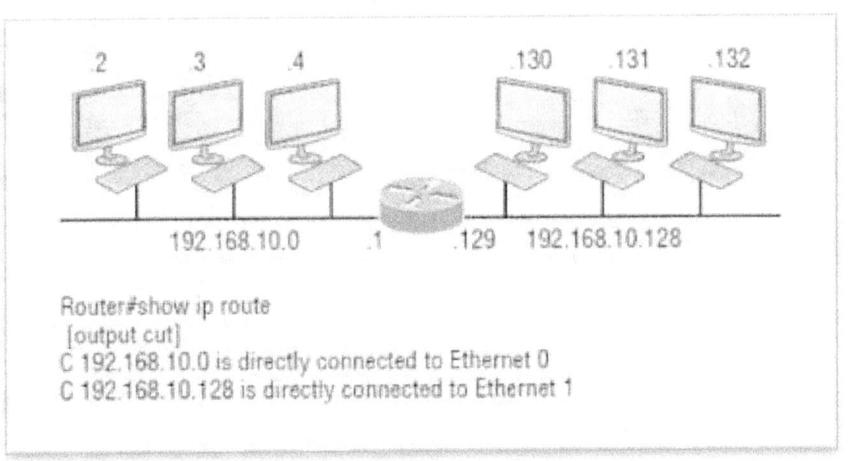

الشكل رقم (3) Class C /25 الشبكتين الفرعيتين.

CCST Support Technician, Networking Exam, Todd Lammle.2024.

مثال عملي (26/) 2C: 255.255.255.192

هذه المرة سنقوم بتقسيم عنوان الشبكة 192.168.10.0 إلى شبكات فرعية باستخدام قناع الشبكة الفرعية 255.255.255.192

192.168.10.0 = عنوان الشبكة
255.255.255.192 = قناع الشبكة الفرعية
الآن دعنا نجيب على الأسئلة الخمسة الكبرى:

■ كم عدد الشبكات الفرعية؟

بما أن 192 عبارة عن 2 بت في الرقم (11000000) فإن الإجابة ستكون 2^2 = 4 شبكات فرعية.

■ كم عدد المضيفين لكل شبكة فرعية؟

لدينا 6 بتات أصفار في الشبكة الفرعية (11000000) مما يعطينا 2^6 - 2 = 62 مضيفًا يكون عدد المضيفين دائمًا هو عدد الشبكات ناقص 2.

■ ما هي الشبكات الفرعية المتاحة؟

حجم الكتلة = 256 – 192 = 64.

تذكر أن تبدأ من الصفر وتحسب حجم الكتلة وهذا يعني أن الأوكتيت الرابع فى شبكاتنا الفرعية هي 0 و64 و128 و192.

حجم الكتلة لدينا هو 64 ولدينا 4 شبكات فرعية كل منها بها 62 مضيفًا.

■ ما هو عنوان البث لكل شبكة فرعية؟

الرقم قبل قيمة الشبكة الفرعية التالية عنوان البث.

بالنسبة للشبكة الفرعية الصفرية فإن الشبكة الفرعية التالية هي 64 لذا فإن عنوان البث للشبكة الفرعية الصفرية هو 63.

■ ما هي الأجهزة المتاحة؟

هي الأرقام بين الشبكة الفرعية وعنوان البث.

يوضح الجدول التالي الشبكات الفرعية 0 و64 و128 و192 ونطاقات المضيف المتاحة لكل منها وعنوان البث لكل شبكة فرعية:

The subnets (Do this first.)	0	64	128	192
Our first host (Perform host addressing last.)	1	65	129	193
Our last host	62	126	190	254
The broadcast address (Do this second.)	63	127	191	255

قبل الدخول في المثال التالي يمكنك أن ترى أنه يمكننا الآن تقسيم شبكة فرعية 26/ بالعد بزيادات قدرها 64.

سنستخدم الشكل (4) للتدرب على تنفيذ شبكة 26/ .

يوفر قناع 26/ أربع شبكات فرعية ونحن بحاجة إلى شبكة فرعية لكل واجهة جهاز توجيه (استخدمنا ثلاثة كما فى الشكل).

باستخدام هذا القناع في هذا المثال لدينا بالفعل إمكانية شبكة فرعية احتياطية لإضافتها إلى واجهة جهاز توجيه أخرى في المستقبل.

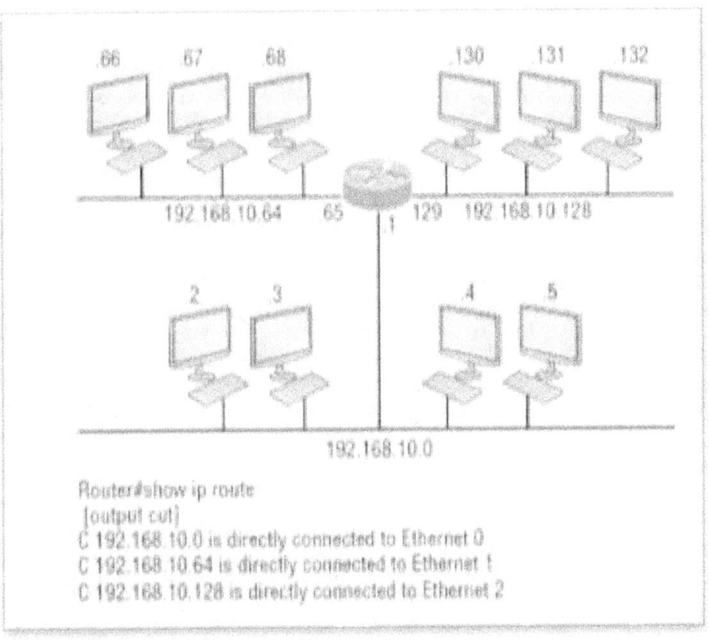

الشكل رقم (4) تنفيذ فئة C 26/ (مع ثلاث شبكات).

.CCST Support Technician, Networking Exam, Todd Lammle.2024

مثال عملي (27/) 3C: 255.255.255.224

هذه المرة سنقوم بتقسيم عنوان الشبكة 192.168.10.0 وقناع الشبكة الفرعية 255.255.255.224.

192.168.10.0 = عنوان الشبكة

255.255.255.224 = قناع الشبكة الفرعية

■ كم عدد الشبكات الفرعية؟

224 يساوي 11100000 لذا فإن معادلتنا ستكون $2^3 = 8$.

■ كم عدد المضيفين؟ المعادلة = $2^5 - 2 = 30$.

■ ما هي الشبكات الفرعية المتاحة؟

حجم الكتلة = 256 − 224 = 32.

نبدأ من الصفر ونحسب قيمة قناع الشبكة الفرعية في كتل (زيادات) من 32:
0، 32، 64، 96، 128، 160، 192، و224.

■ ما هو عنوان البث لكل شبكة فرعية (دائمًا الرقم الموجود قبل الشبكة الفرعية التالية مباشرةً)؟

■ ما هي الأجهزة المتاحة (الأرقام بين رقم الشبكة الفرعية وعنوان البث)؟

للإجابة على السؤالين الأخيرين اكتب أولاً الشبكات الفرعية ثم اكتب عناوين البث الرقم الموجود قبل الشبكة الفرعية التالية مباشرةً.

وأخيرًا املأ عناوين المضيفين.

يوضح لك الجدول التالي جميع الشبكات الفرعية لقناع الشبكة الفرعية من الفئة C 255.255.255.224:

The subnet address	0	32	64	96	128	160	192	224
The first valid host	1	33	65	97	129	161	193	225
The last valid host	30	62	94	126	158	190	222	254
The broadcast address	31	63	95	127	159	191	223	255

لدينا ثماني شبكات فرعية كما هو موضح في الشكل (5)

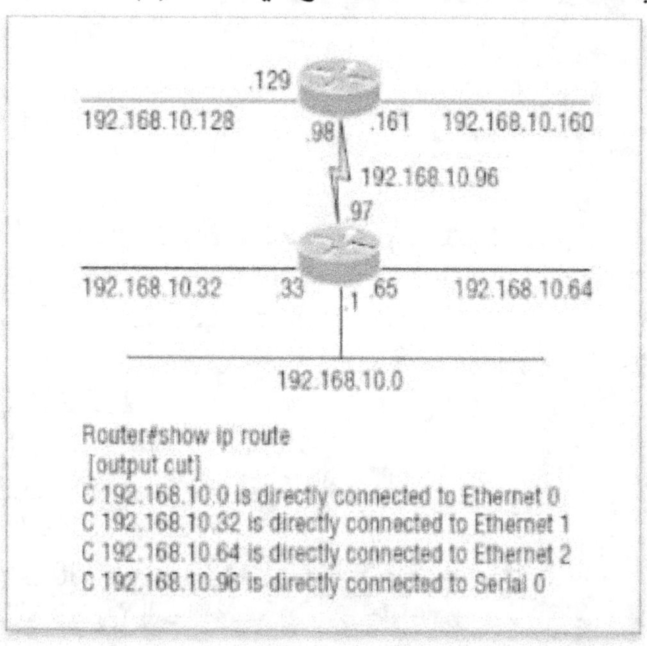

الشكل رقم (5) تنفيذ تنفيذ شبكة منطقية من الفئة C/27
CCST Support Technician, Networking Exam, Todd Lammle.2024.

- تم استخدام ست شبكات فرعية وفي الشكل علامة البرق تمثل شبكة واسعة النطاق (WAN) مثل T1 أو اتصال تسلسلي آخر من خلال مزود خدمة الإنترنت أو شركة الاتصالات.

- استخدم أول مضيف متاح في كل شبكة فرعية كعنوان واجهة لجهاز التوجيه.

- يمكنك استخدام أي عنوان في نطاق المضيف المتاح طالما تتذكر العنوان الذي قمت بتكوينه حتى تتمكن من تعيين المنافذ الافتراضية للمضيفين على عنوان جهاز التوجيه.

مثال عملي (28/) 255.255.255.240 :4C

لنتدرب على مثال آخر:

192.168.10.0 = عنوان الشبكة

255.255.255.240 = قناع الشبكة الفرعية

- الشبكات الفرعية؟ 240 تساوي 11110000 في النظام الثنائي. $2^4 = 16$.

- المضيفون؟ $2^4 - 2 = 14$.

- الشبكات الفرعية المتاحة؟ حجم الكتلة = 256 – 240 = 16.

ابدأ من 0: 0 + 16 = 16. 16 + 16 = 32. 32 + 16 = 48. 48+ 16 = 64. 64 + 16 = 80. 80 + 16 = 96. 96 + 16 = 112. 112 + 16 = 128. 128 + 16 = 144. 144 + 16 = 160. 160 + 16 = 176. 176 + 16 = 192. 192 + 16 = 208. 208 + 16 = 224. 224+ 16 = 240.

- عنوان البث لكل شبكة فرعية؟

- مضيفون متاحون؟

للإجابة على السؤالين الأخيرين راجع الجدول التالي.

- فهو يوفر لك الشبكات الفرعية والمضيفين المتاحين وعناوين البث لكل شبكة فرعية.

- أولاً ابحث عن عنوان كل شبكة فرعية باستخدام حجم الكتلة (الزيادة).

- ثانيًا ابحث عن عنوان البث لكل زيادة في الشبكة الفرعية وهو دائمًا الرقم الموجود قبل الشبكة الفرعية المتاحة التالية مباشرةً ثم املأ عناوين المضيفين.

- يوضح الجدول التالي الشبكات الفرعية والمضيفين وعناوين البث المتوفرة المقدمة من قناع 255.255.255.240 من الفئة C.

Subnet	0	16	32	48	64	80	96	112	128	144	160	176	192	208	224	240
First host	1	17	33	49	65	81	97	113	129	145	161	177	193	209	225	241
Last host	14	30	46	62	78	94	110	126	142	158	174	190	206	222	238	254
Broadcast	15	31	47	63	79	95	111	127	143	159	175	191	207	223	239	255

مثال تدريبي (29/) 5C: 255.255.255.248

لنستمر في التدريب:

192.168.10.0 = عنوان الشبكة

255.255.255.248 = قناع الشبكة الفرعية

■ الشبكات الفرعية؟ 248 في النظام الثنائي = 11111000. $2^5 = 32$.

■ المضيفون؟ $2^3 - 2 = 6$.

■ الشبكات الفرعية المتاحة؟ حجم الكتلة = 256 – 248 = 8

0 ، 8، 16، 24، 32، 40، 48، 56، 64، 72، 80، 88، 96، 104، 112،
128، 136، 144، 152، 160، 168، 176، 184، 192، 200،208،
216، 224، 232، 240، و248.

■ عنوان البث لكل شبكة فرعية؟

■ المضيفون المتاحون؟

ألق نظرة على الجدول التالي فهو يُظهر بعض الشبكات الفرعية (الأولى والأخيرة فقط) والمضيفين المتاحين وعناوين البث لقناع الفئة C 255.255.255.248.

Subnet	0	8	16	24	...	224	232	240	248
First host	1	9	17	25	...	225	233	241	249
Last host	6	14	22	30	...	230	238	246	254
Broadcast	7	15	23	31	...	231	239	247	255

ملاحظة

إذا حاولت تكوين واجهة جهاز توجيه بالعنوان 192.168.10.6 255.255.255.248 وتلقيت الخطأ التالي:

Bad mask /29 for address 192.168.10.6

فهذا يعني أن ip subnet-zero غير ممكّن.

يجب أن تكون قادرًا على تقسيم الشبكة الفرعية حتى تتمكن من رؤية أن العنوان المستخدم في هذا المثال موجود في الشبكة الفرعية صفر!

مثال عملي (30/) 255.255.255.252 :C6

مثال آخر:

192.168.10.0 = عنوان الشبكة

255.255.255.252 = قناع الشبكة الفرعية

- الشبكات الفرعية؟ 64.

- المضيفون؟ 2.

- الشبكات الفرعية المتاحة؟ 0، 4، 8، 12، إلخ، وصولاً إلى 252.

- عنوان البث لكل شبكة فرعية؟ (دائمًا يكون الرقم قبل الشبكة الفرعية التالية مباشرةً.)

- المضيفون المتاحون؟ (الأرقام بين رقم الشبكة الفرعية وعنوان البث.)

يوضح لك الجدول التالي الشبكة الفرعية والمضيف المتاح وعنوان البث للشبكات الفرعية الأربع الأولى والأخيرة في الشبكة الفرعية من الفئة C 255.255.255.252:

Subnet	0	4	8	12	. . .	240	244	248	252
First host	1	5	9	13	. . .	241	245	249	253
Last host	2	6	10	14	. . .	242	246	250	254
Broadcast	3	7	11	15	. . .	243	247	251	255

تقسيم الشبكات الفرعية: عناوين الفئة C

هل من الممكن تقسيم الشبكات الفرعية في عقلك؟ نعم ليس الأمر صعبًا على الإطلاق فكر في الأمثلة التالية:

مثال (1)

- 192.168.10.50 = عنوان العقدة

- 255.255.255.224 = قناع الشبكة الفرعية

- أولاً: حدد الشبكة الفرعية وعنوان البث للشبكة التي يوجد بها عنوان IP السابق.

- يمكنك القيام بذلك من خلال الإجابة على السؤال 3 من الأسئلة الخمسة الكبرى: حجم الكتلة = 256 – 224 = 32. 0، 32، 64، وهكذا.

- يقع عنوان 50 بين الشبكتين الفرعيتين 32 و64 ويجب أن يكون جزءًا من الشبكة الفرعية 192.168.10.32.
- الشبكة الفرعية التالية هي 64 لذا فإن عنوان البث للشبكة الفرعية 32هو 63.
- لا تنس أن عنوان البث للشبكة الفرعية هو دائمًا الرقم الموجود قبل الشبكة الفرعية التالية مباشرةً.

نطاق المضيف المتاح يساوي الأرقام بين الشبكة الفرعية وعنوان البث أو 33–62.

مثال (2)

سنقوم بتقسيم عنوان آخر من الفئة C إلى شبكة فرعية:

- 192.168.10.50 = عنوان الشبكة
- 255.255.255.240 = قناع الشبكة الفرعية
- ما هو عنوان الشبكة الفرعية وعنوان البث للشبكة التي يكون عنوان IP السابق عضوًا فيها؟ حجم الكتلة = 256 – 240 = 16.
- الآن فقط قم بالعد بزياداتنا البالغة 16 حتى نمر بعنوان المضيف: 0، 16، 32، 48، 64.
- عنوان المضيف يقع بين الشبكات الفرعية 48 و64.
- الشبكة الفرعية هي 192.168.10.48
- عنوان البث هو 63 لأن الشبكة الفرعية التالية هي 64.
- نطاق المضيف المتاح يساوي الأرقام بين رقم الشبكة الفرعية وعنوان البث أو 49–62.

خطوات إضافية لزيادة التدريب

سوف نجري بعض الخطوات الإضافية للتأكد من أنك أتقنت هذا الأمر.

مثال (1)

- لديك عنوان عقدة 192.168.10.174
- مع قناع 255.255.255.240.
- ما هو نطاق المضيف المتاح؟
- القناع هو 240 نجري عملية طرح 256 – 240 = 16هذا هو حجم الكتلة.
- استمر في إضافة 16حتى نمربعنوان المضيف 174 بدءًا من الصفربالطبع: 0، 16، 32، 48، 64، 80،96 112، 128، 144، 160، 176.
- عنوان المضيف 174 يقع بين 160 و176 لذلك الشبكة الفرعية هي160.
- عنوان البث هو 175 نطاق المضيف المتاح هو 161–174.

مثال(2)

تقسيم للشبكات الفرعية من الفئة C:

- 192.168.10.17 = عنوان العقدة
- 255.255.255.252 = قناع الشبكة الفرعية
- ما هي الشبكة الفرعية وعنوان البث للشبكة الفرعية التي يوجد بها عنوان IP السابق؟ 256 – 252 = 4
- (ابدأ دائمًا من الصفر) 0، 4، 8، 12، 16،20إلخ.
- يقع عنوان المضيف بين الشبكتين الفرعيتين 16 و20.
- الشبكة الفرعية هي192.168.10.16 وعنوان البث هو 19.
- نطاق المضيف المتاح هو 17–18.

بعد أن انتهيت من تقسيم الشبكات الفرعية من الفئة C دعنا ننتقل إلى تقسيم الشبكات الفرعية من الفئة B.

ولكن قبل أن نفعل ذلك دعنا نراجع الأمر بسرعة.

ماذا نعرف: مراجعة

يمكنك تطبيق ما تعلمته حتى الآن والبدء في حفظه في الذاكرة.

سيساعدك هذا في إتقان تقسيم الشبكات الفرعية إلى شبكات فرعية!

عندما ترى قناع الشبكة الفرعية أو تدوين الشرطة المائلة (CIDR) يجب أن تعرف ما يلي:

/25 ماذا نعرف عن /25؟

- 128 رقم قناع
- بت واحد و7 بتات أصفار (10000000)
- حجم الكتلة 128
- الشبكات الفرعية 0 و128
- شبكتان فرعيتان، كل منهما بها 126 مضيفًا

/26 ماذا نعرف عن /26؟

- 192 رقم قناع
- 2 بت تشغيل و6 بت إيقاف (11000000)
- حجم الكتلة 64
- الشبكات الفرعية 0، 64، 128، 192
- 4 شبكات فرعية، كل منها تحتوي على 62 مضيفًا

/27 ماذا نعرف عن /27؟

- 224 رقم قناع

- 3 بتات تشغيل و5 بتات إيقاف (11100000)
- حجم الكتلة 32
- الشبكات الفرعية 0، 32، 64، 96، 128، 160، 192، 224
- 8 شبكات فرعية، كل منها تحتوي على 30 مضيفًا

28/ ماذا نعرف عن 28/؟

- 240 رقم قناع
- 4 بتات تشغيل و4 بتات إيقاف
- حجم الكتلة 16
- الشبكات الفرعية 0، 16، 32، 48، 64، 80، 96، 112، 128، 144، 160، 176، 192، 208، 224، 240
- 16 شبكة فرعية، كل منها تحتوي على 14 مضيفًا

29/ ماذا نعرف عن 29/؟

- 248 رقم قناع
- 5 بتات تشغيل و3 بتات إيقاف
- حجم الكتلة 8
- الشبكات الفرعية 0، 8، 16، 24، 32، 40، 48، إلخ.
- 32 شبكة فرعية، كل منها بها 6 مضيفين

30/ ماذا نعرف عن 30/؟

- 252 رقم قناع
- 6 بتات تشغيل و2 بت إيقاف
- حجم الكتلة 4
- الشبكات الفرعية 0، 4، 8، 12، 16، 20، 24، إلخ.
- 64 شبكة فرعية، كل منها بها مضيفان

يضع الجدول (3) كل المعلومات السابقة في جدول صغير مضغوط.
يجب عليك التدرب على كتابة هذا الجدول على ورقة مسودة وإذا كان بوسعك
القيام بذلك فاكتبه قبل بدء الاختبار!

ماذا نعرف الآن

- إذا تمكنت من حفظ قسم "ماذا نعرف؟" هذا فسوف تكون في وضع أفضل
كثيرًا في عملك اليومي وفي دراستك.
- من المفيد أيضًا كتابة الملخصات على نوع من البطاقات التعليمية وطلب
من الأشخاص اختبار مهاراتك.

- سوف تندهش من مدى السرعة التي يمكنك بها إنجاز عملية تقسيم الشبكات الفرعية إذا حفظت أحجام الكتل بالإضافة إلى قسم "ماذا نعرف؟"

CIDR Notation	Mask	Bits	Block Size	Subnets	Hosts
/25	128	1 bit on and 7 bits off	128	0 and 128	2 subnets, each with 126 hosts
/26	192	2 bits on and 6 bits off	64	0, 64, 128, 192	4 subnets, each with 62 hosts
/27	224	3 bits on and 5 bits off	32	0, 32, 64, 96, 128, 160, 192, 224	8 subnets, each with 30 hosts
/28	240	4 bits on and 4 bits off	16	0, 16, 32, 48, 64, 80, 96, 112, 128, 144, 160, 176, 192, 208, 224, 240	16 subnets, each with 14 hosts
/29	248	5 bits on and 3 bits off	8	0, 8, 16, 24, 32, 40, 48, etc.	32 subnets, each with 6 hosts
/30	252	6 bits on and 2 bits off	4	0, 4, 8, 12, 16, 20, 24, etc.	64 subnets, each with 2 hosts

الجدول رقم (3) ماذا نعرف عن قناع الشبكات الفرعية (CIDR)
CCST Support Technician, Networking Exam, Todd Lammle.2024.

تقسيم عناوين الفئة B إلى شبكات فرعية

قبل أن نتعمق في هذا دعنا نلقي نظرة على جميع أقنعة الشبكات الفرعية المحتملة للفئة B.

لاحظ أن لدينا أقنعة شبكات فرعية محتملة أكثر بكثير مما لدينا مع عنوان شبكة الفئة C:

255.255.0.0 (/16)
255.255.128.0 (/17) 255.255.255.0 (/24)
255.255.192.0 (/18) 255.255.255.128 (/25)
255.255.224.0 (/19) 255.255.255.192 (/26)
255.255.240.0 (/20) 255.255.255.224 (/27)
255.255.248.0 (/21) 255.255.255.240 (/28)
255.255.252.0 (/22) 255.255.255.248 (/29)
255.255.254.0 (/23) 255.255.255.252 (/30)

- عنوان شبكة الفئة B يحتوي على 16 بتًا متاحًا لعنونة المضيف.

- هذا يعني أنه يمكننا استخدام ما يصل إلى 14 بتًا لتقسيم الشبكات الفرعية لأننا نحتاج إلى ترك بتتين على الأقل لعنونة المضيف.

- إن استخدام 16/ يعني أنك لا تقوم بتقسيم الشبكات الفرعية باستخدام الفئة B ولكنه قناع يمكنك استخدامه!

- إن عملية تقسيم الشبكات الفرعية لشبكة الفئة B تشبه إلى حد كبير عملية تقسيم الشبكات الفرعية لشبكة الفئة C باستثناء أن لديك المزيد من بتات المضيف وتبدأ في الأوكتيت الثالثة.

- استخدم نفس أرقام الشبكات الفرعية للثماني بتات الثالثة للفئة B التي استخدمتها للثماني بتات الرابعة للفئة C ولكن أضف صفرًا إلى جزء الشبكة و255 إلى قسم البث في الأوكتيت الرابعة.

يوضح الجدول التالي نطاق مضيف مثال لشبكتين فرعيتين مستخدمتين في قناع الشبكة الفرعية للفئة (20/) 240 Class B

Subnet address	16.0	32.0
Broadcast address	31.255	47.255

تقسيم الشبكات الفرعية: عناوين الفئة B

أمثلة للتدريب

ستمنحك فرصة للتدريب على تقسيم الشبكات الفرعية لعناوين الفئة B.
يجب أن أذكر أن هذا يشبه تقسيم الشبكات الفرعية باستخدام الفئة C إلا أننا نبدأ بالأوكتيت الثالثة بنفس الأرقام تمامًا!

مثال التدريب (17/) 255.255.128.0 :1B

172.16.0.0 = عنوان الشبكة
255.255.128.0 = قناع الشبكة الفرعية

- الشبكات الفرعية؟ $2^1 = 2$ (نفس الكمية في الفئة C).
- المضيفون؟ $2^{15} - 2 = 32766$ (7 بتات في الأوكتيت الثالثة و8 بتات في الرابعة).
- الشبكات الفرعية المتاحة؟ 256 − 128 = 128. 0، 128.

تذكر أن تقسيم الشبكة الفرعية يتم في الأوكتيت الثالثة، لذا فإن أرقام الشبكة الفرعية هي في الواقع 0.0 و128.0 كما هو موضح في الجدول التالي.
هذه هي الأرقام الدقيقة التي استخدمناها مع الفئة C نستخدمها في الأوكتيت

الثالثة ونضيف 0 في الأوكتيت الرابعة لعنوان الشبكة.
- عنوان البث لكل شبكة فرعية؟
- المضيفون المتاحون؟
يوضح الجدول التالي الشبكتين الفرعيتين المتاحتين ونطاق المضيف المتاح، وعنوان البث لكل منهما:

Subnet	0.0	128.0
First host	0.1	128.1
Last host	127.254	255.254
Broadcast	127.255	255.255

- لاحظ أننا أضفنا للتو أدنى وأعلى قيمتين للأوكتيت بتات الرابعة وتوصلنا إلى الإجابات.
- استخدمنا فقط نفس الأرقام في الأوكتيت الثالثة وأضفنا 0 و255 في الأوكتيت الرابعة.
- سؤال: باستخدام قناع الشبكة الفرعية السابق هل تعتقد أن 172.16.10.0 هو عنوان مضيف متاح؟
- ماذا عن 172.16.10.255؟ هل يمكن أن يكون 0 و255 في الأوكتيت الرابعة عنوان مضيف متاحا؟
- الإجابة هي بالتأكيد نعم هذه مضيفات متاحة!
- أي رقم بين رقم الشبكة الفرعية وعنوان البث هو مضيف متاح دائمًا.

مثال عملي (18/) 2B: 255.255.192.0

172.16.0.0 = عنوان الشبكة
255.255.192.0 = قناع الشبكة الفرعية
- الشبكات الفرعية؟ $2^2 = 4$.
- المضيفون؟ $2^{14} - 2 = 16,382$ (6 بتات في الأوكتيت الثالثة و8 بتات في الرابعة).
- الشبكات الفرعية المتاحة؟ $256 - 192 = 64$. 0، 64، 128، 192. تذكر أن تقسيم الشبكات الفرعية يتم في الأوكتيت الثالثة.
لذا فإن أرقام الشبكات الفرعية هي في الواقع 0.0، 64.0، 128.0، و192.0 كما هو موضح في الجدول التالي.
- عنوان البث لكل شبكة فرعية؟
- المضيفون المتاحون؟

يوضح الجدول التالي الشبكات الفرعية الأربعة المتاحة، ونطاق المضيف المتاح، وعنوان البث لكل منها:

Subnet	0.0	64.0	128.0	192.0
First host	0.1	64.1	128.1	192.1
Last host	63.254	127.254	191.254	255.254
Broadcast	63.255	127.255	191.255	255.255

الأمر مشابه إلى حد كبير لما هو عليه بالنسبة لشبكة فرعية من الفئة C أضفنا 0 و255 في الأوكتيت الرابعة لكل شبكة فرعية في الأوكتيت الثالثة.

مثال عملي (20/) 3B: 255.255.240.0

172.16.0.0 = عنوان الشبكة
255.255.240.0 = قناع الشبكة الفرعية

■ الشبكات الفرعية؟ 2^4 = 16.

■ المضيفون؟ 2^{12} – 2 = 4094.

■ الشبكات الفرعية المتاحة؟ 256 – 240 =16 0، 16، 32، 48، إلخ، حتى 240. لاحظ أن هذه هي نفس الأرقام الموجودة في قناع الفئة C 240 نضعها فقط في الأوكتيت الثالث ونضيف 0 و 255 في الأوكتيت الرابع.

■ عنوان البث لكل شبكة فرعية؟

■ المضيفون المتاحون؟

يوضح الجدول التالي أول أربع شبكات فرعية، والمضيفين المتاحين، وعناوين البث في قناع 255.255.240.0 من الفئة B:

Subnet	0.0	16.0	32.0	48.0
First host	0.1	16.1	32.1	48.1
Last host	15.254	31.254	47.254	63.254
Broadcast	15.255	31.255	47.255	63.255

مثال عملي (21/) 4B: 255.255.248.0

172.16.0.0 = عنوان الشبكة
255.255.248.0 = قناع الشبكة الفرعية

■ الشبكات الفرعية؟ 2^5 = 32.

■ المضيفون؟ 2^{11} – 2 = 2046.

■ الشبكات الفرعية المتاحة؟ 256 – 248 = 8   0، 8، 16، 24، 32،حتى 248.

■ عنوان البث لكل شبكة فرعية؟

■ المضيفون المتاحون؟

يوضح الجدول التالي أول خمس شبكات فرعية ومضيفين متاحين وعناوين بث في قناع 255.255.248.0 من الفئة B:

Subnet	0.0	8.0	16.0	24.0	32.0
First host	0.1	8.1	16.1	24.1	32.1
Last host	7.254	15.254	23.254	31.254	39.254
Broadcast	7.255	15.255	23.255	31.255	39.255

مثال عملي (22/) 255.255.252.0 :5B

172.16.0.0 = عنوان الشبكة

255.255.252.0 = قناع الشبكة الفرعية

■ الشبكات الفرعية؟ 2^6 = 64.

■ المضيفون؟ 2^{10} – 2 = 1022.

■ الشبكات الفرعية المتاحة؟ 256 – 252 =4

0، 4، 8، 12، 16، إلخ، حتى 252.

■ عنوان البث لكل شبكة فرعية؟

■ المضيفون المتاحون؟

يوضح الجدول التالي أول خمس شبكات فرعية ومضيفين متاحين وعناوين بث في قناع 255.255.252.0 من الفئة B:

Subnet	0.0	4.0	8.0	12.0	16.0
First host	0.1	4.1	8.1	12.1	16.1
Last host	3.254	7.254	11.254	15.254	19.254
Broadcast	3.255	7.255	11.255	15.255	19.255

مثال (23/) 255.255.254.0 :6B

172.16.0.0 = عنوان الشبكة

255.255.254.0 = قناع الشبكة الفرعية

■ الشبكات الفرعية؟ 2^7 = 128.

- المضيفون؟ $2^9 - 2 = 510$.
- الشبكات الفرعية المتاحة؟ $256 - 254 = 0$، 2، 4، 6، 8 حتى 254.
- عنوان البث لكل شبكة فرعية؟
- المضيفون المتاحون؟

يوضح الجدول التالي أول خمس شبكات فرعية ومضيفين متاحين وعناوين بث في قناع 255.255.254.0 من الفئة B:

Subnet	0.0	2.0	4.0	6.0	8.0
First host	0.1	2.1	4.1	6.1	8.1
Last host	1.254	3.254	5.254	7.254	9.254
Broadcast	1.255	3.255	5.255	7.255	9.255

مثال عملي (24/) 7B: 255.255.255.0

على عكس الاعتقاد السائد فإن 255.255.255.0 المستخدم مع عنوان شبكة من الفئة B لا يُسمى شبكة من الفئة B بقناع شبكة فرعية من الفئة C. هذا قناع شبكة فرعية من الفئة B به 8 بتات من تقسيم الشبكات الفرعية وهو مختلف منطقيًا عن قناع الفئة C.

تقسيم هذا العنوان إلى شبكات فرعية أمر بسيط إلى حد ما:

172.16.0.0 = عنوان الشبكة

255.255.255.0 = قناع الشبكة الفرعية

- الشبكات الفرعية؟ $2^8 = 256$.
- المضيفون؟ $2^8 - 2 = 254$.
- الشبكات الفرعية المتاحة؟ $256 - 255 = 1$. 0، 1، 2، 3، إلخ، وصولاً إلى 255.
- عنوان البث لكل شبكة فرعية؟
- المضيفون المتاحون؟

يوضح الجدول التالي أول أربع شبكات فرعية وآخر شبكتين فرعيتين، والمضيفون المتاحون، وعناوين البث في قناع 255.255.255.0 من الفئة B:

Subnet	0.0	1.0	2.0	3.0	...	254.0	255.0
First host	0.1	1.1	2.1	3.1	...	254.1	255.1
Last host	0.254	1.254	2.254	3.254	...	254.254	255.254
Broadcast	0.255	1.255	2.255	3.255	...	254.255	255.255

مثال عملي (25/) 8B: 255.255.255.128

- هذا في الواقع أحد أصعب أقنعة الشبكات الفرعية التي يمكنك اللعب بها.
- والأسوأ من ذلك، أنه في الواقع شبكة فرعية جيدة حقًا للاستخدام في الإنتاج لأنها تنشئ أكثر من 500 شبكة فرعية مع 126 مضيفًا لكل شبكة فرعية وهو مزيج رائع. لذا لا تتخطاه!
- 172.16.0.0 = عنوان الشبكة
- 255.255.255.128 = قناع الشبكة الفرعية
- الشبكات الفرعية؟ $2^9 = 512$.
- المضيفون؟ $2^7 - 2 = 126$.
- الشبكات الفرعية المتاحة؟ الآن للجزء الصعب. 256 − 255 = 1 . 0، 1، 2، 3، وما إلى ذلك، للأوكتيت الثالثة.
  - لا يمكنك أن تنسى بت الشبكة الفرعية المستخدم في الأوكتيت الرابعة.
  - هل تتذكر عندما أوضحت لك كيفية حساب بت الشبكة الفرعية باستخدام قناع الفئة C؟
  - يمكنك حساب ذلك بنفس الطريقة.
  - تحصل على شبكتين فرعيتين لكل قيمة ثماني بتات ثالثة، وبالتالي 512 شبكة فرعية.
  - على سبيل المثال إذا كانت الأوكتيت الثالثة تعرض الشبكة الفرعية 3 فإن الشبكتين الفرعيتين ستكونان في الواقع 3.0 و3.128.
- عنوان البث لكل شبكة فرعية؟ الأرقام الموجودة قبل الشبكة الفرعية التالية مباشرة.
- المضيفون المتاحون؟ الأرقام الموجودة بين أرقام الشبكة الفرعية وعنوان البث.

يوضح الجدول التالي كيفية إنشاء شبكات فرعية ومضيفين متاحين وعناوين بث باستخدام قناع الشبكة الفرعية 255.255.255.128 من الفئة B. يتم عرض الشبكات الفرعية الأوكتيت الأولى متبوعة بالشبكتين الفرعيتين الأخيرتين:

Subnet	0.0	0.128	1.0	1.128	2.0	2.128	3.0	3.128		255.0	255.128
First host	0.1	0.129	1.1	1.129	2.1	2.129	3.1	3.129		255.1	255.129
Last host	0.126	0.254	1.126	1.254	2.126	2.254	3.126	3.254		255.126	255.254
Broadcast	0.127	0.255	1.127	1.255	2.127	2.255	3.127	3.255		255.127	255.255

مثال عملي (26/) 9B: 255.255.255.192

هنا يصبح تقسيم الشبكات الفرعية للفئة B سهلاً.

نظرًا لأن الأوكتيت الثالثة تحتوي على 255 في قسم القناع فإن أي رقم مدرج في الأوكتيت الثالثة هو رقم شبكة فرعية.

والآن بعد أن أصبح لدينا رقم شبكة فرعية في الأوكتيت الرابعة يمكننا تقسيم هذه الأوكتيت إلى شبكات فرعية كما فعلنا مع تقسيم الشبكات الفرعية للفئة C.

دعنا نجرب ذلك:

172.16.0.0 = عنوان الشبكة

255.255.255.192 = قناع الشبكة الفرعية

- الشبكات الفرعية؟ 2^{10} = 1024.

- المضيفون؟ $2^6 - 2$ = 62.

- الشبكات الفرعية المتاحة؟ 256 – 192 = 64. الشبكات الفرعية موضحة في الجدول التالي.

هل تبدو هذه الأرقام مألوفة؟

- عنوان البث لكل شبكة فرعية؟

- المضيفون المتاحون؟

يوضح الجدول التالي أول ثماني نطاقات للشبكات الفرعية والمضيفين المتاحين وعناوين البث.

Subnet	0.0	0.64	0.128	0.192	1.0	1.64	1.128	1.192
First host	0.1	0.65	0.129	0.193	1.1	1.65	1.129	1.193
Last host	0.62	0.126	0.190	0.254	1.62	1.126	1.190	1.254
Broadcast	0.63	0.127	0.191	0.255	1.63	1.127	1.191	1.255

لاحظ أنه بالنسبة لكل قيمة شبكة فرعية في الأوكتيت الثالثة تحصل على شبكات فرعية 0، 64، 128، و192 في الأوكتيت الرابعة.

مثال عملي (27/) 10B: 255.255.255.224

يتم ذلك بنفس الطريقة التي تم بها قناع الشبكة الفرعية السابق إلا أننا لدينا فقط المزيد من الشبكات الفرعية وعدد أقل من المضيفين لكل شبكة فرعية متاحة.

172.16.0.0 = عنوان الشبكة

255.255.255.224 = قناع الشبكة الفرعية

- الشبكات الفرعية؟ 2^{11} = 2048.

- المضيفون؟ $2^5 - 2 = 30$.
- الشبكات الفرعية المتاحة؟ $256 - 224 = 32$. 0، 32، 64، 96، 128، 160، 192، 224.
- عنوان البث لكل شبكة فرعية؟
- المضيفون المتاحون؟

يوضح الجدول التالي الشبكات الفرعية الأوكتيتة الأولى:

Subnet	0.0	0.32	0.64	0.96	0.128	0.160	0.192	0.224
First host	0.1	0.33	0.65	0.97	0.129	0.161	0.193	0.225
Last host	0.30	0.62	0.94	0.126	0.158	0.190	0.222	0.254
Broadcast	0.31	0.63	0.95	0.127	0.159	0.191	0.223	0.255

يوضح الجدول التالي الشبكات الفرعية الأوكتيت الأولى:

Subnet	255.0	255.32	255.64	255.96	255.128	255.160	255.192	255.224
First host	255.1	255.33	255.65	255.97	255.129	255.161	255.193	255.225
Last host	255.30	255.62	255.94	255.126	255.158	255.190	255.222	255.254
Broadcast	255.31	255.63	255.95	255.127	255.159	255.191	255.223	255.255

تقسيم الشبكات الفرعية: عناوين الفئة B

السؤال:

ما هي الشبكة الفرعية وعنوان البث للشبكة الفرعية التي يوجد بها
172.16.10.33 /27

الإجابة:

الأوكتيت المهمة هي الرابعة.

$256 - 224 = 32$. $32 + 32 = 64$. لقد فهمت: 33 بين 32 و64.
تذكر أن الأوكتيت الثالثة تعتبر جزءًا من الشبكة الفرعية لذا فإن الإجابة ستكون الشبكة الفرعية 10.32.

البث هو 10.63 لأن 10.64 هي الشبكة الفرعية التالية. كان ذلك سهلاً للغاية.
السؤال:

ما الشبكة الفرعية وعنوان البث الذي ينتمي إليه عنوان 172.16.66.10 IP
(18/) 255.255.192.0؟
الإجابة:

الأوكتيت المهمة هنا هي الأوكتيت الثالثة بدلاً من الرابعة.
256 – 192= 64. 0، 64، 128.
الشبكة الفرعية هي 172.16.64.0. يجب أن يكون البث 172.16.127.25،
لأن 128.0 هي الشبكة الفرعية التالية.
السؤال:

ما هي الشبكة الفرعية وعنوان البث الذي يعتبر عنوان 172.16.50.10 IP
255.255.224.0 (19/) عضوًا فيه؟
الإجابة:

256 – 224 =32 0، 32، 64 (تذكر أننا نبدأ العد دائمًا من 0).
الشبكة الفرعية هي 172.16.32.0، ويجب أن يكون عنوان البث
172.16.63.255، لأن 64.0 هي الشبكة الفرعية التالية.
السؤال:

ما هي الشبكة الفرعية وعنوان البث الذي يعتبر عنوان 172.16.46.255 IP
255.255.240.0 (20/) عضوًا فيه؟
الإجابة:

256 – 240 = 16. الأوكتيت الثالثة مهمة هنا: 0، 16، 32، 48.
يجب أن يكون عنوان الشبكة الفرعية هذه في الشبكة الفرعية
172.16.32.0، ويجب أن يكون البث 172.16.47.255،
لأن 48.0 هي الشبكة الفرعية التالية.
لذلك 172.16.46.255 هو مضيف متاح.
السؤال:

ما الشبكة الفرعية وعنوان البث الذي يكون عنوان 172.16.45.14 IP
255.255.255.252 (30/) عضوًا فيه؟
الإجابة:

أين الأوكتيت المهمة؟
256 – 252 =4 0، 4، 8، 12، 16. الشبكة الفرعية هي 172.16.45.12،

و البث 172.16.45.15، لأن الشبكة الفرعية التالية هي 172.16.45.16.
السؤال:

ما هي الشبكة الفرعية وعنوان البث للمضيف 172.16.88.255/20؟
الإجابة:

ما هو 20/ مكتوبًا بالنقاط العشرية؟
20/ A هو 255.255.240.0، مما يعطينا حجم كتلة 16 في الأوكتيت الثالثة،
ونظرًا لعدم وجود بتات شبكة فرعية في الأوكتيت الرابعة، فإن الإجابة تكون
دائمًا 0 و255
الأوكتيت الرابعة: 0، 16، 32، 48، 64، 80، 96. ولأن 88 بين 80 و96،
فإن الشبكة الفرعية هي 80.0 وعنوان البث هو 95.255.
السؤال:

يستقبل جهاز التوجيه رزمة على واجهة بعنوان وجهة هو
172.16.46.191/26. ماذا سيفعل جهاز التوجيه بهذه الرزمة؟
الإجابة:

يتخلص منها. هل تعرف السبب؟
172.16.46.191/26 هو قناع 255.255.255.192
مما يمنحنا حجم كتلة 64.
ومن ثم تكون شبكاتنا الفرعية هي 0 و64 و128 و192.
191 هو عنوان البث للشبكة الفرعية 128 وسيقوم جهاز التوجيه بتجاهل أي
رزم بث بشكل افتراضي.

تقسيم عناوين الفئة A إلى شبكات فرعية

لا تختلف عملية تقسيم عناوين الفئة A عن الفئتين B وC.
هناك 24 بتًا يمكن التعامل معها بدلاً من 16 بتًا في عنوان الفئة B و8 بتات
في عنوان الفئة C. لنبدأ بإدراج جميع أقنعة الفئة A:

- يجب أن تترك على الأقل 2 بت لتحديد المضيفين.
- آمل أن تتمكن من ملاحظة نمط الصياغة في الجدول.
- تذكر أننا سنفعل ذلك بنفس الطريقة التي نستخدمها في شبكة فرعية من
الفئة B أو C.
- الإختلاف فقط هو أننا لدينا المزيد من بتات المضيفين ونستخدم نفس أرقام
الشبكة الفرعية التي استخدمناها مع الفئتين B وC، ولكننا نبدأ باستخدام
أرقام الأوكتيت الثانية.

- السبب وراء شيوع تنفيذ عناوين الفئة A هو أنها توفر أكبر قدر من المرونة.
- يمكنك تقسيم الشبكة الفرعية إلى ثماني بتات ثانية أو ثالثة أو رابعة.

```
255.0.0.0 (/8)
255.128.0.0 (/9)    255.255.240.0 (/20)
255.192.0.0 (/10)   255.255.248.0 (/21)
255.224.0.0 (/11)   255.255.252.0 (/22)
255.240.0.0 (/12)   255.255.254.0 (/23)
255.248.0.0 (/13)   255.255.255.0 (/24)
255.252.0.0 (/14)   255.255.255.128 (/25)
255.254.0.0 (/15)   255.255.255.192 (/26)
255.255.0.0 (/16)   255.255.255.224 (/27)
255.255.128.0 (/17) 255.255.255.240 (/28)
255.255.192.0 (/18) 255.255.255.248 (/29)
255.255.224.0 (/19) 255.255.255.252 (/30)
```

سأوضح لك ذلك في الأمثلة التالية.

تقسيم الشبكات الفرعية: عناوين الفئة A

أمثلة للتدريب

عند النظر إلى عنوان IP وقناع الشبكة الفرعية يجب أن تكون قادرًا على التمييز بين البتات المستخدمة للشبكات الفرعية والبتات المستخدمة لتحديد المضيفين.

إذا كنت لا تزال تواجه صعوبة في فهم هذا المفهوم فيرجى إعادة قراءة القسم "عنونة IP" في الفصل 2 فهو يوضح لك كيفية تحديد الفرق بين بتات الشبكة الفرعية والمضيف وينبغي أن يساعد في توضيح الأمور.

مثال عملي (16/) 255.255.0.0 :1A

تستخدم عناوين الفئة أ قناعًا افتراضيًا هو 255.0.0.0
يترك 22 بتًا للتقسيم إلى شبكات فرعية لأنك يجب أن تترك 2 بت لعنونة المضيف. يستخدم قناع 255.255.0.0 بعنوان الفئة A 8 بتات للشبكات الفرعية:

- الشبكات الفرعية؟ $2^8 = 256$.
- المضيفون؟ $2^{16} - 2 = 65,534$.
- الشبكات الفرعية المتاحة؟ ما هي الأوكتيت المهمة؟

256 − 255 = 1. 0، 1، 2، 3، إلخ. (كلها في الأوكتيت الثانية).

ستكون الشبكات الفرعية 10.0.0.0، 10.1.0.0، 10.2.0.0، 10.3.0.0، إلخ، حتى 10.255.0.0.

- عنوان البث لكل شبكة فرعية؟

- المضيفون المتاحون؟

يوضح الجدول التالي أول شبكتين فرعيتين وآخر شبكتين فرعيتين ونطاق المضيف المتاح وعناوين البث لشبكة 10.0.0.0 الخاصة من الفئة A

Subnet	10.0.0.0	10.1.0.0	... 10.254.0.0	10.255.0.0
First host	10.0.0.1	10.1.0.1	... 10.254.0.1	10.255.0.1
Last host	10.0.255.254	10.1.255.254	... 10.254.255.254	10.255.255.254
Broadcast	10.0.255.255	10.1.255.255	... 10.254.255.255	10.255.255.255

مثال عملي (20/) 2A: 255.255.240.0

255.255.240.0 يعطينا 12 بتًا من تقسيم الشبكات الفرعية ويترك لنا 12 بتًا لعنونة المضيف.

- الشبكات الفرعية؟ 2^{12} = 4096.

- المضيفون؟ 2^{12} − 2 = 4094.

- الشبكات الفرعية المتاحة؟ ما هي الأوكتيت المهمة؟

256 − 240 = 16. الشبكات الفرعية في الأوكتيت الثانية هي حجم كتلة 1، والشبكات الفرعية في الأوكتيت الثالثة هي 0، 16، 32، إلخ.

- عنوان البث لكل شبكة فرعية؟

- المضيفون المتاحون؟

يوضح الجدول التالي بعض الأمثلة على نطاقات المضيفين ـ أول ثلاث شبكات فرعية وآخر شبكة فرعية:

Subnet	10.0.0.0	10.0.16.0	10.0.32.0	...	10.255.240.0
First host	10.0.0.1	10.0.16.1	10.0.32.1	...	10.255.240.1
Last host	10.0.15.254	10.0.31.254	10.0.47.254	...	10.255.255.254
Broadcast	10.0.15.255	10.0.31.255	10.0.47.255	...	10.255.255.255

مثال عملي (26/) 3A: 255.255.255.192

استخدام الأوكتيت الثانية والثالثة والرابعة للتقسيم إلى شبكات فرعية:

- الشبكات الفرعية؟ 2^{18} = 262,144.
- المضيفون؟ 2^6 - 2 = 62.
- الشبكات الفرعية المتاحة؟ في الأوكتيت الثانية والثالثة حجم الكتلة هو 1، وفي الأوكتيت الرابعة حجم الكتلة هو 64.
- عنوان البث لكل شبكة فرعية؟
- المضيفون المتاحون؟

يوضح الجدول التالي الشبكات الفرعية الأربع الأولى ومضيفيها المتاحين وعناوين البث في قناع 255.255.255.192 من الفئة A:

Subnet	10.0.0.0	10.0.0.64	10.0.0.128	10.0.0.192
First host	10.0.0.1	10.0.0.65	10.0.0.129	10.0.0.193
Last host	10.0.0.62	10.0.0.126	10.0.0.190	10.0.0.254
Broadcast	10.0.0.63	10.0.0.127	10.0.0.191	10.0.0.255

يوضح هذا الجدول آخر أربع شبكات فرعية ومضيفيها وعناوين البث المتاحة لها:

Subnet	10.255.255.0	10.255.255.64	10.255.255.128	10.255.255.192
First host	10.255.255.1	10.255.255.65	10.255.255.129	10.255.255.193
Last host	10.255.255.62	10.255.255.126	10.255.255.190	10.255.255.254
Broadcast	10.255.255.63	10.255.255.127	10.255.255.191	10.255.255.255

تقسيم الشبكات الفرعية: عناوين الفئة A

كما هو الحال مع الفئة C والفئة B، فإن الأرقام هي نفسها.
نبدأ فقط بالأوكتيتة الثانية. ما الذي يجعل هذا الأمر سهلاً؟
ما عليك سوى القلق بشأن الأوكتيت التي تحتوي على أكبر حجم كتلة والتي تسمى عادةً بالأوكتيت المهمة وتلك التي تختلف عن 0 أو 255، مثل (20/) 255.255.240.0 مع شبكة الفئة A.
الأوكتيت الثانية لها حجم كتلة 1، لذا فإن أي رقم مدرج في تلك الأوكتيت هو شبكة فرعية.
الأوكتيت الثالثة هي قناع 240 مما يعني أن لدينا حجم كتلة 16 في الأوكتيت الثالثة.

إذا كان معرف المضيف الخاص بك هو 10.20.80.30
فما هي شبكتك الفرعية وعنوان البث ونطاق المضيف المتاح؟
الشبكة الفرعية في الأوكتيت الثانية هي 20 بحجم كتلة 1، ولكن الأوكتيت الثالثة بأحجام كتل 16 لذا سنحسبها فقط: 0، 16، 32، 48، 64، 80، 96... الخ!
هذا يجعل شبكتنا الفرعية 10.20.80.0، مع عنوان بث 10.20.95.255، لأن الشبكة الفرعية التالية هي 10.20.96.0.
نطاق المضيف المتاح هو 10.20.80.1 حتى 10.20.95.254.
دعنا نتدرب فقط من أجل المتعة!
عنوان IP للمضيف: 23/10.1.3.65
لا يمكنك الإجابة على هذا السؤال إذا كنت لا تعرف ما هو **23/**.
إنه 255.255.254.0.
الأوكتيت المهمة هنا هي الأوكتيت الثالثة: 256 – 254 = 2. شبكاتنا الفرعية في الأوكتيت الثالثة هي 0، 2، 4، 6، إلخ.
المضيف في هذا السؤال موجود في الشبكة الفرعية 2.0
والشبكة الفرعية التالية هي 4.0
لذا يجعل هذا عنوان البث 3.255.
أي عنوان بين 10.1.2.1 و10.1.3.254 يعتبر مضيفًا متاحا.

ملخص الفصل

- هل قرأت الفصلين الثاني والثالث وفهمت كل شيء في المرة الأولى؟
  إذا كان الأمر كذلك، فهذا رائع. تهانينا!

- ربما ضللت الطريق حقًا عدة مرات.

- لا تقلق لأنه كما أخبرتك هذا ما يحدث عادةً.

- لا تضيع وقتك في الشعور بالسوء إذا كان عليك قراءة كل فصل أكثر من مرة أو حتى 10 مرات قبل أن تكون مستعدًا حقًا للبدء.

- إذا كان عليك قراءة الفصول أكثر من مرة فستكون في وضع أفضل حقًا في الأمد البعيد حتى لو كنت مرتاحًا في المرة الأولى!

- حدد مزايا تقسيم الشبكات الفرعية.

- تتضمن مزايا تقسيم الشبكات الفرعية للشبكة المادية تقليل حركة المرور على الشبكة، وتحسين أداء الشبكة، وتبسيط الإدارة، وتسهيل تغطية مسافات جغرافية كبيرة.

- صف تأثير الأمر ip subnet-zero

- يتيح لك هذا الأمر استخدام أول وآخر شبكة فرعية في تصميم الشبكة.

- حدد خطوات تقسيم الشبكات الفرعية للشبكة ذات الفئات.
- افهم كيفية عمل عناوين IP وتقسيم الشبكات الفرعية.
- أولاً حدد حجم الكتلة باستخدام حساب قناع الشبكة الفرعية 256.
- ثم احسب شبكاتك الفرعية وحدد عنوان البث لكل شبكة فرعية وهو دائمًا الرقم قبل الشبكة الفرعية التالية مباشرةً.
- المضيفون المتاحون هى الأرقام الموجودة بين عنوان الشبكة الفرعية وعنوان البث.
- حدد أحجام الكتل المحتملة.
- هذا جزء مهم من فهم عناوين IP وتقسيم الشبكات الفرعية.
- أحجام الكتل المتاحة هي دائمًا 2، 4، 8، 16، 32، 64، 128، إلخ.
- يمكنك تحديد حجم كتلتك باستخدام رياضيات قناع الشبكة الفرعية 256.
- صف دور قناع الشبكة الفرعية في عنونة IP.

الفصل السابع: بروتكول (NAT) وبروتكول IPv6

متى نستخدم NAT؟

تشبه ترجمة عناوين الشبكة (NAT) التوجيه اللاصنفى بين المجالات (دون فئات) (CIDR) من حيث أن الغرض الأصلي من NAT هو إبطاء استنفاد مساحة عناوين IP المتاحة بالسماح بتمثيل عناوين IP الخاصة المتعددة بعدد أقل بكثير من عناوين IP العامة.

تم اكتشاف أن NAT هي أيضًا أداة مفيدة لنقل الشبكة ودمجها ومشاركة تحميل الخادم وإنشاء "خوادم افتراضية".

يصف هذا الفصل الأساسيات الوظيفية والمصطلحات الشائعة في NAT.

نظرًا لأن NAT يقلل حقًا من الكمية الهائلة من عناوين IP العامة المطلوبة في بيئة الشبكات فإنه يكون مفيدًا عندما تندمج شركتان لديهما مخططات عناوين داخلية مكررة.

تعد NAT أداة رائعة للاستخدام عندما تغير المؤسسة مزود خدمة الإنترنت (ISP) و مدير الشبكة يحتاج إلى تجنب متاعب تغيير مخطط العناوين الداخلية.

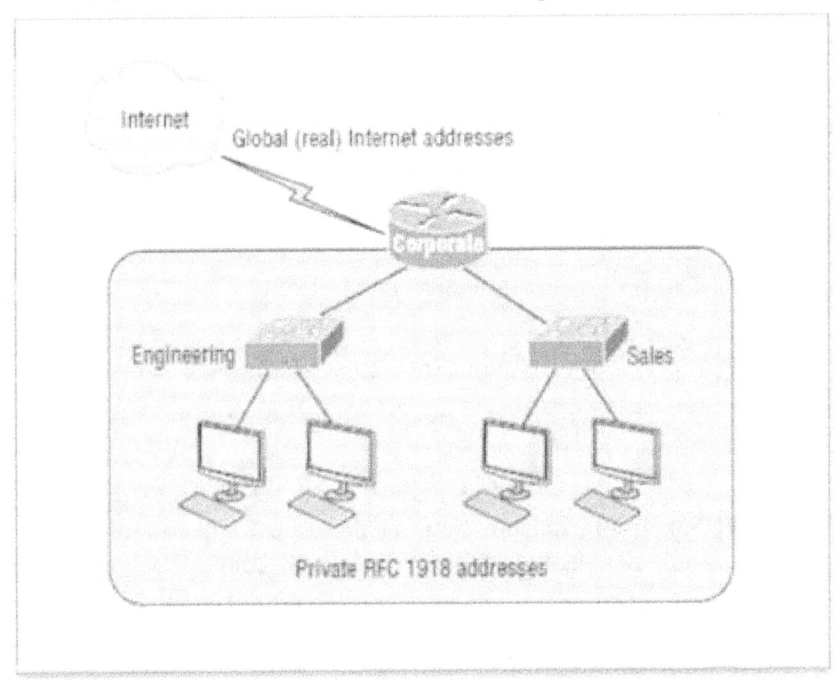

الشكل رقم (1) أين يتم تكوين NAT.
CCST Support Technician, Networking Exam, Todd Lammle.2024.

فيما يلي قائمة بالمواقف التي قد يكون فيها NAT مفيدًا بشكل خاص:

■ عندما تحتاج إلى الاتصال بالإنترنت ولا يمتلك المضيفون عناوين IP فريدة عالميًا

■ عندما تنتقل إلى مزود خدمة إنترنت جديد يتطلب منك إعادة ترقيم شبكتك.

■ عندما تحتاج إلى دمج شبكتين داخليتين لهما عناوين مكررة.

تستخدم عادةً NAT على جهاز توجيه حدودي.

على سبيل المثال في الشكل (1) يتم استخدام NAT على جهاز التوجيه المؤسسي المتصل بالإنترنت.

قد تعتقد "أن NAT رائع للغاية ولابد أن أمتلكه!"

لا تتحمس كثيرًا الآن لأن هناك بعض المشكلات الخطيرة المتعلقة باستخدام NAT والتي تحتاج إلى فهمها أولاً.

يمكن أن يكون منقذًا للحياة في بعض الأحيان. و لكن NAT له جانب مظلم قليلاً تحتاج إلى معرفته أيضًا.

لمعرفة إيجابيات وسلبيات استخدام NAT راجع الجدول (1).

Advantages	Disadvantages
Conserves legally registered addresses	Results in switching path delays.
Remedies address overlap events	Causes loss of end-to-end IP traceability.
Increases flexibility when connecting to the Internet	Certain applications will not function with NAT enabled.
Eliminates address renumbering as a network evolves	Complicates tunneling protocols such as IPsec because NAT modifies the values in the header.

الجدول رقم (1) مميزات و عيوب NAT.
CCST Support Technician, Networking Exam, Todd Lammle.2024.

الميزة الأكثر وضوحًا المرتبطة بتقنية NAT هي أنها تسمح لك بالحفاظ على مخطط عنوانك المسجل قانونًا.

هناك نسخة منها تُعرف باسم ترجمة عنوان المنفذ (PAT) وهي أيضًا السبب وراء نفاد عناوين IPv4 مؤخرًا.

بدون تقنية NAT/PAT كنا استنفذنا عناوين IPv4 منذ أكثر من عقد من الزمان!

أنواع ترجمة عناوين الشبكة

NAT ثابت (واحد لواحد)

تم تصميم NAT الثابت للسماح بترجمة واحد لواحد بين العناوين المحلية والعالمية لأن الموجه يترجم عنوان واحد من النطاق الداخلى إلى عنوان عام واحد من النطاق الخارجى و العكس صحيح.

ضع في اعتبارك أن الإصدار الثابت يتطلب منك أن يكون لديك عنوان IP حقيقي واحد لكل مضيف على شبكتك.

NAT ديناميكي (من متعدد إلى متعدد)

يمنحك NAT الديناميكي القدرة على ترجمة عنوان IP غير مسجل إلى عنوان IP مسجل من pool مجموعة عناوين IP مسجلة.

يجب أن يكون لديك ما يكفي من عناوين IP الحقيقية والصادقة للجميع الذين سيرسلون الرزم إلى الإنترنت ويتلقونها في نفس الوقت.

تتم عملية الترجمة عنوان ينتمى لمجموعة فى النطاق الداخلى إلى عنوان من مجموعة من العناوين الخارجية ثم تشكل ثنائيات و يحتفظ بها فى جدول الترجمة الآلية.

التحميل الزائد (من واحد إلى متعدد) overloading

هذا هو النوع الأكثر شيوعًا من تكوين NAT.

يجب أن تدرك أن التحميل الزائد هو في الواقع شكل من أشكال NAT الديناميكي الذي يربط عناوين IP غير المسجلة المتعددة بعنوان IP مسجل واحد (العديد إلى واحد) باستخدام منافذ مصدر مختلفة.

لماذا يعد هذا الأمر خاصًا جدًا؟ حسنًا، لأنه يُعرف أيضًا باسم ترجمة عنوان المنفذ (PAT) والذي يُشار إليه أيضًا باسم التحميل الزائد لـ NAT.

يتيح لك استخدام PAT السماح لآلاف المستخدمين بالاتصال بالإنترنت باستخدام عنوان IP عالمي حقيقي واحد فقط.

التحميل الزائد overloading لـ NAT هو السبب الحقيقي وراء عدم نفاد عناوين IP المتاحة على الإنترنت.

أسماء NAT

الأسماء التي نستخدمها لوصف العناوين المستخدمة مع NAT واضحة إلى حد ما.

العناوين المستخدمة بعد ترجمات NAT تسمى عناوين عالمية.

هي عادةً العناوين العامة المستخدمة على الإنترنت والتي لا تحتاج إليها إذا لم تكن تستخدم الإنترنت.

العناوين المحلية هي العناوين التي نستخدمها قبل ترجمة NAT.
هذا يعني أن العنوان المحلي الداخلي هو في الواقع العنوان الخاص للمضيف المرسل الذي يحاول الوصول إلى الإنترنت.
عادةً ما يكون العنوان المحلي الخارجي هو واجهة جهاز التوجيه المتصلة بمزود خدمة الإنترنت الخاص بك وهو أيضًا عادةً عنوان عام يستخدم عندما تبدأ الرزمة رحلتها.
بعد الترجمة يُطلق على العنوان المحلي الداخلي عنوانًا عالميًا داخليًا ويصبح العنوان العالمي الخارجي عنوان المضيف الوجهة.
راجع الجدول (2) الذي يسرد كل هذه المصطلحات ويقدم صورة واضحة للأسماء المختلفة المستخدمة مع NAT.
ضع في اعتبارك أن هذه المصطلحات وتعريفاتها يمكن أن تختلف إلى حد ما بناءً على التنفيذ.
يوضح الجدول كيفية استخدامها وفقًا لأهداف امتحان Cisco.

Names	Meaning
Inside local	Source host inside address before translation — typically an RFC 1918 address.
Outside local	Address of an outside host as it appears to the inside network. This is usually the address of the router interface connected to ISP — the actual Internet address.
Inside global	Source host address used after translation to get onto the Internet. This is also the actual Internet address.
Outside global	Address of outside destination host and, again, the real Internet address.

الجدول (2) مصطلحات و تعريفات.
CCST Support Technician, Networking Exam, Todd Lammle.2024.

كيف يعمل NAT

الشكل (2) يصف ترجمة NAT الأساسية.
المضيف 10.1.1.1 يرسل رزمة مرتبطة بالإنترنت إلى جهاز التوجيه الحدودي المُهيأ باستخدام NAT.
يحدد جهاز التوجيه عنوان IP المصدر كعنوان IP محلي داخلي مُوجه إلى شبكة خارجية ويترجم عنوان IP المصدر في الرزمة ويوثق الترجمة في جدول NAT.
يتم إرسال الرزمة إلى الواجهة الخارجية بعنوان المصدر المترجم الجديد.

يعيد المضيف الخارجي الرزمة إلى المضيف الوجهة ويترجم جهاز التوجيه NAT عنوان IP العالمي الداخلي مرة أخرى إلى عنوان IP المحلي الداخلي باستخدام جدول NAT. هذا هو أبسط ما يمكن!

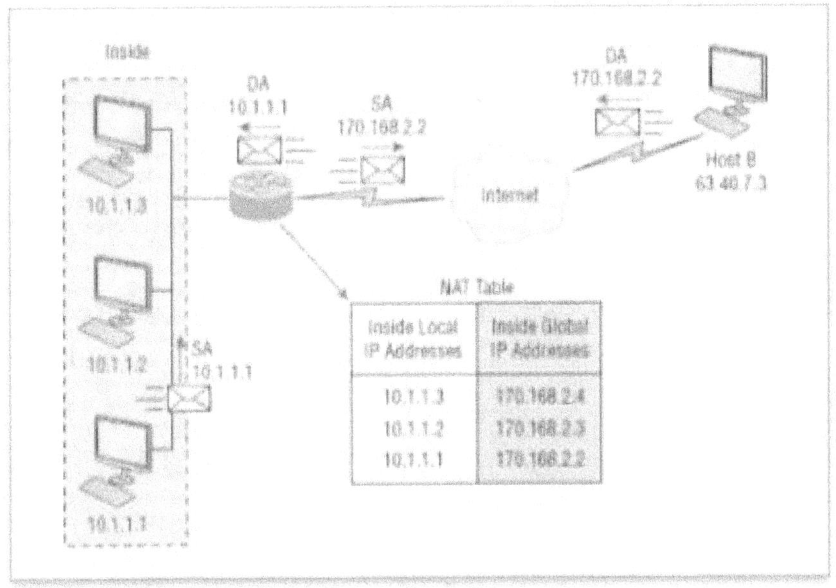

الشكل رقم (2) ترجمة NAT الأساسية.

CCST Support Technician, Networking Exam, Todd Lammle.2024.

هناك تكوين أكثر تعقيدًا باستخدام overloading أى إعادة تعريف ترجمة عناوين الشبكة والذي يُشار إليه أيضًا باسم PAT.

سأستخدم الشكل (3) لتوضيح كيفية عمل PAT من خلال وجود مضيف داخلي HTTP إلى خادم على الإنترنت.

يتم ترجمة جميع المضيفين الداخليين مع PAT إلى عنوان IP واحد ومن هنا جاء مصطلح overloading التحميل الزائد أو الإعادة.

كيفية عمل PAT

ألق نظرة مرة أخرى على جدول NAT في الشكل (3).

بالإضافة إلى عنوان IP المحلي الداخلي وعنوان IP العالمي الداخلي لدينا الآن أرقام المنافذ.

تساعد أرقام المنافذ جهاز التوجيه في تحديد المضيف الذي ينبغي أن يستقبل حركة المرور العائدة.

يستخدم جهاز التوجيه رقم منفذ المصدر من كل مضيف للتمييز بين حركة المرور من كل منهم.

الرزمة تحتوي على رقم منفذ وجهة 80 عندما تغادر جهاز التوجيه ويرسل خادم HTTP البيانات مرة أخرى برقم منفذ وجهة 1026 في هذا المثال.

يسمح هذا لجهاز التوجيه بترجمة NAT بالتمييز بين المضيفين في جدول NAT ثم ترجمة عنوان IP الوجهة مرة أخرى إلى العنوان المحلي الداخلي.

تُستخدم أرقام المنافذ في طبقة النقل لتحديد المضيف المحلي في هذا المثال.

إذا تم استخدام عناوين IP عالمية حقيقية لتحديد المضيفين المصدر فهذا يسمى NAT الثابت وسوف تنفذ منا العناوين.

يتيح لنا PAT استخدام طبقة النقل لتحديد المضيفين مما يسمح لنا بدوره باستخدام ما يصل إلى 65000 مضيف تقريبًا باستخدام عنوان IP حقيقي واحد فقط!

مرة أخرى السبب وراء عدم نفاد عناوين IP العالمية المتاحة على الإنترنت هو overloading (PAT).

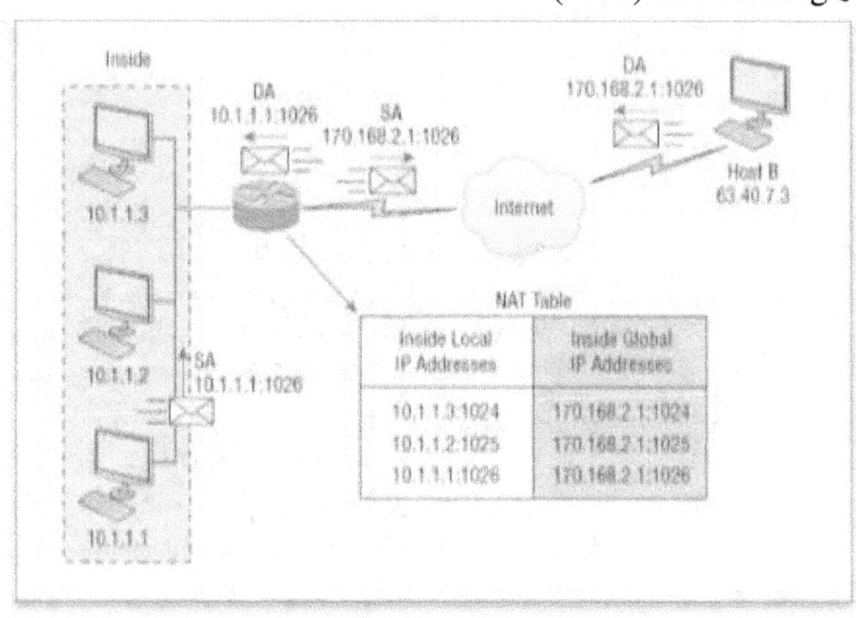

الشكل رقم (3) مثال لترجمة overloading إعادة الترجمة.
CCST Support Technician, Networking Exam, Todd Lammle.2024.

لماذا نحتاج إلى IPv6؟

نحتاج إلى التواصل و نظامنا الحالي لم يعد يفي بالغرض حقًا.

فكر في مقدار الوقت والجهد الذي استثمرناه لسنوات للتوصل إلى طرق جديدة بارعة للحفاظ على النطاق الترددي وعناوين IP.

من المؤكد أن أقنعة الشبكات الفرعية ذات الطول المتغير (VLSMs) رائعة

200

لكنها في الحقيقة مجرد اختراع آخر لمساعدتنا على التكيف بينما نكافح بشدة للتغلب على جفاف العناوين المتفاقم.

إن بروتوكول الإنترنت الإصدار الرابع الذي تعتمد عليه قدرتنا على القيام بكل هذا التواصل حالياً ينفد بسرعة من العناوين التي قد نستطيع استخدامها.

يتعين علينا أن نفعل شيئًا قبل نفاد عناويننا وفقدان القدرة على الاتصال ببعضنا البعض كما نعرفها وهذا الحل هو ببساطة تنفيذ IPv6.

عناوين IPv6 وتعبيراتها

فهم كيفية هيكلة عناوين IP واستخدامها أمر بالغ الأهمية مع عناوين IPv6. بالإضافة إلى الطرق الجديدة التي يمكن استخدام العناوين بها،

سأقوم بتقسيم الأساسيات وأوضح لك شكل العنوان وكيفية كتابته بالإضافة إلى العديد من استخداماته الشائعة.

الشكل (4) يوضح نموذج عنوان IPv6 مقسمًا إلى أقسام.

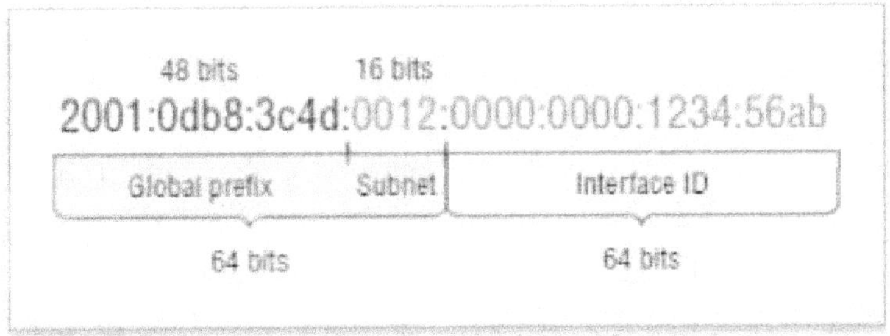

الشكل (4) يوضح نموذج عنوان IPv6
CCST Support Technician, Networking Exam, Todd Lammle.2024.

نموذج العنوان

يحتوي على ثماني مجموعات سن الأرقام بدلاً من أربع و هذه المجموعات مفصولة بفواصل بدلاً من النقاط.

يوجد أربعة أحرف سداسية عشرية (16 بت) في كل حقل IPv6 (بإجمالي ثمانية حقول) مفصولة بعلامات النقطتين.

التعبير المختصر

يمكنك حذف أجزاء من العنوان لاختصاره.

يمكنك حذف أي أصفار بادئة في كل كتلة فردية.

القاعدة التي يجب عليك اتباعها هي: يمكنك استبدال كتلة واحدة متجاورة فقط من الأصفار في العنوان.

إذا كان العنوان يحتوي على أربع كتل من الأصفار منفصلة فلا يمكن استبدالها

جميعًا لا تستطيع استبدال سوى كتلة متجاورة واحدة بنقطتين مزدوجتين.
ألق نظرة على هذا المثال:

2001:db8:3c4d:12:0:0:1234:56ab

يمكننا إزالة كتلتي الأصفار المتتاليتين عن طريق استبدالهما بنقطتين مزدوجتين كما يلى:

2001:db8:3c4d:12::1234:56ab

مثال آخر: عنوان المثال على هذا النحو:

2001:0000:0000:0012:0000:0000:1234:56ab

اعلم أنك لا تستطيع حذف جميع كتل الأصفار كما يلى:

2001::12::1234:56ab

أفضل ما يمكنك فعله هو هذا:

2001::12:0:0:1234:56ab

السبب هو أنه إذا أزلنا مجموعتين من الأصفارفلن يكون لدي الجهاز الذي ينظر إلى العنوان أي وسيلة لمعرفة مكان الأصفار.

أنواع العناوين

عناوين البث الأحادي والبث المتعدد في IPv4 تحدد بشكل أساسي عدد الأجهزة الأخرى التي يبث إليها.

IPv6 يعدل الثلاثية ويقدم مصطلح anycast أى بث أوالبث نحو الأقرب. دعنا نكتشف ما تمثله هذه الأنواع فى عناوين IPv6 وطرق الاتصال.

البث الأحادي Unicast

يتم تسليم الرزم الموجهة إلى عنوان البث الأحادي إلى واجهة واحدة.

لتحقيق التوازن في التحميل يمكن لواجهات متعددة عبر عدة أجهزة استخدام نفس العنوان ولكننا سنسمي ذلك عنوان أى بث.

هناك بضعة أنواع مختلفة من عناوين البث الأحادي ولكننا لسنا بحاجة إلى الخوض في ذلك بمزيد من التفصيل هنا.

عناوين أحادية البث العالمية (2000::/3)

هي العناوين النموذجية القابلة للتوجيه علنًا وهي نفس العناوين الموجودة في IPv4.

تبدأ العناوين العالمية من (2000::/3).

يوضح الشكل (5) كيفية تقسيم عنوان أحادي البث.

يمكن لمزود خدمة الإنترنت أن يزودك بمعرف شبكة 48/ كحد أدنى الذى يوفر لك 16 بت لإنشاء عنوان واجهة فريد مكون من 64 بت لجهاز التوجيه.

أخر 64 بت هي معرف المضيف المميز.

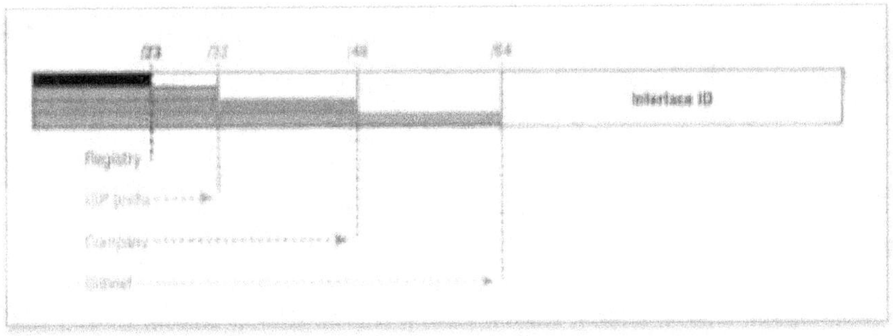

الشكل (5) عناوين IPv6 احادية البث العالمية.
CCST Support Technician, Networking Exam, Todd Lammle.2024.

عناوين الربط المحلية (FE80::/10)

تشبه هذه العناوين عناوين IP الخاصة التلقائية (APIPA) التي تستخدمها Microsoft لتوفير العناوين تلقائيًا في IPv4 حيث لا يُقصد توجيهها. في IPv6 تبدأ بـ FE80::/10 كما هو موضح في الشكل(6).
رابط IPv6 المحلي FE80::/10: تحدد البتات العشرة الأولى نوع العنوان. هذه العناوين أدوات مفيدة لإنشاء شبكة LAN مؤقتة للاجتماعات أو إنشاء شبكة LAN صغيرة لن يتم توجيهها ولكنها لا تزال بحاجة إلى مشاركة الملفات والخدمات والوصول إليها محليًا.

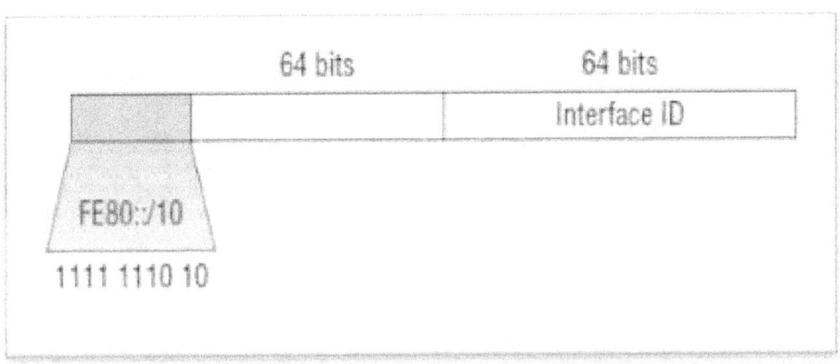

الشكل رقم (6) رابط IPv6 المحلي FE80::/10
CCST Support Technician, Networking Exam, Todd Lammle.2024.

عناوين محلية فريدة (FC00::/7)

هذه العناوين مخصصة أيضًا لأغراض غير التوجيه عبر الإنترنت.
تقوم بشكل أساسي بما تفعله عناوين IPv4 الخاصة تقريبًا: السماح بالاتصال عبر الموقع مع إمكانية التوجيه إلى شبكات محلية متعددة.

تم إيقاف استخدام العناوين المحلية للموقع اعتبارًا من سبتمبر 2004.
البث المتعدد (FF00::/8)

كما هو الحال في IPv4 يتم تسليم الرزم الموجهة إلى عنوان البث المتعدد إلى جميع الواجهات المضبوطة على عنوان البث المتعدد.
في بعض الأحيان يطلق عليها الناس عناوين "واحد إلى كثير".
من السهل تمييز عنوان البث المتعدد في IPv6 لأنه يبدأ دائمًا بـ FF.

Anycast أى بث

يحدد عنوان أى بث واجهات متعددة على أجهزة متعددة.
هناك فرق كبير بينه و بين البث المتعدد: يتم تسليم رزمة البث إلى جهاز واحد فقط إلى أقرب جهاز تجده محددًا من حيث مسافة التوجيه.
يشار إلى هذه العناوين بعناوين "واحد إلى أقرب".
عادةً ما يتم تكوين عناوين أى بث على أجهزة التوجيه فقط ولا يتم تكوينها على المضيفين أبدًا ولا يمكن أن يكون عنوان المصدر عنوان أى بث.
من الجدير بالذكر أن IETF قامت بحجز أفضل 128 عنوانًا لكل فئة /64 للاستخدام مع عناوين anycast.
هناك عناوين خاصة محجوزة في IPv6 مثلما الحال في IPv4.
دعنا نستعرضها الآن.

العناوين الخاصة

يُدرج الجدول (3) بعض العناوين ونطاقات العناوين الخاصة و المحجوزة التي يجب عليك التأكد من تذكرها لأنك ستستخدمها في النهاية.

الجدول (3) العناوين الخاصة واستخداماتها.

كيف يعمل IPv6 في شبكة الإنترنت

سنوضح كيفية عنونة المضيف و القدرة على إيجاد مضيفين وموارد أخرى على الشبكة.

سنوضح قدرة الجهاز على عنونة نفسه تلقائيًا وهو ما يسمى بالتكوين التلقائي عديم الحالة stateless autoconfiguration بالإضافة إلى نوع آخر من التكوين التلقائي يُعرف باسم التكوين التلقائي المرتبط بالحالة stateful autoconfiguration.

ضع في اعتبارك أن التكوين التلقائي المرتبط بالحالة يستخدم خادم DHCP بطريقة مشابهة جدًا لكيفية استخدامه في تكوين IPv4.

سنوضح كيف يعمل بروتوكول رسائل التحكم في الإنترنت (ICMP) والبث المتعدد بالنسبة لنا في بيئة شبكة IPv6.

تعيين العنوان يدويًا

يستخدم أمر التكوين العالمي لتوجيه unicast ipv6:

Corp(config)#ipv6 unicast-routing

لتمكين\ تفعيل IPv6 على جهاز التوجيه لأن خاصية إعادة التوجيه forwarding فى IPv6 تكون معطلة disabled.

IPv6 غير ممكّن افتراضيًا على أي واجهة من واجهات الموجه لذلك يجب علينا الانتقال إلى كل واجهة على حدة وتمكينها.

هناك عدة طرق مختلفة للقيام بذلك ولكن الطريقة السهلة هي إضافة عنوان إلى الواجهة.

يمكن ذلك باستخدام أمر تكوين الواجهة بالصيغة التالية:

ipv6 address <ipv6prefix>/<prefix-length>[eui-64]

و المثال التالى يوضح إستخدام صيغة الأمر:

Corp(config-if)#
ipv6 address 2001:db8:3c4d:1:0260:d6FF.FE73:1987/64

يمكن تحديد عنوان IPv6 العالمي بالكامل المكون من 128 بت باستخدام الأمر السابق أو يمكن استخدام خيار EUI-64.

تنسيق EUI-64 (معرف فريد ممتد) يسمح للجهاز باستخدام عنوان MAC الخاص به وحشوه لإنشاء معرف الواجهة.

تحقق من ذلك:

Corp(config-if)# **ipv6 address 2001:db8:3c4d:1::/64 eui-64**

يمكن تمكين الواجهة كبديل لكتابة عنوان IPv6 على جهاز التوجيه للسماح بتطبيق عنوان محلي تلقائي للربط.

لتكوين جهاز التوجيه بحيث يستخدم فقط عناوين محلية للربط استخدم أمر تكوين واجهة تمكين: Corp(config-if)#**ipv6 enable**
إذا كان لديك عنوان ربط محلي فقط فسوف تتمكن فقط من التواصل على الشبكة الفرعية المحلية.

التكوين التلقائي بدون حالة (EUI-64)

التكوين التلقائي Stateless Autoconfiguration حل مفيد لأنه يسمح للأجهزة الموجودة على الشبكة بمعالجة نفسها باستخدام عنوان أحادي البث رابط محلي link-local unicast address بالإضافة إلى عنوان أحادي البث عالمي.

تتم هذه العملية من خلال تعلم معلومات البادئة **prefix information** أولاً من جهاز التوجيه ثم إضافة عنوان واجهة الجهاز كمعرف للواجهة.
ولكن من أين يحصل الجهاز على معرف الواجهة ؟
كل جهاز على شبكة Ethernet له عنوان MAC فعلي وهو ما يستخدم بالضبط لمعرف الواجهة.

معرف الواجهة في عنوان IPv6 يبلغ طوله 64 بتًا وعنوان MAC يبلغ طوله 48 بتًا فقط، فمن أين تأتي الـ 16 بتًا الإضافية؟
يتم حشو عنوان MAC في المنتصف بالبتات الإضافية بـ FFFE.
على سبيل المثال لنفترض أن جهاز بعنوان MAC كالتالي:
0060:d673:1987 بعد أن يتم حشوه سيصبح كما يلى:
0260:d6FF:FE73:1987
يوضح الشكل (7) عنوان EUI-64.

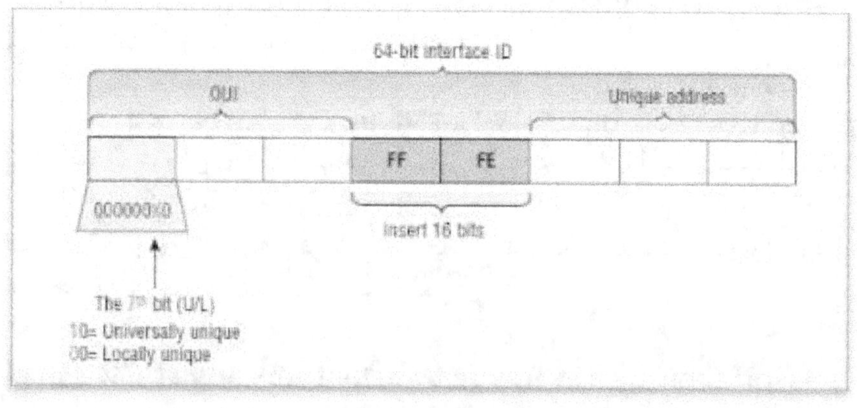

الشكل رقم (7) عنوان EUI-64
CCST Support Technician, Networking Exam, Todd Lammle.2024.

تنسيق EUI-64 المعدل

فى المثال السابق من أين جاء الرقم 2 في بداية العنوان؟

لاحظ أن جزءًا من عملية الحشو padding يسمى تنسيق EUI-64 المعدل يتم بتغيير بت لتحديد إذا كان العنوان فريدًا محليًا أم فريدًا عالميًا.

البت الذي يتغير هو البت السابع في العنوان.

السبب وراء تعديل بت U/L هو أنه عند استخدام عناوين مخصصة يدويًا على واجهة فهذا يعني أنه يمكنك ببساطة:

تخصص العنوان **2001:db8:1:9::1/64**

بدلاً من العنوان الأطول كثيرًا **2001:db8:1:9:0200::1/64**

و إذا كنت ستقوم بتخصيص عنوان محلي للربط يدويًا فيمكنك تعيين العنوان القصير **fe80::1**

بدلاً من العنوان الطويل **fe80::0200:0:0:1**

أو **fe80:0:0:0:0200::1**.

نلاحظ أن IETF جعلت من الصعب فهم عناوين IPv6 خاصة موضوع عكس البت السابع .

ولكن لأنك تدرس أهداف امتحان Cisco فستحتاج إلى التفكير في عكسه في كلا الاتجاهين كما فى الأمثلة التالية لاحظ تحول العناويين:

عنوان MAC

MAC: 0090:2716:fd0f

عنوان IPv6 EUI-64

IPv6 EUI-64: 2001:0db8:0:1:0290:27ff:fe16:fd0f

كان هذا سهلاً للغاية! سهل للغاية بالنسبة لامتحان Cisco

لذا فلنقم باختبار آخر:

- عنوان MAC: aa12:bcbc:1234

- عنوان IPv6 EUI-64: 2001:0db8:0:1:a812:bcff:febc:1234

10101010 يمثل أول 8 بتات من عنوان MAC (aa) والذي عند عكس البت السابع يصبح 10101000.

تصبح الإجابة A8.

اكتشاف الجوار (NDP)

يستخدم IPv6 بروتوكول ICMPv6 لتولي مهمة العثور على عناوين الأجهزة الأخرى على الرابط المحلي.

يتم استخدام بروتوكول حل العنوان ARP لأداء هذه الوظيفة في IPv4 ولكن

تمت إعادة تسميته باكتشاف الجوار (ND) في ICMPv6.
يتم تحقيق هذه العملية من خلال عنوان متعدد البث يسمى عنوان العقدة المطلوبة لأن جميع المضيفين ينضمون إلى مجموعة البث المتعدد عند الاتصال بالشبكة.
يتيح اكتشاف الجوار هذه الوظائف:

- تحديد عنوان MAC للجيران
- رمز نوع FF02::2 لطلب التوجيه 133 (RS)
- رمز نوع FF02::1 لإعلانات التوجيه 134 (RA)
- رمز نوع طلب الجوار 135 (NS)
- رمز نوع إعلان الجوار 136 (NA)
- اكتشاف العناوين المكررة (DAD)

يتم إضافة جزء عنوان IPv6 الذي تم تحديده بواسطة البتات الـ 24 الأبعد إلى اليمين إلى نهاية بادئة عنوان البث المتعدد FF02:0:0:0:0:1:FF/104 ويشار إليه باسم عنوان العقدة المطلوبة.
عند الاستعلام عن هذا العنوان سيرد المضيف المناظر بعنوان الطبقة 2 الخاص به.
يوضح الشكل(8) كيف تجد أجهزة IPv6 بواباتها الافتراضية باستخدام اكتشاف الجوار.

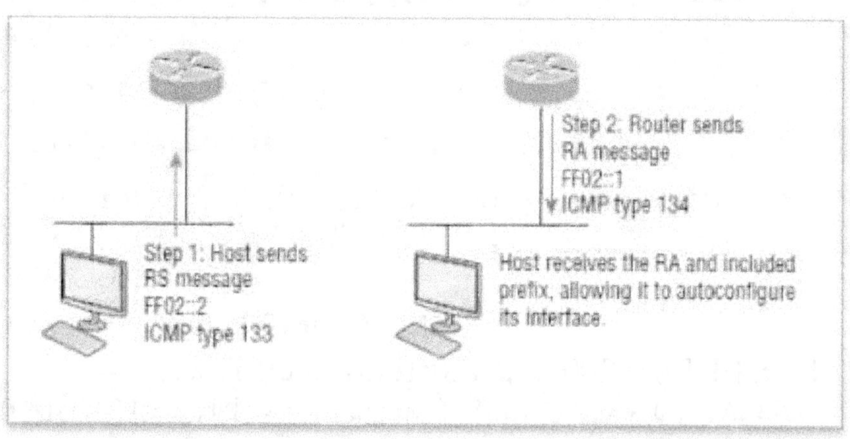

الشكل رقم (8) كيف تجد الأجهزة بواباتها الافتراضية باستخدام اكتشاف الجوار.
CCST Support Technician, Networking Exam, Todd Lammle.2024.

في IPv6

- ترسل اجهزة المضيفين طلب توجيه (RS) عبر ربط البيانات الخاص بها تطلب فيه من جميع أجهزة التوجيه الاستجابة وتستخدم عنوان البث المتعدد FF02::2 لتحقيق ذلك.

- تستجيب أجهزة التوجيه الموجودة على نفس الرابط ببث أحادي إلى المضيف الطالب أو بإعلان توجيه (RA) باستخدام FF02::1.
- يمكن للمضيفين أيضًا إرسال طلبات وإعلانات فيما بينهم باستخدام طلب الجار (NS) وإعلان الجار (NA) كما في الشكل (9).
- تذكر أن RA وRS يجمعان أو يوفران معلومات حول أجهزة التوجيه بينما يجمع NS وNA معلومات حول المضيفين.
- تذكر أن "الجار" هو مضيف موجود على نفس رابط البيانات أو شبكة VLAN.

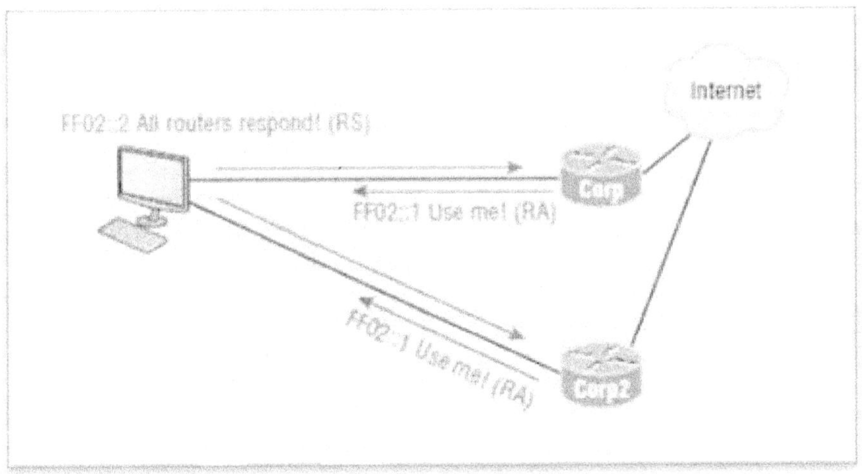

الشكل رقم (9) طلب الجوار (NS) والإعلان عن الجوار(NA)
CCST Support Technician, Networking Exam, Todd Lammle.2024.

ملخص الفصل

لقد تعلمت الكثير عن ترجمة عناوين الشبكة (NAT) وكيفية تكوينها كثابتة وديناميكية بالإضافة إلى ترجمة عناوين المنفذ (PAT) والتي تسمى أيضًا NAT Overload.

- فهم مصطلح NAT.
- NAT له بعض الألقاب.
- في الصناعة يُشار إليه باسم إخفاء الشبكة وإخفاء IP.
- أياً كان ما تريد تسميته فإنه عملية إعادة كتابة عناوين المصدر/الوجهة لرزم IP عندما تمر عبر جهاز التوجيه أو جدار الحماية.
- تذكر الطرق الثلاث لـ NAT.
- الطرق الثلاث هي الثابتة والديناميكية والتحميل الزائد؛ ويطلق على

الأخيرة أيضًا PAT.

- فهم NAT الثابت.
- تم تصميم NAT الثابت للسماح بالتعيين الفردي بين العناوين المحلية والعالمية.
- فهم NAT الديناميكي.
- يتيح لك NAT الديناميكي تعيين نطاق من عناوين IP غير المسجلة إلى عنوان IP مسجل من مجموعة عناوين IP مسجلة.
- فهم التحميل الزائد.
- التحميل الزائد هو في الواقع شكل من أشكال NAT الديناميكي الذي يربط عناوين IP غير المسجلة المتعددة بعنوان IP مسجل واحد (العديد إلى واحد) باستخدام منافذ مختلفة.
- يُعرف أيضًا باسم PAT.
- فهم سبب حاجتنا إلى IPv6.
- بدون IPv6 سيكون العالم خاليًا من عناوين IP.
- فهم عناوين الربط المحلية.
- عناوين الربط المحلية تشبه عناوين IP الخاصة في IPv4 ولكن لا يمكن توجيهها على الإطلاق، حتى في مؤسستك.
- فهم العناوين المحلية الفريدة.
- العناوين المحلية الفريدة مثل عناوين الربط المحلية تشبه عناوين IP الخاصة في IPv4 ولا يمكن توجيهها إلى الإنترنت.
- الفرق بين عنوان الربط المحلي والعنوان المحلي الفريد هو أنه يمكن توجيه عنوان محلي فريد داخل مؤسستك أو شركتك.
- تذكر عنونة IPv6.
- لا يشبه توجيه IPv6 توجيه IPv4.
- يحتوي توجيه IPv6 على مساحة عنوان أكبر بكثير ويبلغ طوله 128 بتًا ويتم تمثيله بالنظام السداسي عشر.
- توجيه IPv4 يبلغ طوله 32 بتًا فقط ويتم تمثيله بالنظام العشري.

الفصل الثامن: التوجيه IP Routing

أساسيات توجيه IP

- بمجرد إنشاء شبكة إنترنت من خلال توصيل شبكات المنطقة الواسعة (WANs) والشبكات المحلية (LANs) بجهاز توجيه فأنت بحاجة إلى تكوين عناوين الشبكة المنطقية مثل عناوين IP لجميع المضيفين على شبكة الإنترنت حتى يتمكنوا من التواصل عبر أجهزة التوجيه فى تلك الشبكة.

- في مجال تكنولوجيا المعلومات يشير التوجيه بشكل أساسي إلى عملية أخذ رزمة من جهاز وإرسالها عبر الشبكة إلى جهاز آخر فى شبكة مختلفة.

- لا تهتم أجهزة التوجيه بالمضيفين بل تهتم بالشبكات وبأفضل طريقة توجيه إلى كل شبكة.

- يتم استخدام عنوان الشبكة المنطقي لمضيف الوجهة للحصول على الرزم من خلال شبكة موجهة ثم يتم استخدام عنوان أجهزة المضيف لتوصيل الرزمة من جهاز التوجيه إلى مضيف الوجهة الصحيح.

- إذا لم يكن لدى شبكتك أجهزة توجيه فيجب أن يكون من الواضح أنك لا تقوم بالتوجيه.

- أجهزة توجيه تستخدم لتوجيه حركة المرور إلى جميع الشبكات في شبكتك.

متطلبات التوجيه

يجب أن يعرف جهاز التوجيه المعلومات التالية على الأقل ليكون قادرًا على توجيه الرزم:

- عنوان الوجهة
- أجهزة التوجيه المجاورة التي يمكنه من خلالها التعرف على الشبكات البعيدة
- الطرق الممكنة لجميع الشبكات البعيدة
- أفضل طريق لكل شبكة بعيدة
- كيفية صيانة معلومات التوجيه والتحقق منها

عمل جهاز التوجيه (الموجه)

يتعرف جهاز التوجيه على الشبكات البعيدة من أجهزة التوجيه المجاورة أو من مدير الشبكة.

يقوم جهاز التوجيه بإنشاء جدول توجيه (خريطة للشبكة) يصف كيفية العثور على الشبكات البعيدة.

إذا كانت الشبكة متصلة به بشكل مباشر فإن جهاز التوجيه يعرف بالفعل كيفية الوصول إليها.

إذا لم تكن الشبكة متصلة بشكل مباشر بجهاز التوجيه فيجب على جهاز التوجيه استخدام إحدى طريقتين لمعرفة كيفية الوصول إليها:

static routing method التوجيه الثابت

يتطلب من شخص ما كتابة جميع مواقع الشبكة يدويًا في جدول التوجيه. يمكن أن تكون مهمة شاقة للغاية عند استخدامها على جميع الشبكات.

dynamic routing التوجيه الديناميكي.

- يتواصل بروتوكول على جهاز التوجيه مع نفس البروتوكول الذي يعمل على أجهزة التوجيه المجاورة.
- تقوم أجهزة التوجيه بتحديث متبادل حول بيانات جميع الشبكات التي تعرفها وتضع هذه المعلومات في جدول التوجيه.
- إذا حدث تغيير في الشبكة تقوم بروتوكولات التوجيه الديناميكية تلقائيًا بإبلاغ جميع أجهزة التوجيه بالحدث.
- إذا تم استخدام التوجيه الثابت يكون مدير الشبكة مسؤولاً عن تحديث جميع التغييرات يدويًا على جميع أجهزة التوجيه.
- يستخدم معظم الأشخاص عادةً مزيجًا من التوجيه الديناميكي والثابت لإدارة شبكة كبيرة.

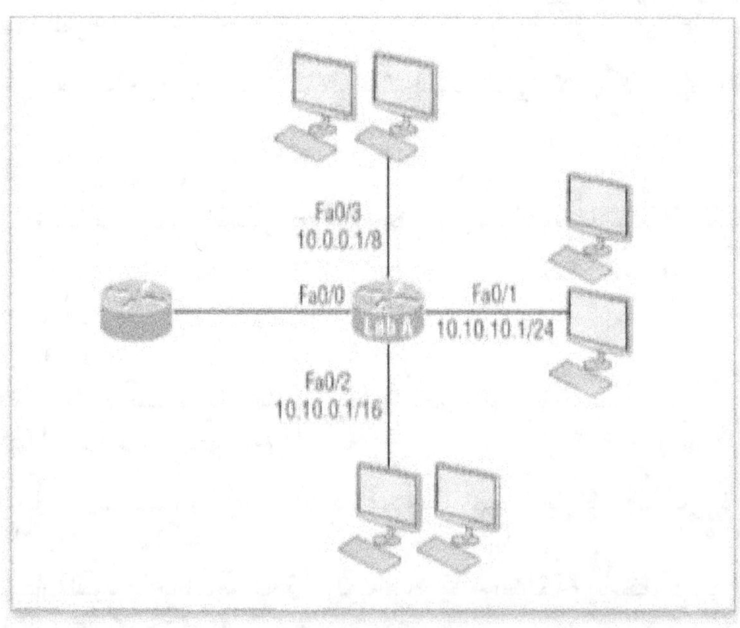

الشكل رقم (1) شبكة بسيطة توضح عمل جهاز التوجيه.
CCST Support Technician, Networking Exam, Todd Lammle.2024.

كيف يستخدم جهاز التوجيه جدول التوجيه

يستخدم جهاز التوجيه قاعدة أطول تطابق longest match rule في جدول التوجيه.

سيفحص IP باستخدام القاعدة جدول التوجيه للعثور على أطول تطابق مقارنة بعنوان وجهة الرزمة.

ألق نظرة على الشكل (1) لتصور هذه العملية.

يوضح الشكل شبكة بسيطة و فيها يحتوي الموجه **LabA** على أربع واجهات. هل يمكنك معرفة الواجهة التي سيتم استخدامها لإعادة توجيه برقية IP إلى مضيف بعنوان IP الوجهة 10.10.10.30؟

من خلال استخدام الأمر show ip route على جهاز التوجيه يمكننا رؤية جدول التوجيه (خريطة الشبكة) الذي استخدمه LabA لاتخاذ قرارات إعادة التوجيه بإستخدام الأمر **Lab_A#sh ip route** يمكننا أن نرى الجدول التالى:

```
Lab_A#sh ip route
Codes: L - local, C - connected, S - static,
[output cut]
10.0.0.0/8 is variably subnetted, 6 subnets, 4 masks
C 10.0.0.0/8 is directly connected, FastEthernet0/3
L 10.0.0.1/32 is directly connected, FastEthernet0/3
C 10.10.0.0/16 is directly connected, FastEthernet0/2
L 10.10.0.1/32 is directly connected, FastEthernet0/2
C 10.10.10.0/24 is directly connected, FastEthernet0/1
L 10.10.10.1/32 is directly connected, FastEthernet0/1
S* 0.0.0.0/0 is directly connected, FastEthernet0/0
```

الحرف C في ناتج جدول التوجيه يعني أن الشبكات المدرجة "متصلة بشكل مباشر" وحين نضيف بروتوكول توجيه مثل RIPv2 أو OSPF إلى أجهزة التوجيه في شبكتنا الداخلية أو ندخل توجيهات ثابتة فلن تظهر في جدول التوجيه سوى الشبكات المتصلة بشكل مباشر.

الحرف L في جدول التوجيه وفقا لكود Cisco IOS 15 الجديد

■ تحدد Cisco توجيها مختلفًا يسمى local host route توجيه المضيف المحلي و يشار إليه بالحرف L.

213

- يحتوي كل توجيه محلي على بادئة 32/ تحدد توجيها لعنوان واحد فقط.
- في هذا المثال اعتمد جهاز التوجيه على التوجيهات التي تسرد عناوين IP المحلية الخاصة بها لإعادة توجيه الرزم إلى جهاز التوجيه نفسه بكفاءة.
- بالنظر إلى الشكل (1) ونتائج جدول التوجيه هل يمكنك تحديد ما سيفعله IP بالرزمة المستلمة وعنوان IP الوجهة لها 10.10.10.30؟
- الإجابة هي أن جهاز التوجيه سيحول الرزمة إلى واجهة FastEthernet 0/1، التي ستؤطر الرزمة ثم ترسلها على جزء الشبكة.
- يشار إلى ذلك بإعادة كتابة الإطار frame rewrite.
- بناءً على قاعدة أطول تطابق سيبحث IP عن 10.10.10.30 وإذا لم يتم العثور عليه في الجدول فسيبحث IP عن 10.10.10.0، ثم 10.10.0.0، وهكذا حتى يتم اكتشاف توجيه.

مثال آخر

- بناءً على مخرجات جدول التوجيه التالي ما هي الواجهة التي سيتم إعادة توجيه الرزمة التي تحمل عنوان الوجهة 10.10.10.14 منها؟
- لمعرفة ذلك انظر إلى الجدول الناتج سترى أن الشبكة مقسمة إلى شبكات فرعية وأن كل واجهة لها قناع مختلف.

الإجابة على هذا السؤال

من تقسيم الشبكة سيكون 10.10.10.14 مضيفًا في الشبكة الفرعية **10.10.10.8/29** المتصلة بواجهة FastEthernet0/1.

```
Lab_A#sh ip route
[output cut]
Gateway of last resort is not set
C 10.10.10.16/28 is directly connected, FastEthernet0/0
L 10.10.10.17/32 is directly connected, FastEthernet0/0
C 10.10.10.8/29 is directly connected, FastEthernet0/1
L 10.10.10.9/32 is directly connected, FastEthernet0/1
C 10.10.10.4/30 is directly connected, FastEthernet0/2
L 10.10.10.5/32 is directly connected, FastEthernet0/2
C 10.10.10.0/30 is directly connected, Serial 0/0
L 10.10.10.1/32 is directly connected, Serial0/0
```

عملية توجيه IP Routing Process

عملية توجيه IP بسيطة إلى حد ما ولا تتغير بغض النظر عن حجم الشبكة. للحصول على مثال جيد لهذه الحقيقة سأستخدم الشكل (2) لوصف ما يحدث خطوة بخطوة عندما يريد المضيف A التواصل مع المضيف B على شبكة مختلفة.

الشكل رقم (2) مثال توجيه IP باستخدام مضيفين وجهاز توجيه واحد.
CCST Support Technician, Networking Exam, Todd Lammle.2024.

في الشكل (2) قام مستخدم HostA بإرسال ping إلى عنوان IP الخاص بـ HostB.

لا يمكن أن يكون التوجيه أبسط من هذا لكنه لا يزال يتضمن الكثير من الخطوات سنتناولها بالتفصيل فيما يلى:

Todd's 36 easy steps to understanding IP routing

خطوات توود الستة و الثلاثين السهلة لفهم توجيه IP

1. ينشئ بروتوكول رسائل التحكم في الإنترنت (ICMP) حمولة طلب صدى وهي من أوليات الخطوات في حقل البيانات.

2. يسلم ICMP هذه الحمولة إلى بروتوكول الإنترنت (IP) الذي ينشئ بعد ذلك رزمة تحتوي على عنوان مصدر IP وعنوان وجهة IP وحقل بروتوكول. لا تنس أن Cisco تحب استخدام 0x أمام الأحرف السداسية مثل **0x01**

3. بمجرد إنشاء الرزمة يحدد IP ما إذا كان عنوان IP الوجهة موجودًا على الشبكة المحلية أو شبكة بعيدة.

4. بما أن بروتوكول الإنترنت قد حدد أن هذا طلب بعيد فيجب إرسال الرزمة إلى البوابة الافتراضية حتى يمكن توجيهها إلى الشبكة البعيدة. يتم تحليل السجل في نظام التشغيل Windows للعثور على البوابة الافتراضية التي تم تكوينها.

5. تم تكوين البوابة الافتراضية للمضيفـA على 172.16.10.1.

لكي يتم إرسال هذه الرزمة إلى البوابة الافتراضية يجب معرفة عنوان أجهزة الواجهة Ethernet 0 الخاصة بالموجه التي تم تكوينها باستخدام عنوان IP‏ 172.16.10.1.

لماذا؟ حتى يمكن تسليم الرزمة إلى طبقة ربط البيانات وتأطيرها وإرسالها إلى واجهة الموجه المتصلة بشبكة 172.16.10.0.

نظرًا لأن المضيفين يتواصلون فقط عبر عناوين الأجهزة على شبكة LAN المحلية فمن المهم لكي يتواصل المضيفA مع المضيفB يجب عليه إرسال الرزم إلى عنوان (MAC) الخاص بالبوابة الافتراضية على الشبكة المحلية.

6. بعد ذلك يتم فحص ذاكرة التخزين المؤقتة لبروتوكول حل العناوين (ARP) الخاصة بالمضيف لمعرفة ما إذا كان عنوان IP الخاص بالبوابة الافتراضية قد تم حله بالفعل إلى عنوان أجهزة.

إذا كان الأمر كذلك فإن الرزمة تكون جاهزة لتسليمها إلى طبقة ربط البيانات للتأطير.

تذكر أن عنوان أجهزة الوجهة يتم تسليمه أيضًا مع تلك الرزمة.

لعرض ذاكرة التخزين المؤقتة لبروتوكول حل العناوين على المضيف استخدم الأمر التالي:

```
C:\>arp -a

Interface: 172.16.10.2 --- 0x3
Internet Address Physical Address Type
172.16.10.1 00-15-05-06-31-b0 dynamic
```

إذا لم يكن عنوان الأجهزة موجودًا بالفعل في ذاكرة تخزين بروتوكول حل العناوين المؤقتة الخاصة بالمضيف فسيتم إرسال بث بروتوكول حل العناوين إلى الشبكة المحلية للبحث عن عنوان الأجهزة 172.16.10.1.

يستجيب جهاز التوجيه للطلب ويوفر عنوان الأجهزة لشبكة Ethernet 0 ويقوم المضيف بتخزين هذا العنوان مؤقتًا.

7. بمجرد تسليم الرزمة وعنوان أجهزة الوجهة إلى طبقة ربط البيانات يتم استخدام برنامج تشغيل شبكة LAN لتوفير وصول الوسائط عبر نوع شبكة LAN المستخدمة وهو Ethernet في هذه الحالة.

يتم إنشاء إطار يغلف الرزمة بمعلومات التحكم.

داخل هذا الإطار توجد عناوين أجهزة الوجهة والمصدر بالإضافة إلى حقل من نوع Ether الذي يحدد بروتوكول طبقة الشبكة الذي سلم الرزمة إلى طبقة

ربط البيانات في هذه الحالة يكون IP.

في نهاية الإطار يوجد حقل تسلسل فحص الإطار (FCS) الذي يضم نتيجة فحص التكرار الدوري (CRC).

يبدو الإطار مشابهًا لما قمت بتفصيله في الشكل(3).

يحتوي على عنوان الأجهزة (MAC) للمضيف A وعنوان الأجهزة الوجهة للبوابة الافتراضية. لا يتضمن عنوان MAC للمضيف البعيد ـ تذكر ذلك!

Destination MAC (router's E0 MAC address)	Source MAC (Host A MAC address)	Ether-Type field	Packet	FCS CRC

الشكل رقم (3) الإطار المستخدم من المضيف A إلى جهاز التوجيه.

.CCST Support Technician, Networking Exam, Todd Lammle.2024

8. بمجرد اكتمال الإطار يتم تسليمه إلى الطبقة المادية ليتم وضعه على الوسيط المادي (في هذا المثال، الأسلاك المجدولة) بتًا واحدًا في كل مرة.

9. يتلقى كل جهاز في مجال التصادم هذه البتات ويبني الإطار.

يقوم كل منهم بتشغيل CRC والتحقق من الإجابة في حقل FCS.

إذا لم تتطابق الإجابات يتم تجاهل الإطار.

■ إذا تطابق CRC يتم فحص عنوان الوجهة للأجهزة لمعرفة ما إذا كان مطابقًا (وهو في هذا المثال واجهة جهاز التوجيه Ethernet 0).

■ إذا كان مطابقًا يتم فحص حقل Ether-Type للعثور على البروتوكول المستخدم في طبقة الشبكة.

10. يتم سحب الرزمة من الإطار ويتم تجاهل ما تبقى من الإطار.

يتم تسليم الرزمة إلى البروتوكول المدرج في حقل Ether-Type يتم إعطاؤها إلى IP.

11. يستقبل جهاز IP الرزمة ويتحقق من عنوان IP الوجهة.

ونظرًا لأن عنوان وجهة الرزمة لا يتطابق مع أي من العناوين المكوّنة على جهاز التوجيه المتلقي نفسه فسوف يبحث جهاز التوجيه عن عنوان شبكة IP الوجهة في جدول التوجيه الخاص به.

12. يجب أن يحتوي جدول التوجيه على إدخال للشبكة 172.16.20.0 وإلا فسيتم تجاهل الرزمة على الفور وسيتم إرسال رسالة ICMP مرة أخرى إلى الجهاز الأصلي مع رسالة عدم إمكانية الوصول إلى شبكة الوجهة.

13. إذا عثر جهاز التوجيه على إدخال لشبكة الوجهة في جدوله فسيتم تبديل الرزمة إلى واجهة الخروج في هذا المثال واجهة Ethernet 1.

تعرض اللقطة التالية جدول توجيه جهاز التوجيه LabA.
تعني C "متصل بشكل مباشر".
لا توجد بروتوكولات توجيه مطلوبة في هذه الشبكة نظرًا لأن جميع الشبكات
(كل منهما) متصلة بشكل مباشر.

```
Lab_A>sh ip route
C 172.16.10.0 is directly connected, Ethernet0
L 172.16.10.1/32 is directly connected, Ethernet0
C 172.16.20.0 is directly connected, Ethernet1
L 172.16.20.1/32 is directly connected, Ethernet1
```

14. يقوم جهاز التوجيه بتبديل الرزمة إلى المخزن المؤقت Ethernet 1.
15. يحتاج المخزن المؤقت Ethernet 1 إلى معرفة عنوان الأجهزة للمضيف
الوجهة ويتحقق أولاً من ذاكرة التخزين المؤقت ARP.
■ إذا تم بالفعل حل عنوان الأجهزة الخاص بـ HostB وكان موجودًا في ذاكرة
التخزين المؤقت ARP لجهاز التوجيه فسيتم تسليم الرزمة وعنوان الأجهزة
إلى طبقة ربط البيانات لتأطيرها.
دعنا نلقي نظرة على ذاكرة التخزين المؤقت ARP على جهاز التوجيه
LabA باستخدام الأمر show ip arp:

```
Lab_A#sh ip arp
Protocol Address Age(min) Hardware Addr Type Interface
Internet 172.16.20.1 - 00d0.58ad.05f4 ARPA Ethernet1
Internet 172.16.20.2 3 0030.9492.a5dd ARPA Ethernet1
Internet 172.16.10.1 - 00d0.58ad.06aa ARPA Ethernet0
Internet 172.16.10.2 12 0030.9492.a4ac ARPA Ethernet0
```

تشير الشرطة (-) إلى أن هذه هي الواجهة المادية على جهاز التوجيه. يوضح
لنا هذا الإخراج أن جهاز التوجيه يعرف عناوين الأجهزة 172.16.10.2
(HostA) و172.16.20.2 (HostB).
ستحتفظ أجهزة توجيه Cisco بإدخال في جدول ARP لمدة 4 ساعات.
■ إذا لم يتم حل عنوان الأجهزة بالفعل، فسيرسل جهاز التوجيه طلب ARP
إلى E1 بحثًا عن عنوان الأجهزة 172.16.20.2.

يستجيب HostB بعنوانه المادي، ثم يتم إرسال كل من الرزمة وعناوين الأجهزة الوجهة إلى طبقة ربط البيانات للتأطير.

16. تنشئ طبقة ربط البيانات إطارًا بعناوين الأجهزة الوجهة والمصدر وحقل نوع الأثير وحقل FCS في النهاية. ثم يتم تسليم الإطار إلى الطبقة المادية لإرساله على الوسيط المادي بتًا واحدًا في كل مرة.

17. يستقبل HostB الإطار وينفذ على الفور CRC. إذا كانت النتيجة مطابقة للمعلومات الموجودة في حقل FCS، فسيتم بعد ذلك التحقق من عنوان الوجهة للأجهزة. إذا وجد المضيف تطابقًا، فسيتم بعد ذلك التحقق من حقل نوع الأثير لتحديد البروتوكول الذي يجب تسليم الرزمة إليه في طبقة الشبكة في هذا المثال IP.

18. في طبقة الشبكة يتلقى IP الرزمة ويجري CRC على ترويسة IP. إذا نجح ذلك يتحقق IP بعد ذلك من عنوان الوجهة. نظرًا لأنه تم إجراء تطابق أخيرًا يتم التحقق من حقل البروتوكول لمعرفة من يجب تسليم الحمولة إليه.

19. يتم تسليم الحمولة إلى ICMP، الذي يفهم أن هذا طلب صدى. يستجيب ICMP لهذا عن طريق تجاهل الرزمة على الفور وإنشاء حمولة جديدة كرد صدى.

20. يتم بعد ذلك إنشاء رزمة تتضمن عناوين المصدر والوجهة وحقل البروتوكول والحمولة. أصبح جهاز الوجهة الآن HostA.

21. يتحقق IP بعد ذلك لمعرفة ما إذا كان عنوان IP الوجهة هو جهاز على شبكة LAN المحلية أو على شبكة بعيدة. نظرًا لأن الجهاز الوجهة موجود على شبكة بعيدة، فيجب إرسال الرزمة إلى البوابة الافتراضية.

22. يتم العثور على عنوان IP للبوابة الافتراضية في سجل جهاز Windows ويتم فحص ذاكرة التخزين المؤقت لـ ARP لمعرفة ما إذا كان عنوان الأجهزة قد تم حله بالفعل من عنوان IP.

23. بمجرد العثور على عنوان الأجهزة للبوابة الافتراضية يتم تسليم الرزمة وعناوين الأجهزة الوجهة إلى طبقة ربط البيانات للتأطير.

24. تقوم طبقة ربط البيانات بتأطير رزمة المعلومات وتتضمن ما يلي في الترويسة:

■ عناوين الأجهزة المصدر والوجهة

■ حقل نوع الأثير مع (IP)0 x0800 فيه

■ حقل FCS مع نتيجة CRC في السحب

25. يتم الآن تسليم الإطار إلى الطبقة المادية ليتم إرساله عبر وسيط الشبكة بتًا واحدًا في كل مرة.

26. تتلقى واجهة Ethernet 1 الخاصة بالموجه البتات وتبني إطارًا. يتم

تشغيل CRC، ويتم فحص حقل FCS للتأكد من تطابق الإجابات.

27. بمجرد العثور على CRC على ما يرام، يتم فحص عنوان الوجهة للأجهزة. نظرًا لأن واجهة الموجه متطابقة، يتم سحب الرزمة من الإطار ويتم فحص حقل نوع الأثير لتحديد البروتوكول الذي يجب تسليم الرزمة إليه في طبقة الشبكة.

28. تم تحديد البروتوكول على أنه IP، وبالتالي فإنه يحصل على الرزمة. يقوم IP بتشغيل فحص CRC على ترويسة IP أولاً ثم يتحقق من عنوان IP الوجهة.

29. في هذه الحالة، يعرف جهاز التوجيه كيفية الوصول إلى الشبكة 172.16.10.0واجهة الخروج هي Ethernet 0 لذا يتم تبديل الرزمة إلى واجهة Ethernet 0.

30. يتحقق جهاز التوجيه بعد ذلك من ذاكرة التخزين المؤقت لـ ARP لتحديد ما إذا كان عنوان الأجهزة لـ 172.16.10.2 قد تم حله بالفعل.

31. نظرًا لأن عنوان الأجهزة لـ 172.16.10.2 تم تخزينه بالفعل في ذاكرة التخزين المؤقت من الرحلة الأصلية إلى HostB، يتم بعد ذلك تسليم عنوان الأجهزة والرزمة إلى طبقة ربط البيانات.

32. تقوم طبقة ربط البيانات ببناء إطار بعنوان الأجهزة الوجهة وعنوان الأجهزة المصدر ثم تضع IP في حقل نوع Ether. يتم تشغيل CRC على الإطار ويتم وضع النتيجة في حقل FCS.

33. يتم بعد ذلك تسليم الإطار إلى الطبقة المادية لإرساله إلى الشبكة المحلية بتًا واحدًا في كل مرة.

34. يستقبل المضيف الوجهة الإطار، ويجري اختبار CRC، ويتحقق من عنوان الأجهزة الوجهة، ثم ينظر في حقل Ether-Type للتعرف على من يسلم الرزمة.

35. IP هو المستقبل المعين، وبعد تسليم الرزمة إلى IP في طبقة الشبكة، فإنه يتحقق من حقل البروتوكول للحصول على توجيهات إضافية. يجد IP تعليمات لإعطاء الحمولة إلى ICMP، ويحدد ICMP أن الرزمة هي رد صدى ICMP.

36. يقر ICMP بأنه تلقى الرد عن طريق إرسال علامة تعجب (!) إلى واجهة المستخدم. ثم يحاول ICMP إرسال أربعة طلبات صدى أخرى إلى المضيف الوجهة.

ملاحظة هامة

لقد انتهينا من اختبار الخطوات الست والثلاثين السهلة التي وضعها توود لفهم

Todd's 36 easy steps to understanding IP routing .IP توجيه
النقطة الأساسية هنا هي أنه كلما كانت الشبكة أكبر كلما زادت عدد القفزات التي تمر بها الرزمة قبل العثور على المضيف الوجهة.
من المهم للغاية أن تتذكر أنه عندما يرسل المضيف A رزمة إلى المضيف B، فإن عنوان أجهزة الوجهة المستخدم هو واجهة Ethernet الخاصة بالبوابة الافتراضية.
لماذا؟ لأنه لا يمكن وضع الإطارات على الشبكات البعيدة توضع فقط على الشبكات المحلية.
لذلك تمر الرزم الموجهة إلى الشبكات البعيدة عبر البوابة الافتراضية.
لنلق نظرة على ذاكرة التخزين المؤقت لبروتوكول ARP للمضيف A:

```
C:\ >arp -a

Interface: 172.16.10.2 --- 0x3

Internet Address Physical Address Type

172.16.10.1 00-15-05-06-31-b0 dynamic

172.16.20.1 00-15-05-06-31-b0 dynamic
```

هل لاحظت أن عنوان الأجهزة (MAC) الذي يستخدمه HostA للوصول إلى HostB هو واجهة LabA E0؟
تكون عناوين الأجهزة محلية دائمًا ولا تمر أبدًا عبر واجهة جهاز التوجيه.

اختبار فهمك لتوجيه IP

نظرًا لأن فهم توجيه IP أمر بالغ الأهمية.
حان الوقت لإجراء اختبار صغير حول مدى نجاحك في عملية توجيه IP سيتم ذلك من خلال عرض بضعة أشكال ونجيب على بعض الأسئلة الأساسية حول توجيه IP.

مثال 1

يوضح الشكل (4) شبكة LAN متصلة بجهاز التوجيه A يتصل عبر رابط WAN بجهاز التوجيه B.
يحتوي جهاز التوجيه B على شبكة LAN متصلة بخادم HTTP متصل.

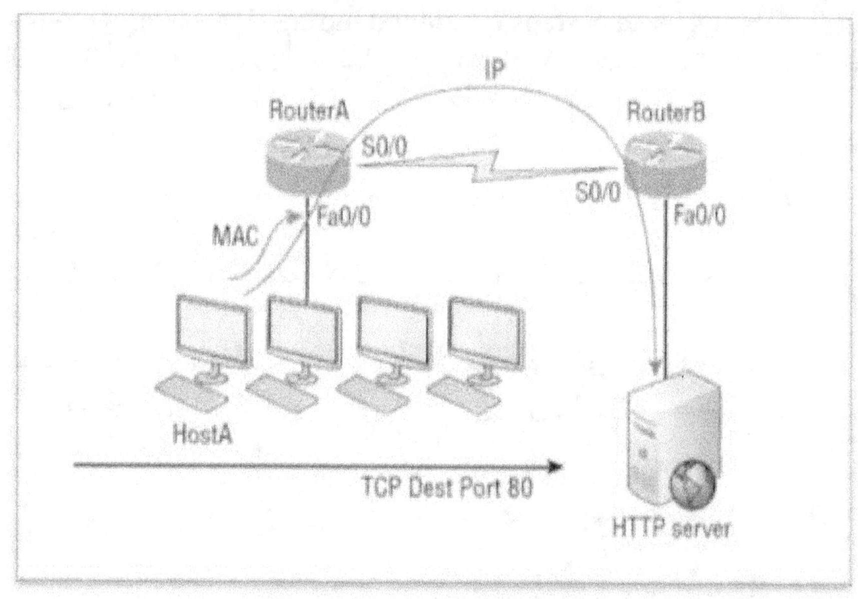

الشكل رقم (4) مثال رقم 1 لتوجيه IP

CCST Support Technician, Networking Exam, Todd Lammle.2024.

1. المعلومات المهمة التي تريد الحصول عليها من خلال النظر إلى الشكل (4) هي بالضبط كيف سيحدث توجيه IP في هذا المثال.

دعنا نحدد خصائص الإطار أثناء مغادرته للمضيف (HostA).

سأعطيك الإجابة ولكن بعد ذلك يجب أن تعود إلى الشكل لترى ما إذا كان بإمكانك الإجابة على المثال 2 دون النظر إلى إجابتي المكونة من ثلاث خطوات!

2. عنوان الوجهة للإطار من المضيف (HostA) سيكون عنوان MAC لواجهة Fa0/0 للموجه (Router A).

3. عنوان الوجهة للرزمة سيكون عنوان IP لبطاقة واجهة الشبكة (NIC) لخادم HTTP.

4. رقم منفذ الوجهة في ترويسة المقطع سيكون 80

أهم الأشياء التي يجب تذكرها أنه عندما تتواصل مضيفات متعددة مع خادم باستخدام HTTP، فيجب أن تستخدم جميعها رقم منفذ مصدر مختلف.

عناوين IP وأرقام المنفذ للمصدر والوجهة هي الطريقة التي يحتفظ بها الخادم بالبيانات منفصلة في طبقة النقل.

مثال2

دعنا نعقد الأمور بإضافة جهاز آخر إلى الشبكة ثم نرى ما إذا كان بإمكانك العثور على الإجابات.

يوضح الشكل (5) شبكة بها جهاز توجيه واحد فقط ولكن بها مبدلان. الشيء الرئيسي الذي يجب فهمه حول عملية توجيه IP في هذا السيناريو هو ما يحدث عندما يرسل HostA البيانات إلى خادم HTTPS؟ إليك الإجابة:

1. عنوان الوجهة لإطار من HostA سيكون عنوان MAC لواجهة Fa0/0 لجهاز التوجيه RouterA.

2. عنوان الوجهة للرزمة هو عنوان IP لبطاقة واجهة الشبكة (NIC) لخادم HTTPS.

3. سيكون رقم منفذ الوجهة في الترويسة بقيمة 443.

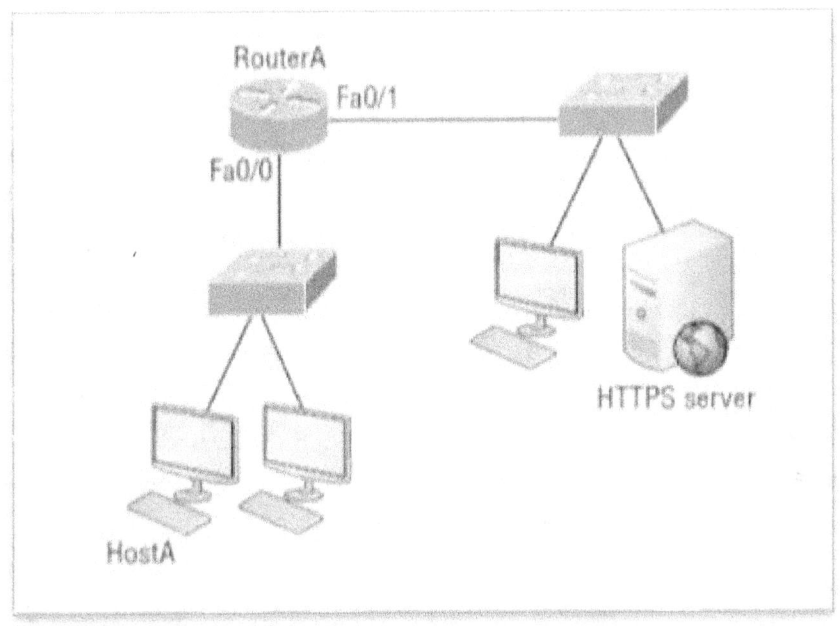

الشكل رقم (5) مثال رقم 2 لتوجيه IP

CCST Support Technician, Networking Exam, Todd Lammle.2024.

- هل لاحظت أن المبدلات لم تُستخدم كبوابة افتراضية أو أي وجهة أخرى؟ ذلك لأن المبدلات لا علاقة لها بالتوجيه.

- أتساءل كم منكم اختار المبدل كعنوان MAC للبوابة الافتراضية (الوجهة) لجهاز HostA؟

- إذا كان الأمر كذلك فلا تنزعج فقط ألق نظرة أخرى لترى أين أخطأت ولماذا.

- من المهم جدًا أن تتذكر أن عنوان MAC للوجهة سيكون دائمًا واجهة جهاز التوجيه ـ إذا كانت رزمك موجهة إلى خارج شبكة LAN كما كانت في هذين المثالين الأخيرين.

223

مثال3

قبل الانتقال إلى بعض الجوانب الأكثر تقدمًا في توجيه IP دعنا نلقي نظرة على قضية أخرى.

ألق نظرة على مخرجات جدول التوجيه الخاص بهذا الموجه:

```
Corp#sh ip route
[output cut]
R 192.168.215.0 [120/2] via 192.168.20.2, 00:00:23, Serial0/0
R 192.168.115.0 [120/1] via 192.168.20.2, 00:00:23, Serial0/0
R 192.168.30.0 [120/1] via 192.168.20.2, 00:00:23, Serial0/0
C 192.168.20.0 is directly connected, Serial0/0
L 192.168.20.1/32 is directly connected, Serial0/0
C 192.168.214.0 is directly connected, FastEthernet0/0
L 192.168.214.1/32 is directly connected, FastEthernet0/0
```

ماذا نرى فى هذا المثال

إذا أخبرتك أن جهاز توجيه الشركة تلقى رزمة IP بعنوان IP المصدر 192.168.214.20 وعنوان IP الوجهة 192.168.22.3 فماذا سيفعل جهاز توجيه الشركة بهذه الرزمة؟

إذا قلت: "وصلت الرزمة عبر واجهة FastEthernet 0/0 لكن لأن جدول التوجيه لا يُظهِر توجيها إلى الشبكة 192.168.22.0 (أو توجيها افتراضيًا) فسوف يتجاهل جهاز التوجيه الرزمة ويرسل رسالة ICMP تفيد بعدم إمكانية الوصول إلى الوجهة مرة أخرى إلى واجهة FastEthernet 0/0" السبب وراء كون هذه الإجابة صحيحة هو أن شبكة LAN المصدرهى التي نشأت منها الرزمة.

أمثلة عن أساسيات IP routing

تأكد من أنك تفهم تمامًا وبشكل كامل وشامل الإطارات والرزم بالتفصيل.

هذا هو جوهر هذا الكتاب والموضوع الذي تتجه إليه أهداف الاختبار.

يتعلق الأمر كله بتوجيه IP

مما يعني أنك بحاجة إلى معرفة كل شيء عن هذا الموضوع!

توجيه IP الأساسي باستخدام عناوين MAC و IP

بالإشارة إلى الشكل (6) إليك قائمة بالأسئلة ثم الإجابات التي يجب تدوينها.

1. لبدء الاتصال بخادم المبيعات يرسل المضيف 4 طلب ARP. كيف ستستجيب الأجهزة المعروضة في الطوبولوجيا لهذا الطلب؟

2. تلقى المضيف 4 رد ARP سيبني المضيف 4 الآن رزمة ويضع هذه الرزمة في الإطار.

ما المعلومات التي سيتم وضعها في ترويسة الرزمة التي تغادر المضيف 4 إذا كان المضيف 4 سيتواصل مع خادم المبيعات؟

3. تلقى جهاز التوجيه LabA الرزمة وسيرسلها Fa0/0 إلى شبكة LAN باتجاه الخادم.

ما الذي سيحتوي عليه الإطار في الترويسة عن عنوان المصدر والوجهة؟

4. يعرض المضيف 4 مستندين ويب من خادم المبيعات في نافذتي متصفح في نفس الوقت.

كيف وجدت البيانات طريقها إلى نافذتي المتصفح الصحيحتين؟

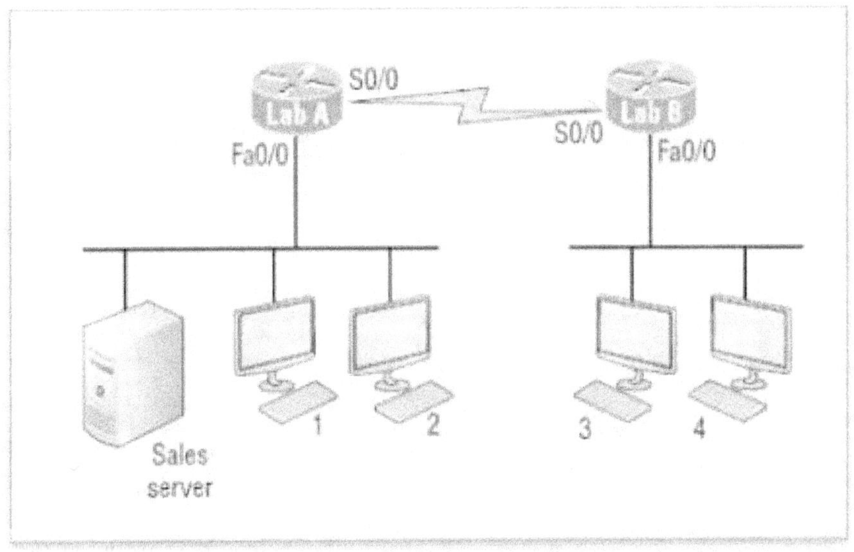

الشكل رقم (6) توجيه IP الأساسي باستخدام عناوين MAC وIP
CCST Support Technician, Networking Exam, Todd Lammle.2024.

إليك الإجابات بنفس الترتيب الذي تم به عرض السيناريوهات:

1. لبدء الاتصال بالخادم يرسل المضيف 4 طلب ARP.

كيف ستستجيب الأجهزة المعروضة في الطوبولوجيا لهذا الطلب؟

نظرًا لأن عناوين MAC يجب أن تبقى على الشبكة المحلية فسوف يستجيب جهاز التوجيه LabB بعنوان MAC لواجهة Fa0/0 وسيرسل المضيف 4 جميع الإطارات إلى عنوان MAC لواجهة Fa0/0 LabB عند إرسال الرزم إلى خادم المبيعات.

2. تلقى المضيف 4 رد ARP.

سيقوم المضيف 4 الآن ببناء رزمة ووضع هذه الرزمة في الإطار.

ما هي المعلومات التي سيتم وضعها في ترويسة الرزمة التي تغادر المضيف 4 إذا كان المضيف 4 سيتواصل مع خادم المبيعات؟

نظرًا لأننا نتحدث الآن عن الرزم وليس الإطارات فسيكون عنوان المصدر هو عنوان IP للمضيف 4 وسيكون عنوان الوجهة هو عنوان IP لخادم المبيعات.

3. أخيرًا تلقى جهاز التوجيه LabA الرزمة وسيرسلها Fa0/0 إلى شبكة LAN نحو الخادم.

ما الذي سيحتوي عليه الإطار في الترويسة عن عنوان المصدر والوجهة؟

سيكون عنوان MAC المصدر هو واجهة Fa0/0 لجهاز التوجيه LabA وسيكون عنوان MAC الوجهة هو عنوان MAC لخادم المبيعات لأن جميع عناوين MAC يجب أن تكون محلية على شبكة LAN.

4. يعرض المضيف 4 مستندين ويب من خادم المبيعات في نافذتي متصفح مختلفتين في نفس الوقت.

كيف وجدت البيانات طريقها إلى نافذتي المتصفح الصحيحتين؟

يتم استخدام أرقام منفذ TCP لتوجيه البيانات إلى نافذة التطبيق الصحيحة.

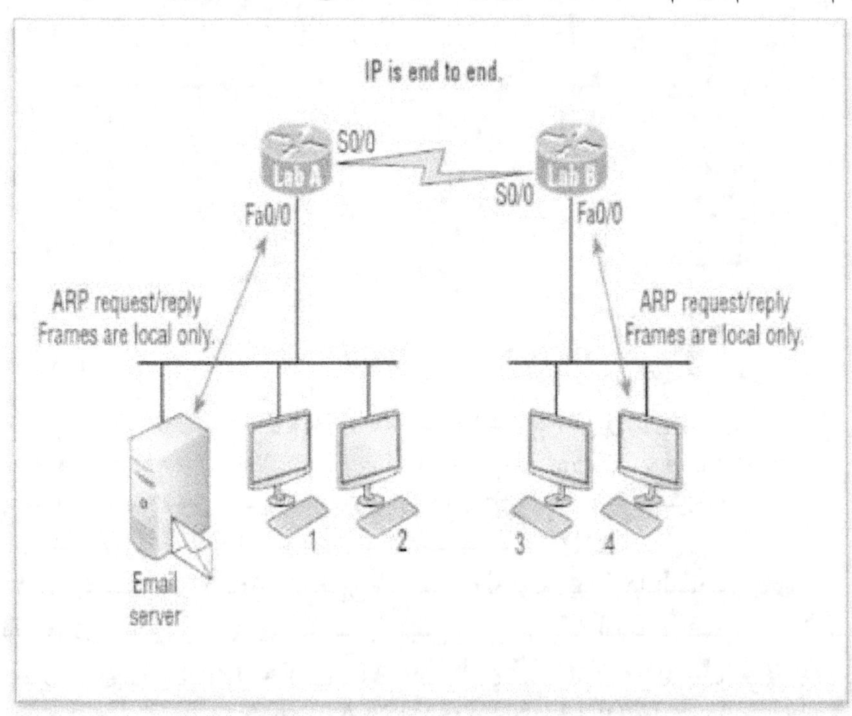

الشكل رقم (7) اختبار معرفة التوجيه الأساسية
CCST Support Technician, Networking Exam, Todd Lammle.2024.

لدينا بعض الأسئلة الإضافية قبل أن تتمكن من تكوين التوجيه في شبكة حقيقية.

سؤال

يوضح الشكل (7) شبكة أساسية ويحتاج المضيف 4 إلى تلقي البريد الإلكتروني.
ما العنوان الذي سيتم وضعه في حقل عنوان الوجهة في الإطار عندما يغادر المضيف 4؟

الإجابة

المضيف 4 سيستخدم عنوان MAC الوجهة لواجهة Fa0/0 على جهاز التوجيه LabB.
لقد كنت تعلم ذلك، أليس كذلك؟

سؤال آخر

انظر إلى الشكل (7) مرة أخرى.
ماذا لو احتاج المضيف 4 إلى التواصل مع المضيف 1 ؟
أي عنوان مصدر لطبقة OSI 3 سيتم العثور عليه في ترويسة الرزمة عندما تصل إلى المضيف 1؟

الإجابة

في الطبقة 3 سيكون عنوان IP المصدر هو المضيف 4، وسيكون عنوان الوجهة في الرزمة هو عنوان IP للمضيف 1.
بالطبع سيكون عنوان MAC الوجهة من المضيف 4 دائمًا هو عنوان Fa0/0 لجهاز التوجيه Lab_B، أليس كذلك؟
نظرًا لوجود أكثر من جهاز توجيه، فسنحتاج إلى بروتوكول توجيه يتواصل بين كلاهما حتى يمكن إعادة توجيه حركة المرور في الاتجاه الصحيح للوصول إلى الشبكة التي يتصل بها المضيف 1.

سؤال آخر

باستخدام الشكل (7) يقوم المضيف 4 بنقل ملف إلى خادم البريد الإلكتروني المتصل بجهاز التوجيه LabA.
ما هو عنوان الوجهة في الطبقة 2 الذي يغادر المضيف 4؟
ما هو عنوان MAC المصدر عندما يتم استلام الإطار في خادم البريد الإلكتروني؟

الإجابة

عنوان الوجهة في الطبقة 2 الذي يغادر المضيف 4 هو عنوان MAC لواجهة Fa0/0 على جهاز التوجيه LabB

عنوان المصدر في الطبقة 2 الذي سيتلقاه خادم البريد الإلكتروني هو واجهة Fa0/0 لجهاز التوجيه LabA.

تكوين توجيه IP (Configuring IP Routing)

هل الشبكة جاهزة حقًا للعمل؟

كيف سترسل أجهزة التوجيه الرزم إلى الشبكات البعيدة عندما تحصل على معلومات وجهتها من خلال البحث في جداولها المحلية التي تتضمن فقط توجيهات حول الشبكات المتصلة مباشرة؟

تتخلص أجهزة التوجيه على الفور من الرزم التي تتلقاها بعناوين الشبكات غير المدرجة في جدول التوجيه الخاص بها!

هناك عدة طرق لتكوين جداول التوجيه تشمل جميع الشبكات في شبكة الإنترنت الصغيرة الخاصة بحيث يتم إعادة توجيه الرزم بشكل صحيح.

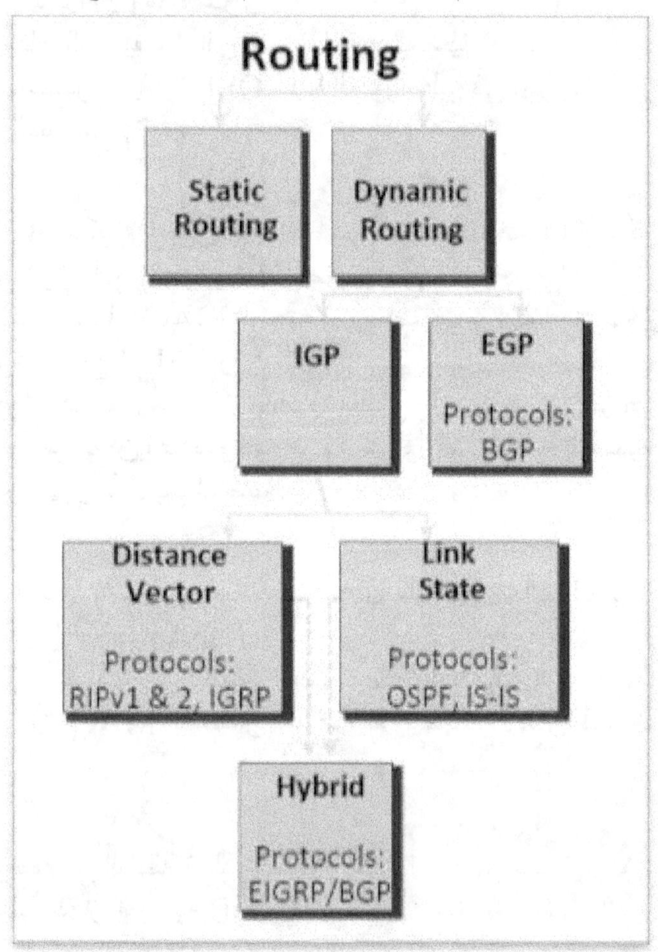

أنواع التوجيه

تناقش الأقسام التالية طرق التوجيه الثلاثة التالية:

- التوجيه الثابت
- التوجيه الافتراضي
- التوجيه الديناميكي

التوجيه الثابت Static Routing

التوجيه الثابت هو عملية تحدث عندما تقوم يدويًا بإضافة توجيهات في جدول التوجيه الخاص بكل جهاز توجيه.

من المتوقع أن يكون للتوجيه الثابت إيجابيات وسلبيات ولكن هذا ينطبق على جميع طرق التوجيه.

الإيجابيات:

- لا توجد تكاليف إضافية على وحدة المعالجة المركزية لجهاز التوجيه مما يعني أنه من المحتمل أن تتمكن من الاكتفاء بجهاز توجيه أرخص مما قد تحتاجه للتوجيه الديناميكي.

- لا يوجد استخدام للنطاق الترددي بين أجهزة التوجيه مما يوفر لك المال على روابط شبكة WAN بالإضافة إلى تقليل النفقات العامة على جهاز التوجيه نظرًا لأنك لا تستخدم بروتوكول توجيه.

- يضيف الأمان لأنك تختار السماح بالوصول إلى التوجيه لشبكات معينة فقط.

السلبيات:

- يجب أن يكون لدى المسؤول معرفة دقيقة بالشبكة الداخلية وكيفية توصيل كل جهاز توجيه من أجل تكوين التوجيهات بشكل صحيح.

إذا لم يكن لديك خريطة جيدة ودقيقة لشبكتك الداخلية فستصبح الأمور فوضوية للغاية بسرعة!

- إذا أضفت شبكة إلى الشبكة الداخلية فيجب عليك إضافة توجيه إليها يدويًا على جميع أجهزة التوجيه وهو ما يصبح أمرًا جنونيًا بشكل متزايد مع نمو الشبكة.

- بسبب النقطة الأخيرة فإنه ليس من الممكن استخدامه في معظم الشبكات الكبيرة لأن صيانته ستكون أشغال شاقة.

لكن هذه القائمة من السلبيات لا تعني أنه يمكنك تخطي تعلم كل شيء عنه، يجب أن يكون لديك فهم قوي جدًا للشبكة لتكوينها بشكل صحيح وأن معرفتك الإدارية يجب أن تكون على وشك أن تكون خارقة للطبيعة! لذا دعنا نتعمق ونطور هذه المهارات. بدءًا من البداية.

جدول التوجيه Routing Table

صيغة أمر إضافة توجيه

إليك صيغة الأمر التي تستخدمها لإضافة توجيه ثابت إلى جدول التوجيه من التكوين العالمي:

```
ip route [destination_network] [mask] [next-hop_address or
exitinterface] [administrative_distance] [permanent]
```

تصف هذه القائمة كل أمر في السلسلة:

ip route

الأمر المستخدم لإنشاء التوجيه الثابت.

destination_network

الشبكة التي تضعها في جدول التوجيه.

Mask

قناع الشبكة الفرعية المستخدم على الشبكة.

next-hop_address

هو عنوان IP لجهاز التوجيه التالى أو القفزة التالية الذي سيستقبل الرزم ويعيد توجيهها إلى الشبكة البعيدة التي يجب أن تشير إلى واجهة جهاز توجيه موجودة على شبكة متصلة مباشرة.

يجب أن تكون قادرًا على تنفيذ أمر ping بنجاح على واجهة جهاز التوجيه قبل أن تتمكن من إضافة التوجيه.

لاحظ أنه إذا كتبت عنوان القفزة التالية الخطأ أو كانت واجهة جهاز التوجيه الصحيح معطلة فسيظهر التوجيه الثابت في تكوين جهاز التوجيه ولكن ليس في جدول التوجيه.

exitinterface

يستخدم بدلاً من عنوان القفزة التالية، إذا أردت، ويظهر كتوجيه متصل مباشرة.

administrative_distance

بشكل افتراضي، يكون للتوجيهات الثابتة مسافة إدارية تساوي 1 أو 0 إذا كنت تستخدم واجهة خروج بدلاً من عنوان القفزة التالية.

يمكنك تغيير القيمة الافتراضية عن طريق إضافة وزن إداري في نهاية الأمر.

permanent

إذا تم إيقاف تشغيل الواجهة أو تعذر على جهاز التوجيه الاتصال بجهاز التوجيه التالي فسيتم تجاهل التوجيه تلقائيًا من جدول التوجيه افتراضيًا.

يؤدي اختيار الخيار الدائم إلى إبقاء الإدخال في جدول التوجيه بغض النظر عما يحدث.

أمثلة

مثال1: نلقي نظرة على توجيه ثابت نموذجي لمعرفة ما يمكننا معرفته عنه:

Router(config)#ip route 172.16.3.0 255.255.255.0 192.168.2.4

- يخبرنا أمر ip route ببساطة أنه توجيه ثابت.
- 172.16.3.0 هي الشبكة البعيدة التي نريد إرسال الرزم إليها.
- 255.255.255.0 هو قناع الشبكة البعيدة.
- 192.168.2.4 القفزة التالية أو جهاز التوجيه الذي سيتم إرسال الرزم إليه.

مثال2: ما معنى أن يكون التوجيه الثابت كما يلى:

Router(config)#ip route 172.16.3.0 255.255.255.0 192.168.2.4 150

يؤدي الرقم 150 في النهاية إلى تغيير المسافة الإدارية الافتراضية (AD) من 1 إلى 150.

تذكر أن Administrative Distance AD هي مدى موثوقية التوجيه حيث يكون 0 هو الأفضل و255 هو الأسوأ.

مثال3: Router(config)#ip route 172.16.3.0 255.255.255.0 s0/0/0

بدلاً من استخدام عنوان الانتقال التالي (القفزة التالية) يمكننا استخدام واجهة خروج تجعل التوجيه يظهر كشبكة متصلة مباشرة.

من الناحية الوظيفية تعمل واجهة الانتقال التالي والخروج بنفس الطريقة.

التوجيه الافتراضي Default Routing

يشير مصطلح التوجيه الإضطرارى stub route إلى أن الشبكات في تصميم الشبكة لديها مخرج واحد فقط للوصول إلى جميع الشبكات الأخرى.

ذلك يعني أنه بدلاً من الاضطرار إلى إنشاء توجيهات ثابتة متعددة يمكننا استخدام توجيه افتراضي واحد فقط.

يستخدم IP هذا التوجيه الافتراضي لإعادة توجيه forward أي رزمة لا توجد وجهة لها في جدول التوجيه.

لهذا السبب يُطلق عليه أيضًا بوابة الملاذ الأخير.

فيما يلي نموذج لتكوين التوجيه الافتراضي:

```
Router#config t
Router(config)#ip route 0.0.0.0 0.0.0.0 172.16.10.5
Router(config)#do show ip route
        [output cut]
Gateway of last resort is 172.16.10.5 to network 0.0.0.0
```

التوجيه الديناميكي Dynamic Routing

- التوجيه الديناميكي هو استخدام البروتوكولات للعثور على الشبكات وتحديث جداول التوجيه على أجهزة التوجيه.
- هذا أسهل كثيرًا من استخدام التوجيه الثابت أو الافتراضي ولكنه سيكلفك من حيث معالجة وحدة المعالجة المركزية لجهاز التوجيه وعرض النطاق الترددي على روابط الشبكة.
- يحدد بروتوكول التوجيه مجموعة القواعد التي يستخدمها جهاز التوجيه عندما يتواصل بمعلومات التوجيه بين أجهزة التوجيه المجاورة.

بروتوكول التوجيه الذي سأتحدث عنه في هذا الفصل هو بروتوكول معلومات التوجيه (RIP) Routing Information Protocol الإصداران 1 و2.

أنواع بروتوكولات التوجيه الديناميكى

- يتم استخدام نوعين من بروتوكولات التوجيه في الشبكات المترابطة:
بروتوكولات البوابة الداخلية (IGP) Interior Gateway Protocols (IGP)
بروتوكولات البوابة الخارجية (EGP) Exterior Gateway Protocols
- تُستخدم بروتوكولات البوابة الداخلية (IGP) لتبادل معلومات التوجيه مع أجهزة التوجيه في نفس النظام المستقل (AS) Autonomous System
- يكون النظام المستقل إما شبكة واحدة أو مجموعة من الشبكات ضمن نطاق إداري مشترك مما يعني في الأساس أن جميع أجهزة التوجيه التي تشترك في نفس معلومات جدول التوجيه موجودة في نفس النظام المستقل.
- تُستخدم بروتوكولات البوابة الخارجية (EGP) للتواصل بين أنظمة AS.

أمثلة

من أمثلة بروتوكولات توجيه البيانات (EGP) بروتوكول بوابة الحدود

Border Gateway Protocol (BGP)

والذي لن نهتم به لأنه خارج نطاق هذا الكتاب.

بروتوكول بوابة الحدود (BGP) هو بروتوكول التوجيه الديناميكي الذي ينشر التوجيهات لرزم التوجيه على الإنترنت.

نظرًا لأن بروتوكولات التوجيه ضرورية للغاية للتوجيه الديناميكي فسأقدم لك المعلومات الأساسية التي تحتاج إلى معرفتها عنها بعد ذلك.

أساسيات بروتوكول التوجيه Routing Protocol Basics

هناك بعض الأمور المهمة التي يجب أن تعرفها عن بروتوكولات التوجيه قبل أن نتعمق أكثر دعنا نلقي نظرة على المسافات الإدارية والأنواع الثلاثة المختلفة من بروتوكولات التوجيه.

المسافات الإدارية Administrative Distances

- تُستخدم المسافة الإدارية (AD) لتقييم موثوقية معلومات التوجيه المستلمة على جهاز توجيه من جهاز توجيه مجاور.

- المسافة الإدارية عبارة عن عدد صحيح من 0 إلى 255، حيث 0 هو الأكثر موثوقية و255 يعني أنه لن يتم تمرير أي حركة مرور عبر هذا الطريق.

- إذا تلقى جهاز توجيه تحديثين يسردان نفس الشبكة البعيدة فإن أول شيء يتحقق منه جهاز التوجيه هو AD.

- إذا كان أحد الطرق المعلن عنها يحتوي على AD أقل من الآخر فسيتم اختيار الطريق الذي يحتوي على AD الأقل ووضعه في جدول التوجيه.

- إذا كان كلا التوجيهين المعلن عنهما لنفس الشبكة لهما نفس AD فسيتم استخدام مقاييس بروتوكول التوجيه مثل عدد القفزات و/أو عرض النطاق الترددي للخطوط للعثور على أفضل توجيه إلى الشبكة البعيدة.

- سيتم وضع التوجيه المصنف بأقل مقياس في جدول التوجيه ولكن إذا كان كلا التوجيهين المعلن عنهما لهما نفس AD بالإضافة إلى نفس المقاييس فسيقوم بروتوكول التوجيه بموازنة التحميل load balance إلى الشبكة البعيدة مما يعني أن البروتوكول سيرسل البيانات إلى كل رابط منهما.

عمل المسافات الإدارية

يوضح الجدول (1) المسافات الإدارية الافتراضية التي يستخدمها جهاز توجيه Cisco لتحديد التوجيه الذي يجب اتخاذه إلى شبكة بعيدة.

- إذا كانت الشبكة متصلة بشكل مباشر سيستخدم جهاز التوجيه دائمًا الواجهة المتصلة بالشبكة.

- إذا قمت بتكوين توجيه ثابت سيؤكد جهاز التوجيه هذا التوجيه على أي توجيهات أخرى يتعرف عليها.

- يمكنك تغيير المسافة الإدارية للتوجيهات الثابتة ولكن AD قيمتها 1 بشكل افتراضي.

- تسمح لنا هذه القيمة بتكوين بروتوكولات التوجيه دون الحاجة إلى إزالة التوجيهات الثابتة لأنه من الجيد أن نحتفظ بها لتكون هناك نسخة احتياطية في حالة تعرض بروتوكول التوجيه لنوع من الفشل.

- إذا كان لديك توجيه ثابت وتوجيه معلن عنه بواسطة RIP وتوجيه معلن عنه بواسطة EIGRP يسرد نفس الشبكة، فأي توجيه سيستخدمه جهاز التوجيه؟ بشكل تلقائى سيستخدم جهاز التوجيه دائمًا التوجيه الثابت ما لم تغير AD الخاص به!

ROUTE SOURCE	DEFAULT AD
Connected interface	0
Static route	1
EIGRP	90
IGRP	100
OSPF	110
RIP	120
External EIGRP	170
Unknown	255 (this route will never be used)

الجدول رقم (1)
.CCST Support Technician, Networking Exam, Todd Lammle.2024

بروتوكولات التوجيه Routing Protocols

هناك ثلاث فئات من بروتوكولات التوجيه:

متجه المسافة Distance Vector

- بروتوكولات متجه المسافة المستخدمة اليوم تجد أفضل طريق إلى شبكة بعيدة من خلال الحكم على المسافة.

- في توجيه RIP يُطلق على كل حالة تمر فيها الرزمة عبر جهاز التوجيه اسم قفزة وسيتم اختيار التوجيه الذي يحتوي على أقل عدد من القفزات إلى الشبكة كأفضل توجيه.

- يشير المتجه إلى الاتجاه إلى الشبكة البعيدة.
- RIP هو بروتوكول توجيه متجه المسافة ويرسل بشكل دوري جدول التوجيه بالكامل إلى الجوار المتصلين مباشرة.

Link State حالة الرابط

- بروتوكول حالة الرابط يسمى أيضًا بروتوكول أقصر مسار توجيه أولاً shortest-path-first (SPF) و فيه ينشئ كل جهاز توجيه ثلاثة جداول منفصلة:
  - يتتبع أحد الجداول الجوار المتصلين مباشرة.
  - يحدد جدول آخر طوبولوجيا الشبكة بالكامل.
  - يُستخدم جدول ثالث كجدول توجيه.
- تعرف أجهزة توجيه حالة الرابط المزيد عن الشبكة أكثر من أي بروتوكول توجيه متجه المسافة آخر.
- OSPF هو بروتوكول توجيه IP يعتمد على حالة الرابط تمامًا.
- لا يتم تبادل جداول توجيه حالة الربط بشكل دوري بل يتم بدلاً من ذلك إرسال تحديثات مُحفَّزة تحتوي فقط على معلومات محددة عن حالة الربط.
- يتم تبادل رسائل تنبيه دورية صغيرة وفعّالة على هيئة رسائل ترحيب بين الجوار المتصلين مباشرة لإنشاء علاقات الجوار والحفاظ عليها.

بروتوكولات متجه المسافة المتقدمة Advanced Distance Vector

تستخدم بروتوكولات متجه المسافة المتقدمة جوانب من بروتوكولات متجه المسافة وحالة الربط، وبروتوكول EIGRP هو مثال رائع على ذلك.

Enhanced Interior Gateway Routing Protocol
بروتوكول التوجيه الداخلي المحسن بين البوابات

- قد يعمل بروتوكول EIGRP مثل بروتوكول توجيه حالة الربط لأنه يستخدم بروتوكول Hello لاكتشاف الجوار وتكوين علاقات الجوار ولأن التحديثات الجزئية فقط يتم إرسالها عند حدوث تغيير.
- لا يزال بروتوكول EIGRP يعتمد على مبدأ بروتوكول توجيه متجه المسافة الرئيسي الذي ينص على أن المعلومات حول بقية الشبكة يتم تعلمها من الجوار المتصلين مباشرة.
- لا توجد مجموعة من القواعد التي يجب اتباعها والتي تملي بالضبط كيفية تكوين بروتوكولات التوجيه على نطاق واسع لكل موقف.
- إنها مهمة يجب القيام بها حقًا على أساس كل حالة على حدة، مع التركيز على المتطلبات المحددة لكل حالة.

- تناول هذا الفصل توجيه IP بالتفصيل.
- من المهم للغاية أن تفهم تمامًا الأساسيات التي يغطيها هذا الفصل لأن كل ما يتم إجراؤه على جهاز توجيه Cisco عادةً سيكون به نوع ما من توجيه IP مُهيأ وقيد التشغيل.
- لقد تعلمت كيف يستخدم توجيه IP الإطارات لنقل الرزم بين أجهزة التوجيه وإلى المضيف الوجهة.
- قمنا بتكوين التوجيه الثابت على أجهزة التوجيه الخاصة بنا وناقشنا المسافة الإدارية التي يستخدمها IP لتحديد أفضل مسار إلى شبكة الوجهة.
- لقد اكتشفت أنه إذا كان لديك شبكة بديلة فيمكنك تكوين التوجيه الافتراضي الذي يحدد بوابة الملاذ الأخير على جهاز التوجيه.
- وصف عملية توجيه IP الأساسية.
- يجب أن تتذكر أن الإطار يتغير عند كل قفزة، ولكن الرزمة لا تتغير أو تتم معالجتها بأي شكل من الأشكال حتى تصل إلى الجهاز الوجهة.
- (يتم تقليل حقل TTL في رأس IP لكل قفزة، ولكن هذا كل شيء!)
- سرد المعلومات المطلوبة من جهاز التوجيه لتوجيه الرزم بنجاح.
- لكي يتمكن جهاز التوجيه من توجيه الرزم، يجب أن يعرف، على الأقل، عنوان الوجهة وموقع أجهزة التوجيه المجاورة التي يمكنه من خلالها الوصول إلى الشبكات البعيدة والطرق الممكنة لجميع الشبكات البعيدة وأفضل طريق لكل شبكة بعيدة وكيفية صيانة معلومات التوجيه والتحقق منها.
- وصف كيفية استخدام عناوين MAC أثناء عملية التوجيه.
- سيتم استخدام عنوان MAC (الأجهزة) فقط على شبكة LAN محلية.
- يستخدم الإطار عناوين MAC (الأجهزة) لإرسال رزمة على شبكة LAN. سيأخذ الإطار الرزمة إما إلى مضيف على شبكة LAN أو إلى واجهة جهاز التوجيه (إذا كانت الرزمة موجهة إلى شبكة بعيدة).
- مع انتقال الرزم من جهاز توجيه إلى آخر، تتغير عناوين MAC المستخدمة، ولكن عادةً لا تتغير عناوين IP الأصلية للمصدر والوجهة داخل الرزمة.
- قم بالتمييز بين الأنواع الثلاثة للتوجيه.
- الأنواع الثلاثة للتوجيه هي التوجيه الثابت (حيث يتم تكوين المسارات يدويًا في واجهة سطر الأوامر) والتوجيه الديناميكي (حيث تشارك أجهزة

التوجيه معلومات التوجيه عبر بروتوكول التوجيه) والتوجيه الافتراضي (حيث يتم تكوين مسار خاص لجميع حركة المرور دون شبكة وجهة أكثر تحديدًا موجودة في الجدول).

- قم بمقارنة ومقارنة التوجيه الثابت والديناميكي.
- لا ينشئ التوجيه الثابت حركة مرور تحديث التوجيه ويخلق عبئًا أقل على جهاز التوجيه وروابط الشبكة، ولكن يجب تكوينه يدويًا ولا يمتلك القدرة على الاستجابة لانقطاعات الربط.
- ينشئ التوجيه الديناميكي حركة مرور تحديث التوجيه ويستخدم عبئًا أكبر على جهاز التوجيه وروابط الشبكة.
- تفهم جيدا المسافة الإدارية ودورها في اختيار أفضل مسار.
- تُستخدم المسافة الإدارية (AD) لتقييم موثوقية معلومات التوجيه التي يتم تلقيها على جهاز توجيه من جهاز توجيه مجاور.
- المسافة الإدارية عبارة عن عدد صحيح من 0 إلى 255، حيث يمثل 0 الأكثر موثوقية ويعني 255 أنه لن يتم تمرير أي حركة مرور عبر هذا المسار.
- يتم تعيين AD افتراضي لجميع بروتوكولات التوجيه ولكن يمكن تغييره في سطر الأوامر CLI.
- التمييز بين متجه المسافة وحالة الربط تتخذ بروتوكولات توجيه متجه المسافة قرارات التوجيه بناءً على عدد القفزات (فكر في RIP) في حين أن بروتوكولات توجيه حالة الربط قادرة على مراعاة عوامل متعددة مثل النطاق الترددي المتاح وبناء جدول طوبولوجيا.

الفصل التاسع: التبديل Switching

خدمات التبديل

- مبدلات الطبقة 2 تعمل كجسر متعدد المنافذ لأن السبب الأساسي لوجودها هو نفسه تقسيم مجالات التصادم.

- مبدلات وجسور الطبقة 2 أسرع من أجهزة التوجيه لأنها لا تستغرق وقتًا في قراءة معلومات ترويسة طبقة الشبكة.

- تنظر المبدلات إلى عناوين الأجهزة الخاصة بالإطار قبل اتخاذ قرار إما بإعادة توجيه الإطار أو غمره أو إسقاطه.

- المبدلات عكس الموزعات تنشئ مجالات تصادم خاصة ومخصصة وتوفر نطاق ترددي مستقل حصريًا على كل منفذ.

مزايا استخدام تبديل الطبقة 2

- تعمل عمل الجسور القائمة على الأجهزة على الأجهزة (ASICs)
- سرعة السلك
- زمن انتقال منخفض
- تكلفة منخفضة
- السبب الرئيسي وراء كفاءة تبديل الطبقة 2 هو عدم حدوث أي تعديل على رزمة البيانات.
- يقرأ الجهاز فقط الإطار الذي يغلف الرزمة مما يجعل عملية التبديل أسرع بكثير وأقل عرضة للخطأ من عمليات التوجيه.
- عند استخدام تبديل الطبقة 2 فى اتصال مجموعة العمل وتقسيم الشبكة (تقسيم مجالات التصادم) يمكننا إنشاء المزيد من أقسام الشبكة مقارنة بالشبكات الموجهة التقليدية.
- يعمل تبديل الطبقة 2 على زيادة النطاق الترددي لكل مستخدم لأن كل اتصال أو واجهة في التبديل هي مجال تصادم مستقل.

وظائف مبدل الطبقة 2

هناك ثلاث وظائف مميزة للتبديل في الطبقة 2 من الضروري أن تتذكرها: تعلم العنوان وقرارات التوجيه/التصفية وتجنب الحلقة.

تعلم العنوان Address Learning

تتذكر مبدلات الطبقة 2 عنوان أجهزة المصدر لكل إطار يتم استقباله على واجهة وتدخل هذه المعلومات في قاعدة بيانات MAC تسمى forward/filter table جدول التوجيه/التصفية (CAM).

قرارات التوجيه/التصفية Forward/Filter Decisions

عند استقبال إطار على أى واجهة ينظر المبدل إلى عنوان أجهزة الوجهة ثم يختار واجهة الخروج المناسبة له في قاعدة بيانات MAC.
بهذه الطريقة يتم إعادة توجيه الإطارمن منفذ الوجهة الصحيح فقط.

تجنب الحلقة Loop Avoidance

إذا نشأت اتصالات متعددة بين المبدلات لأغراض ال redundancy التكرار الإحتياطى فقد تحدث حلقات تكرار فى الشبكة.
يتم استخدام بروتوكول الشجرة الممتدة Spanning Tree Protocol (STP) لمنع حدوث حلقات التكرارفى الشبكة عند تفعيل redundancy

تعلم العنوان Address Learning

عند تشغيل المبدل لأول مرة يكون جدول التوجيه/التصفية (CAM) الخاص بـ MAC فارغًا كما هو موضح في الشكل (1).

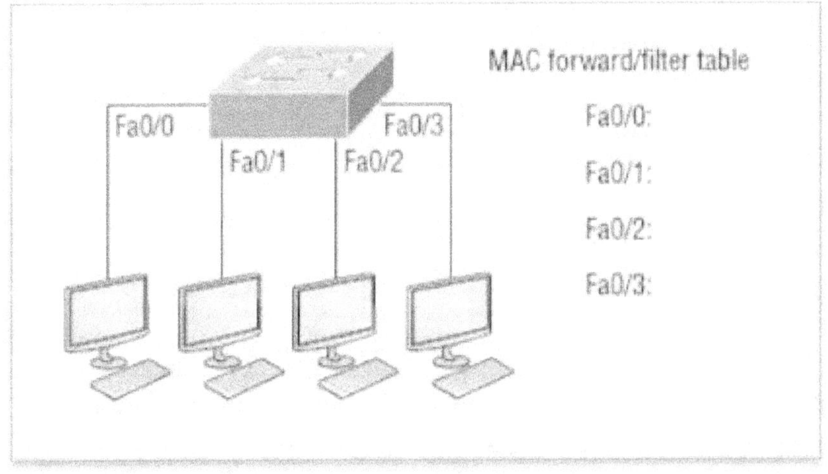

الشكل رقم (1) جدول إعادة التوجيه لمبدل.
CCST Support Technician, Networking Exam, Todd Lammle.2024.

عمل المبدل

- عندما يرسل أى جهاز إطاروتستقبله واجهة يضع المبدل عنوان مصدر الإطار في جدول إعادة التوجيه/التصفية MAC مما يسمح له بالإشارة إلى الواجهة التي يقع عليها الجهاز المرسل.
- لا يوجد أمام المبدل بعد ذلك خيار سوى غمر الشبكة flood بهذا الإطار لكل منفذ باستثناء منفذ المصدر لأنه لا يعرف جهازالوجهة فعليًا.
- إذا رد جهاز ما على هذا الإطار الغامر وأرسل إطار للمبدل فسيأخذ المبدل

239

عنوان المصدر من ذلك الإطار ويضع عنوان MAC هذا في قاعدة البيانات الخاصة به ويربط هذا العنوان بالواجهة التي تلقت الإطار.

- أصبح المبدل يحتوي الآن على كل من عنواني MAC ذوي الصلة في جدول التصفية الخاص به يمكن للجهازين الآن إنشاء اتصال من نقطة إلى نقطة.

- لا يحتاج المبدل إلى غمر الإطار كما فعل في المرة الأولى لأن الإطارات الآن يمكن إعادة توجيهها فقط بين هذين الجهازين.

- وهذا هو السبب بالضبط وراء تفوق مبدلات الطبقة 2 على الموزعات.

- في شبكة الموزع يتم إعادة توجيه جميع الإطارات خارج جميع المنافذ في كل مرة ـ بغض النظر عن أي شيء.

يوضح الشكل (2) العمليات المشاركة في بناء قاعدة بيانات MAC.

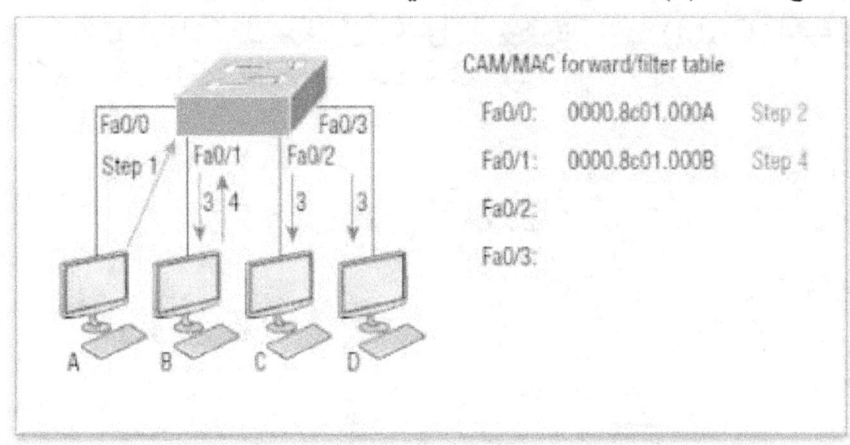

الشكل (2) كيف تتعرف المبدلات على مواقع المضيفين.
.CCST Support Technician, Networking Exam, Todd Lammle.2024

في هذا الشكل يمكنك رؤية أربعة مضيفين متصلين بمبدل.

عندما يتم تشغيل المبدل لا يوجد شيء في جدول إعادة التوجيه/التصفية لعناوين MAC كما هو الحال في الشكل (1).

ولكن عندما تبدأ المضيفات في الاتصال يضع المبدل عنوان الأجهزة المصدر لكل إطار في الجدول مع المنفذ الذي يتوافق معه عنوان مصدر الإطار.

مثال كيفية ملء جدول إعادة التوجيه/التصفية

باستخدام الشكل (2):

1. يرسل المضيف A إطارًا إلى المضيف B.
عنوان MAC للمضيف A هو 0000.8c01.000A
وعنوان MAC للمضيف B هو 0000.8c01.000B.

240

2. يستقبل المبدل الإطار على واجهة Fa0/0 ويضع عنوان المصدر في جدول عناوين MAC.

3. نظرًا لأن عنوان الوجهة غير موجود في قاعدة بيانات MAC، يتم إعادة توجيه الإطار إلى جميع الواجهات باستثناء منفذ المصدر.

4. يستقبل المضيف B الإطار ويستجيب للمضيف A.

يستقبل المبدل هذا الإطار على الواجهة Fa0/1 ويضع عنوان الأجهزة المصدر في قاعدة بيانات MAC.

5. يمكن للمضيف A والمضيف B الآن إجراء اتصال من نقطة إلى نقطة وستستقبل هذه الأجهزة المحددة فقط الإطارات.

لن يرى المضيفان C و D الإطارات ولن يتم العثور على عناوين MAC الخاصة بهما في قاعدة البيانات لأنهما لم يرسلا إطارًا إلى المبدل بعد.

إذا لم يتواصل المضيف A والمضيف B مع المبدل مرة أخرى خلال فترة زمنية معينة فسيقوم المبدل بمسح إدخالاتهما من قاعدة البيانات لإبقائها محدثة قدر الإمكان.

قرارات التوجيه/التصفية Forward/Filter Decisions

- عندما يصل إطار إلى واجهة التبديل تتم مقارنة عنوان الجهاز الوجهة بقاعدة بيانات MAC للتوجيه/التصفية.

- إذا كان عنوان الجهاز الوجهة معروفًا ومدرجًا في قاعدة البيانات يتم إرسال الإطار فقط من واجهة الخروج المناسبة.

- لن يقوم المبدل بإرسال الإطار إلى أي واجهة باستثناء واجهة الوجهة مما يحافظ على النطاق الترددي على أجزاء الشبكة الأخرى.

- تسمى هذه العملية تصفية الإطار.

- ولكن إذا لم يكن عنوان الجهاز الوجهة مدرجًا في قاعدة بيانات MAC فسيتم غمر الإطار لجميع الواجهات النشطة باستثناء الواجهة التي تم استقباله عليها. إذا أجاب جهاز على الإطار الغامر يتم تحديث قاعدة بيانات MAC بعد ذلك بموقع الجهاز واجهته الصحيحة.

- إذا أرسل مضيف أو خادم بثًا على شبكة LAN فسيغمر المبدل بشكل افتراضي الإطار لجميع المنافذ النشطة باستثناء منفذ المصدر.

- تذكر أن المبدل ينشئ مجالات تصادم أصغر لكنه لا يزال دائمًا مجال بث كبير بشكل افتراضي.

في الشكل (3) يرسل المضيف A إطار بيانات إلى المضيف D.

ما الذي تعتقد أن المبدل سيفعله عندما يستقبل الإطار من المضيف A؟

سنجد الإجابة على السؤال في الشكل رقم (4).

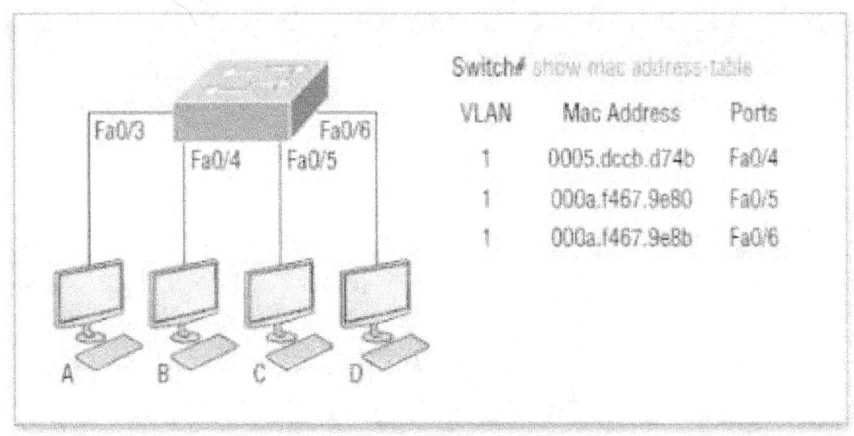

الشكل رقم (3) جدول إعادة التوجيه و التصفية.

CCST Support Technician, Networking Exam, Todd Lammle.2024.

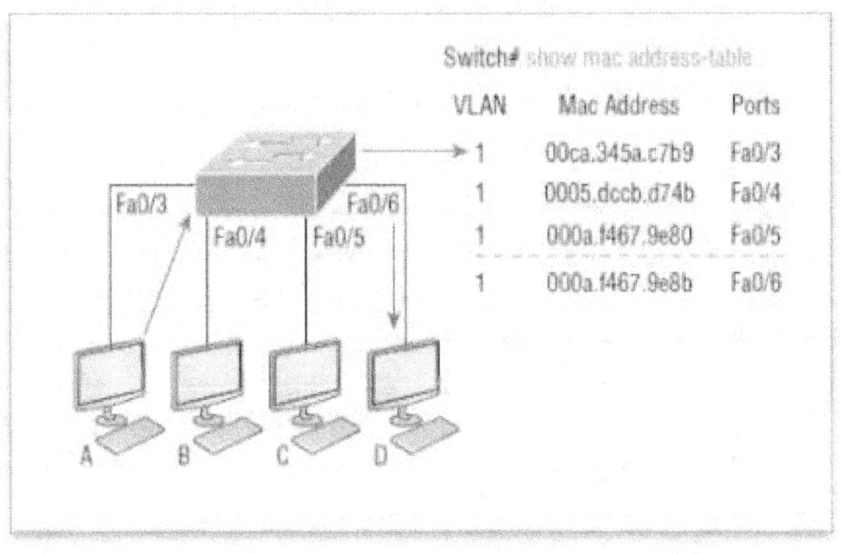

الشكل (4) جدول إعادة التوجيه و الإجابة عن السؤال.

CCST Support Technician, Networking Exam, Todd Lammle.2024.

نظرًا لأن عنوان MAC الخاص بالمضيف A ليس موجودًا في جدول التوجيه/التصفية فإن المبدل سيضيف عنوان المصدر والمنفذ إلى جدول عناوين MAC ثم يقوم بإعادة توجيه الإطار إلى المضيف D.

من المهم حقًا أن تتذكر أنه يتم دائمًا فحص عنوان MAC المصدر أولاً للتأكد من وجوده في جدول CAM.

بعد ذلك إذا لم يتم العثور على عنوان MAC الخاص بالمضيف D في جدول التوجيه/التصفية فإن المبدل سيغمر الإطار بجميع المنافذ باستثناء المنفذ

242

Fa0/3 لأن هذا هو المنفذ المحدد الذي تم استقبال الإطار عليه.
دعنا نلقي نظرة على الناتج عن استخدام أمر show mac address-table:

```
Switch#sh mac address-table
Vlan Mac Address Type Ports]]>
---- ------------- --------- -----
1 0005.dccb.d74b DYNAMIC Fa0/1
1 000a.f467.9e80 DYNAMIC Fa0/3
1 000a.f467.9e8b DYNAMIC Fa0/4
1 000a.f467.9e8c DYNAMIC Fa0/3
1 0010.7b7f.c2b0 DYNAMIC Fa0/3
1 0030.80dc.460b DYNAMIC Fa0/3
1 0030.9492.a5dd DYNAMIC Fa0/1
1 00d0.58ad.05f4 DYNAMIC Fa0/1
```

ولكن لنفترض أن المبدل السابق تلقى إطارًا يحتوي على عناوين MAC التالية:

MAC المصدر: **0005.dccb.d74b**
MAC الوجهة: **000a.f467.9e8c**
كيف سيتعامل المبدل مع هذا الإطار؟
الإجابة الصحيحة هي أن عنوان MAC الوجهة سيوجد في جدول عناوين MAC وسيتم إعادة توجيه الإطار فقط Fa0/3.
لا تنس أبدًا أنه إذا لم يتم العثور على عنوان MAC الوجهة في جدول التوجيه/التصفية فسيتم إعادة توجيه الإطار خارج جميع منافذ المبدل باستثناء المنفذ الذي تم استلامه عليه في الأصل في محاولة لتحديد موقع جهاز الوجهة.
الآن بعد أن أصبح بإمكانك رؤية جدول عناوين MAC وكيف تضيف المبدلات عناوين المضيفين إلى جدول مرشح التوجيه فكيف تعتقد أننا نستطيع تأمينه من المستخدمين غير المصرح لهم؟

تجنب حدوث الحلقة Loop Avoidance

من المهم وجود روابط زائدة بين المبدلات لأنها تساعد في منع الأعطال البغيضة في الشبكة في حالة توقف أحد الروابط عن العمل.
ولكن رغم أن الروابط الزائدة يمكن أن تكون مفيدة إلا أنها يمكن أن تسبب أيضًا

مشكلات أكثر مما تحلها! وذلك لأن الإطارات يمكن أن تتدفق عبر جميع الروابط الزائدة في وقت واحد مما يؤدي إلى نشأة حلقات الشبكة.

فيما يلي قائمة ببعض أبشع المشكلات التي يمكن أن تحدث:

■ إذا لم يتم وضع مخططات لتجنب الحلقة فإن المبدلات ستغمر البث إلى ما لا نهاية في جميع أنحاء الشبكة.

يشار إلى هذا أحيانًا باسم عاصفة البث.

في معظم الأحيان يشار إليها بطرق غير قابلة للطباعة!

يوضح الشكل (5) كيف يمكن نشر البث في جميع أنحاء الشبكة.

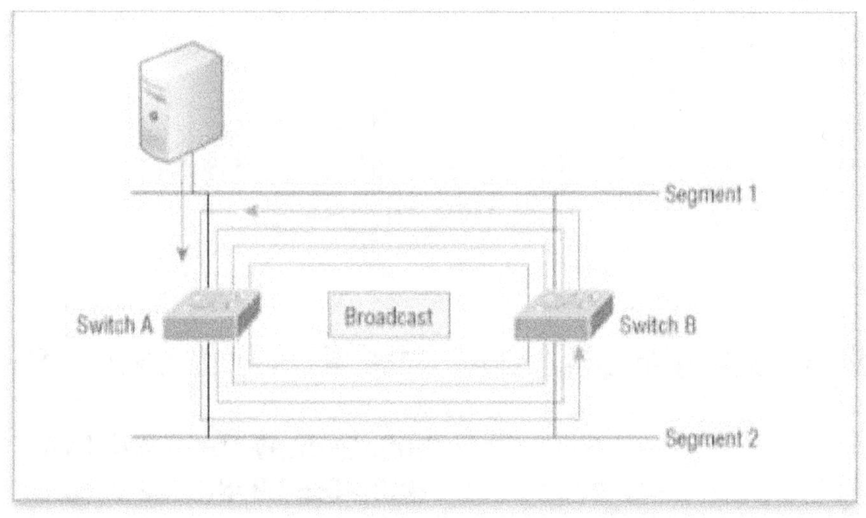

الشكل رقم (5) عاصفة البث.

CCST Support Technician, Networking Exam, Todd Lammle.2024.

لاحظ كيف يتم غمر إطار باستمرار من خلال وسائط الشبكة المادية للشبكة.

■ يمكن لجهاز ما أن يستقبل نسخًا متعددة من نفس الإطار لأن هذا الإطار يمكن أن يصل من قطاعات مختلفة في نفس الوقت.

يوضح الشكل (6) كيف يمكن لمجموعة كاملة من الإطارات أن تصل من قطاعات متعددة في نفس الوقت.

يرسل الخادم في الشكل إطارًا أحادي البث إلى جهاز التوجيه C.

ولأنه إطار أحادي البث يقوم المبدل A بإعادة توجيه الإطار ويوفر المبدل B نفس الخدمة فهو يعيد توجيه البث الأحادي.

وهذا أمر سيئ لأنه يعني أن جهاز التوجيه C يتلقى إطار البث الأحادي مرتين مما يتسبب في زيادة العبء على الشبكة.

■ ربما فكرت في هذا الأمر: قد يرتبك جدول مرشح عنوان MAC تمامًا بشأن موقع الجهاز المصدر لأن المبدل يمكنه استقبال الإطار من أكثر من رابط.

244

والأسوأ من ذلك أن المبدل المرتبك قد ينشغل كثيرًا بتحديث جدول مرشح MAC باستمرار بمواقع عناوين الأجهزة المصدر بحيث يفشل في إعادة توجيه الإطار! وهذا ما يسمى بتدمير جدول MAC.

■ إن أحد أسوأ الأحداث هو انتشار حلقات متعددة عبر الشبكة.

يمكن أن تحدث الحلقات داخل حلقات أخرى وإذا حدثت عاصفة بث في نفس الوقت فلن تتمكن الشبكة من إجراء تبديل الإطارات .

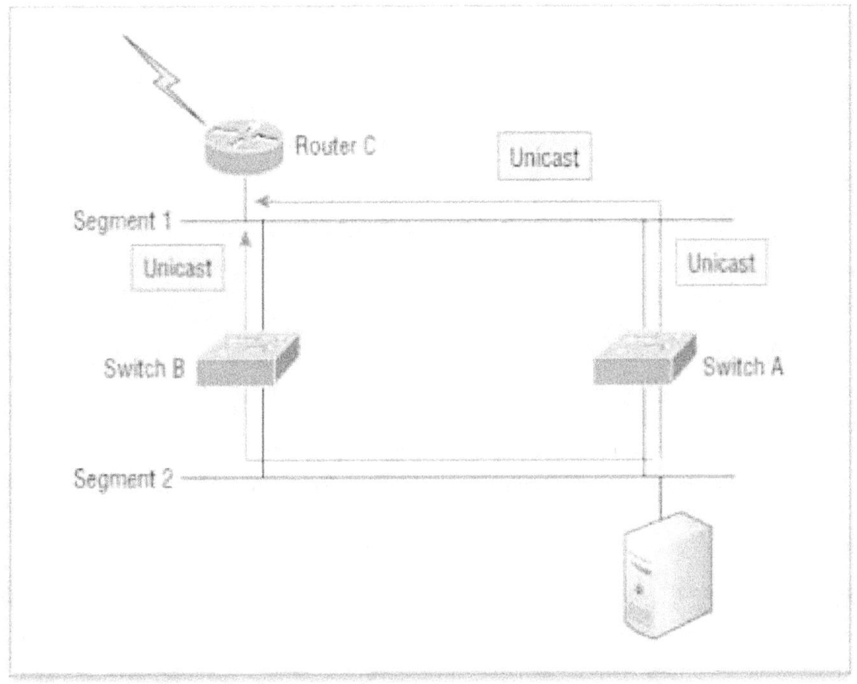

الشكل رقم (6) نسخ إطار متعددة.

CCST Support Technician, Networking Exam, Todd Lammle.2024.

كل هذه المشاكل تؤدي إلى كارثة وهي مواقف شريرة يجب تجنبها أو إصلاحها بطريقة أو بأخرى.

وهنا يأتي دور بروتوكول شجرة الامتداد Spanning Tree Protocol.

فقد تم تطويره في الواقع لحل كل مشكلة من المشاكل التي أخبرتك عنها. الآن بعد أن أوضحت المشكلات التي قد تحدث عندما يكون لديك روابط زائدة عن الحاجة أو روابط غير منفذة بشكل صحيح، فأنا متأكد من أنك تدرك مدى أهمية منعها. أفضل الحلول تقع خارج نطاق هذا الفصل. دعنا نركز على تكوين بعض التبديلات!

هل نحتاج إلى وضع عنوان IP على جهاز تبديل؟

بالطبع لا! جميع المنافذ في أجهزة التبديل مفعلة وجاهزة للاستخدام.
أخرج الجهاز من العلبة وقم بتوصيله وسيبدأ الجهاز في تعلم عناوين MAC
في وحدة التحكم المركزية (CAM).

متى نحتاج عنوان IP

- لماذا أحتاج إلى عنوان IP طالما أن أجهزة التبديل توفر خدمات الطبقة 2؟
  لأنك ما زلت بحاجة إليه لأغراض الإدارة داخل النطاق!

- تحتاج كل من Telnet وSSH وSNMP وما إلى ذلك إلى عنوان IP
  للتواصل مع الجهاز عبر الشبكة (داخل النطاق).

- نظرًا لأن جميع المنافذ مفعلة افتراضيًا فأنت بحاجة إلى إيقاف تشغيل
  المنافذ غير المستخدمة أو تعيينها لشبكة VLAN لأسباب أمنية.

- إذن أين نضع عنوان IP الذي يحتاجه الجهاز لأغراض الإدارة؟

- على واجهة يُطلق عليها واجهة الإدارة VLAN.

- على كل جهاز تبديل من Cisco واجهة تسمى واجهة VLAN 1.

- يمكن تغيير واجهة الإدارة هذه وتوصي Cisco بتغييرها إلى واجهة إدارة
  مختلفة لأغراض أمنية.

إظهار جدول عناوين mac show mac address-table

هذا الأمر S3#sh mac address-table يؤدي استخدامه إلى عرض جدول
التصفية الأمامية والذي يُسمى أيضًا جدول الذاكرة القابلة للعنونة بالمحتوى
(CAM). إليك الناتج من مبدل S1:

```
1 000e.83b2.e34b DYNAMIC Fa0/1
1 0011.1191.556f DYNAMIC Fa0/1
1 0011.3206.25cb DYNAMIC Fa0/1
1 001a.2f55.c9e8 DYNAMIC Fa0/1
1 001a.4d55.2f7e DYNAMIC Fa0/1
1 001c.575e.c891 DYNAMIC Fa0/1
1 b414.89d9.1886 DYNAMIC Fa0/5
1 b414.89d9.1887 DYNAMIC Fa0/6
```

تستخدم المبدلات أشياء تسمى عناوين MAC الأساسية يتم تعيينها لوحدة
المعالجة المركزية.

أول عنوان مدرج هو عنوان MAC الأساسي للمبدل.

من الناتج السابق يمكنك أن ترى أن لدينا ستة عناوين MAC تم تعيينها ديناميكيًا إلى Fa0/1 مما يعني أن المنفذ Fa0/1 متصل بمبدل آخر.

المنفذان Fa0/5 وFa0/6 لديهما عنوان MAC واحد فقط تم تعيينه وكل المنافذ تم تعيينها إلى VLAN 1.

دعنا نلقي نظرة على CAM للمبدل S2 ونرى ما يمكننا اكتشافه.

```
S2#sh mac address-table
Mac Address Table]]>
-------------------------------------------

Vlan Mac Address Type Ports]]>
---- ----------- -------- --------

All 0100.0ccc.cccc STATIC CPU
[output cut
1 000e.83b2.e34b DYNAMIC Fa0/5
1 0011.1191.556f DYNAMIC Fa0/5
1 0011.3206.25cb DYNAMIC Fa0/5
1 001a.4d55.2f7e DYNAMIC Fa0/5
1 581f.aaff.86b8 DYNAMIC Fa0/5
1 ecc8.8202.8286 DYNAMIC Fa0/5
1 ecc8.8202.82c0 DYNAMIC Fa0/5
Total Mac Addresses for this criterion: 27
S2#
```

يخبرنا هذا الناتج أن لدينا سبعة عناوين MAC مخصصة لـ Fa0/5 وهو اتصالنا بـ S3.

ولكن أين المنفذ 6؟ نظرًا لأن المنفذ 6 هوredundant رابط بديل إحتياطى لـ S3، فقد وضع STP المنفذ Fa0/6 في وضع الحظر.

أساسيات شبكة VLAN VLAN Basics

مقدمة عن الشبكات المسطحة

يوضح الشكل (7) بنية الشبكة المسطحة التي كانت نموذجية جدًا لشبكات التبديل من الطبقة 2.

باستخدام هذا التكوين يمكن رؤية كل رزمة بث يتم إرسالها من قِبل كل جهاز على الشبكة بغض النظر عما إذا كان الجهاز يحتاج تلقي تلك البيانات أم لا. بشكل افتراضي تسمح أجهزة التوجيه بحدوث البث فقط داخل الشبكة الأصلية في حين تقوم المبدلات بإعادة توجيه البث إلى جميع القطاعات.

وبالمناسبة فإن السبب وراء تسميتها بشبكة مسطحة flat network هو أنها عبارة عن نطاق بث واحد one broadcast domain وليس لأن التصميم الفعلي مسطح فعليًا.

في الشكل (7) نرى المضيفA يرسل بثًا وجميع المنافذ الموجودة على جميع المبدلات تعيد توجيهه جميعا باستثناء المنفذ الذي استقبله في الأصل.

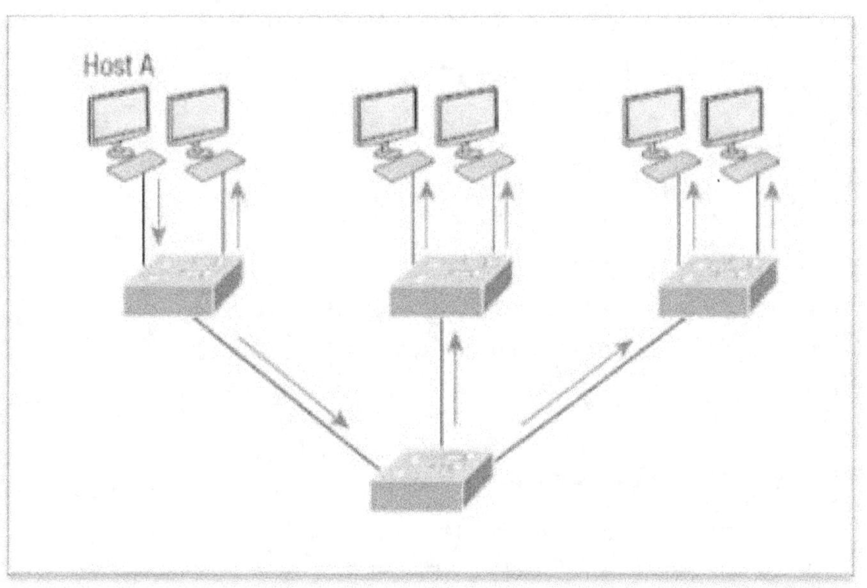

الشكل (7) هيكل الشبكة المسطحة.

CCST Support Technician, Networking Exam, Todd Lammle.2024.

الشكل (8) يصور شبكة مبدلة ويظهر المضيف A يرسل إطارًا إلى المضيف D كوجهة له.

العامل المهم هنا هو أن الإطار يتم توجيهه فقط إلى المنفذ الذي يقع فيه المضيف D.

يعد هذا تحسنًا كبيرًا مقارنة بشبكات الموزعات القديمة ما لم يكن وجود مجال تصادم واحد افتراضيًا هو ما تريده حقًا لسبب ما!

أكبر فائدة يمكن الحصول عليها باستخدام شبكة تبديل الطبقة 2 هي أنها تنشئ قطاعات مجال تصادم فردية لكل جهاز متصل بكل منفذ على المبدل. يحررنا هذا من قيود كثافة الإيثرنت القديمة ويمكّننا من بناء شبكات أكبر.

لكن كل تقدم جديد يأتي معه قضايا جديدة.

على سبيل المثال كلما زاد عدد المستخدمين والأجهزة التي تملأ الشبكة وتستخدمها زاد عدد عمليات البث والرزم التي يتعين على كل مبدل التعامل معها.

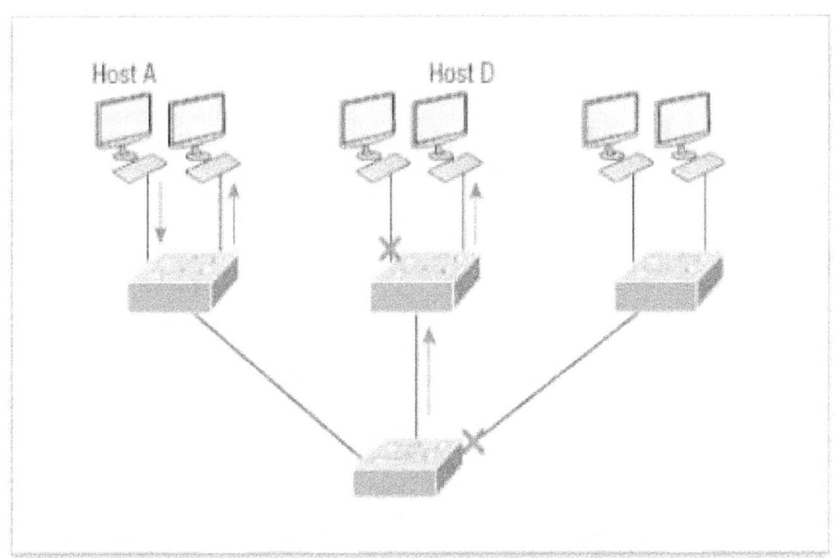

الشكل رقم (8) فوائد الشبكة المبدلة.
.CCST Support Technician, Networking Exam, Todd Lammle.2024

مشاكل الأمان

هناك مشكلة كبيرة أخرى: الأمان! لأن فى شبكة الإنترنت النموذجية التي يتم تبديلها من الطبقة 2 يمكن لجميع المستخدمين رؤية جميع الأجهزة افتراضيًا. ولا يمكنك منع الأجهزة من البث بالإضافة إلى عدم قدرتك على منع المستخدمين من محاولة الاستجابة للبث.

هذا يعني أن خيارات الأمان لديك تقتصر بشكل كبير على وضع كلمات مرور على خوادمك وأجهزة أخرى.

شبكات VLAN و حل مشكلة الأمان

إذا قمت بإنشاء شبكة LAN افتراضية (VLAN) يمكنك حل العديد من المشاكل المرتبطة بالتبديل من الطبقة 2.

عمل شبكات VLAN

يوضح الشكل (9) جميع المضيفين في شركة صغيرة جدًا متصلة بمبدل واحد مما يعني أن جميع المضيفين سيستقبلون جميع الإطارات وهو السلوك

الافتراضي لجميع المبدلات.
إذا أردنا فصل بيانات المضيف، فيمكننا إما شراء مبدل آخر أو إنشاء شبكات محلية افتراضية كما هو موضح في الشكل (10).

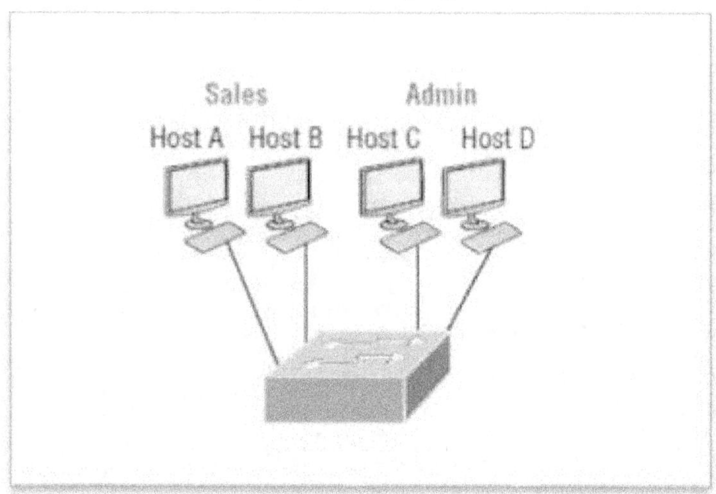

الشكل (9) قبل شبكات VLAN لم تكن هناك فواصل بين المضيفين.
CCST Support Technician, Networking Exam, Todd Lammle.2024.

في الشكل (10) قمت بتكوين المبدل بحيث يكون به شبكتان محليتان منفصلتان وشبكتان فرعيتان ومجالان للبث وشبكتان محليتان افتراضيتان وكلها تعني نفس الشيء دون الحاجة إلى شراء مبدل آخر.
يمكننا القيام بذلك 1000 مرة على معظم مبدلات سيسكو وهو ما يوفر آلاف الدولارات وأكثر!

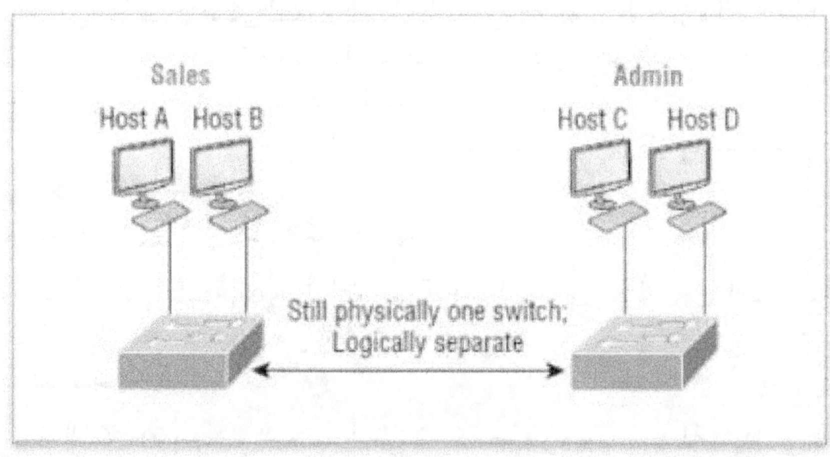

الشكل (10) تكوين المبدل بحيث يكون به شبكتان محليتان منفصلتان.
CCST Support Technician, Networking Exam, Todd Lammle.2024.

لاحظ أنه على الرغم من أن الفصل افتراضي وأن المضيفين لا يزالون متصلين بنفس المبدل إلا أن شبكات LAN لا يمكنها إرسال البيانات إلى بعضها البعض بشكل افتراضي.

ذلك لأنها لا تزال شبكات منفصلة ولكن لا داعي للقلق سنتحدث عن الاتصال بين شبكات VLAN لاحقًا في هذا الفصل.

شبكات VLAN و إدارة الشبكة

فيما يلي قائمة قصيرة بالطرق التي تبسط بها شبكات VLAN إدارة الشبكة:

■ تتم إضافة الشبكة ونقلها وتغييرها بسهولة بمجرد تكوين منفذ في شبكة VLAN المناسبة.

■ يمكن وضع مجموعة من المستخدمين الذين يحتاجون إلى مستوى عالٍ من الأمان في شبكة VLAN الخاصة بهم حتى لا يتمكن المستخدمون خارج شبكة VLAN هذه من التواصل مع مستخدمي المجموعة.

■ باعتبارها مجموعة منطقية للمستخدمين حسب الوظيفة، يمكن اعتبار شبكات VLAN مستقلة عن مواقعها المادية أو الجغرافية.

■ تعمل شبكات VLAN على تعزيز أمان الشبكة بشكل كبير إذا تم تنفيذها بشكل صحيح.

■ تزيد شبكات VLAN من عدد مجالات البث مع تقليل حجمها.

فيما يلي، سوف نستكشف عالم التبديل بشكل شامل، وسنتعلم بالضبط كيف ولماذا توفر لنا المبدلات خدمات شبكة أفضل بكثير مما توفره الموزعات في شبكاتنا اليوم.

التحكم في البث Broadcast Control

تحدث عمليات البث في كل بروتوكول ولكن يعتمد تكرار حدوثها على الأشياء الثلاثة التالية:

■■ نوع البروتوكول

■■ التطبيق الذي يعمل على الشبكة

■■ كيفية استخدام هذه الخدمات

التطبيقات النهمة و أثرها الضار

■ لقد تمت إعادة كتابة بعض التطبيقات القديمة لتقليل استهلاكها للنطاق الترددي ولكن هناك جيل جديد من التطبيقات تستهلك النطاق الترددي بشكل كبير لدرجة أنها تستهلك أي وكل ما يمكنها العثور عليه.

■ هذم التطبيقات النهمة هى مجموعة من تطبيقات الوسائط المتعددة التي تستخدم جميع عمليات البث والبث المتعدد على نطاق واسع.

251

- عوامل منع تاثير هذه التطبيقات قد لا تكفي ويمكن أن تؤدي إلى تفاقم المشاكل التي تسببها بالفعل هذه التطبيقات التي تعتمد على البث بشكل خطير.
- وقد أضاف كل هذا بعدًا جديدًا رئيسيًا إلى تصميم الشبكة ويمثل مجموعة من التحديات الجديدة لمسؤول إدارة أى شبكة.

حل مشكلة التطبيقات النهمة

- إن التأكد من تقسيم شبكتك بشكل صحيح بحيث يمكنك عزل مشكلات شريحة واحدة بسرعة لمنع انتشارها في جميع أنحاء شبكة الإنترنت أصبح أمرًا ضروريًا الآن.
- والطريقة الأكثر فعالية للقيام بذلك هي من خلال التبديل والتوجيه الإستراتيجي!
- منذ أن أصبحت المبدلات أرخص استبدل الجميع تقريبًا شبكاتهم ذات الموزعات المسطحة ببيئات الشبكة المبدلة وشبكات VLAN النقية.
- جميع الأجهزة داخل شبكة VLAN أعضاء في نفس نطاق البث وتستقبل جميع عمليات البث ذات الصلة بها.
- يتم بشكل افتراضي تصفية عمليات البث من جميع المنافذ الموجودة على المبدل وليست أعضاء في نفس شبكة VLAN.
- بذلك تحصل على جميع الفوائد التي ستحصل عليها من تصميم مبدل دون التعرض لجميع المشاكل التي قد تواجهها إذا كان جميع المستخدمين لديك في نفس نطاق البث.

الأمان Security

مخاطر الشبكات

- كان التعامل مع أمان شبكة الإنترنت المسطحة يتم من خلال ربط الموزعات والمبدلات مع أجهزة التوجيه.
- لذا كانت مهمة جهاز التوجيه في الأساس هي الحفاظ على الأمان.
- كان هذا الترتيب غير فعال لأسباب عديدة.
- أولاً، يمكن لأي شخص متصل بالشبكة المادية الوصول إلى موارد الشبكة الموجودة على شبكة LAN المادية المعينة.
- ثانيًا، كان أي شخص يريد مراقبة أي حركة مرور تمر عبر هذه الشبكة هو ببساطة توصيل محلل شبكة بالموزع.
- بجانب الحقيقة المخيفة الأخيرة يمكن للمستخدمين الانضمام بسهولة إلى مجموعة عمل بمجرد توصيل محطات العمل الخاصة بهم بالموزع الحالي.

VLAN وحلول المشاكل

- ما يجعل شبكات VLAN رائعة للغاية إذا قمت ببنائها وإنشاء مجموعات بث متعددة و بإمكانك التحكم الكامل في كل منفذ ومستخدم!

- الأيام التي كان بإمكان أي شخص توصيل أجهزته بأي منفذ تبديل والوصول إلى موارد الشبكة قد ولت لأنك الآن تستطيع التحكم في كل منفذ وأي موارد يمكنه الوصول إليها.

- يمكن إنشاء شبكات VLAN بتناغم مع احتياجات مستخدم معين لموارد الشبكة.

- يمكن تكوين المبدلات لإبلاغ محطة إدارة الشبكة بالوصول غير المصرح به إلى موارد الشبكة الحيوية.

- إذا كنت بحاجة إلى اتصال بين شبكات VLAN فيمكنك تنفيذ قيود على جهاز التوجيه للتأكد من حدوث كل ذلك بشكل آمن.

- يمكنك أيضًا فرض قيود على عناوين الأجهزة والبروتوكولات والتطبيقات.

المرونة وقابلية التوسع Flexibility and Scalability

تعلم أن مبدلات الطبقة 2 تقرأ الإطارات فقط للتصفية لأنها لا تنظر إلى بروتوكول طبقة الشبكة.

تعلم أنه بشكل افتراضي تقوم المبدلات بإعادة توجيه البث إلى جميع المنافذ.

مزايا شبكات VLAN

- إذا قمت بإنشاء شبكات VLAN وتنفيذها فإنك تقوم في الأساس بإنشاء نطاقات بث أصغر في الطبقة 2.

- نتيجة لذلك لن يتم إعادة توجيه البث المرسل من عقدة في شبكة VLAN معينة إلى منافذ شبكة VLAN مختلفة.

- إذا قمنا بتعيين منافذ التبديل أو المستخدمين لمجموعات VLAN على مبدل أو على مجموعة من المبدلات المتصلة فإننا نكتسب المرونة لإضافة المستخدمين الذين نريد السماح لهم بالدخول إلى نطاق البث هذا بشكل حصري بغض النظر عن موقعهم المادي.

- يمكن أن يعمل هذا الإعداد على منع عواصف البث الناتجة عن بطاقة واجهة الشبكة (NIC) المعيبة بالإضافة إلى منع جهاز وسيط من نشر عواصف البث في جميع أنحاء الشبكة.

- عندما تصبح شبكة VLAN كبيرة جدًا يمكن إنشاء المزيد من شبكات VLAN للحفاظ على البث من استهلاك قدر كبير جدًا من النطاق الترددي.

- كلما قل عدد المستخدمين في شبكة VLAN قل عدد المتأثرين بالبث.
- تحتاج وضع خدمات الشبكة في الاعتبار وفهم كيفية اتصال المستخدمين بهذه الخدمات عند إنشاء شبكة VLAN.
- تتمثل إحدى الاستراتيجيات الجيدة في أن تحاول إبقاء جميع الخدمات محلية لجميع المستخدمين كلما أمكن ذلك باستثناء البريد الإلكتروني والوصول إلى الإنترنت طبعا التي يحتاجها الجميع.

تحديد شبكات VLAN Identifying VLANs VLAN

- منافذ التبديل واجهات خاصة بالطبقة 2 فقط مرتبطة بمنفذ مادي لا يمكن أن ينتمي إلا إلى شبكة VLAN واحدة إذا كان منفذ وصول أو إلى جميع شبكات VLAN إذا كان منفذ ترنك.
- المبدلات بالتأكيد أجهزة مزدحمة للغاية نظرًا لأن عددًا لا يحصى من الإطارات يتم تبديلها عبر الشبكة.
- يجب أن تكون المبدلات قادرة على تتبع اتصالاتها و فهم ما يجب القيام به اعتمادًا على عناوين الأجهزة المرتبطة بها.
- يتم التعامل مع الإطارات وفقًا لنوع الرابط الذي تمر عبره.

هناك نوعان مختلفان من المنافذ كما في الشكل (11).

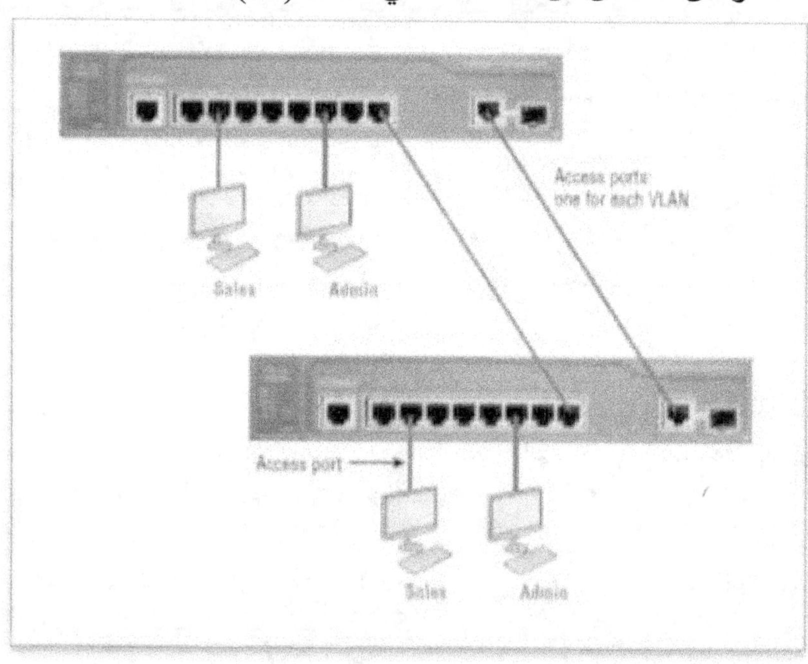

الشكل (11) منافذ الوصول

CCST Support Technician, Networking Exam, Todd Lammle.2024.

لاحظ أن هناك منافذ وصول لكل مضيف ومنفذ وصول بين المبدلات واحد لكل شبكة VLAN.

منافذ الوصول Access ports

- ينتمي منفذ الوصول إلى شبكة VLAN محددة ويحمل حركة المرور الخاصة بها.

- يتم استقبال حركة المرور وإرسالها بتنسيقات أصلية بدون أي معلومات أو وسم عن شبكة VLAN.

- يُفترض ببساطة أن أي شيء يصل إلى منفذ وصول ينتمي إلى شبكة VLAN المخصصة للمنفذ.

- نظرًا لأن منفذ الوصول لا ينظر إلى عنوان المصدر فيمكن إعادة توجيه حركة المرور الموسومة بإطار يحتوي على معلومات مضافة عن VLAN بشكل صحيح واستلامها فقط على منافذ الجذع trunk.

- رابط الوصول يمكن الإشارة إليه باسم شبكة VLAN المهيأة للمنفذ.

- أي جهاز متصل برابط وصول لا يدرك عضوية VLAN يفترض الجهاز ببساطة أنه جزء من بعض مجالات البث لكنه لا يمتلك الصورة الكبيرة لذلك فهو لا يفهم طوبولوجيا الشبكة المادية على الإطلاق.

- المبدلات تزيل أي معلومات عن VLAN من الإطار قبل إعادة توجيهها إلى جهاز رابط الوصول.

- تذكر أن أجهزة رابط الوصول لا يمكنها التواصل مع الأجهزة خارج شبكة VLAN الخاصة بها إلا إذا تم توجيه الرزمة.

- يمكن إنشاء منفذ مبدل ليكون إما منفذ وصول أو منفذ جذع وليس كليهما.

- يمكن تعيين المنفذ لشبكة VLAN واحدة فقط.

في الشكل (12) يمكن فقط للمضيفين في شبكة VLAN للمبيعات التحدث إلى مضيفين آخرين في نفس شبكة VLAN.

نفس الشيء مع شبكة VLAN الإدارية ويمكن لكل منهما التواصل مع المضيفين على المبدل الآخر بواسطة رابط وصول لكل شبكة VLAN تم تكوينها بين المبدلات.

منافذ الوصول الصوتي Voice Access Ports

تسمح لك معظم المبدلات بإضافة شبكة VLAN ثانية على منفذ وصول المبدل لحركة مرور الصوت تسمى شبكة VLAN الصوتية.

كانت شبكة VLAN الصوتية تُسمى في السابق شبكة VLAN المساعدة ليسمح بوضعها فوق شبكة VLAN للبيانات مما يتيح لكلا النوعين من حركة المرور عبر نفس المنفذ.

يتيح لك هذا توصيل كل من الهاتف وجهاز الكمبيوتر بمنفذ مبدل واحد ولكن لا يزال كل جهاز في شبكة VLAN منفصلة.

المنافذ الجذعية Trunk Ports

- استوحي مصطلح منفذ جذعي الترنك من جذوع نظام الهاتف التي تحمل محادثات هاتفية متعددة في وقت واحد.

- لذا فمن المنطقي أن المنافذ الجذعية يمكنها أيضًا حمل شبكات VLAN متعددة في وقت واحد.

- الرابط الجذعي هو رابط من نقطة إلى نقطة بسرعة 100 أو 1000 أو 10000 ميجابت في الثانية بين مبدلين أو بين مبدل وموجه أو حتى بين مبدل وخادم، ويحمل حركة مرور شبكات VLAN متعددة من 1 إلى 4094 شبكة VLAN في المرة الواحدة.

- لكن العدد لا يتجاوز 1001 شبكة إلا إذا كنت تستخدم ما يسمى بشبكات VLAN الممتدة.

روابط الجذع \ الترنك

سنقوم بإنشاء رابط جذعي بدلاً من رابط وصول لكل شبكة VLAN بين المبدلات كما هو موضح في الشكل (12).

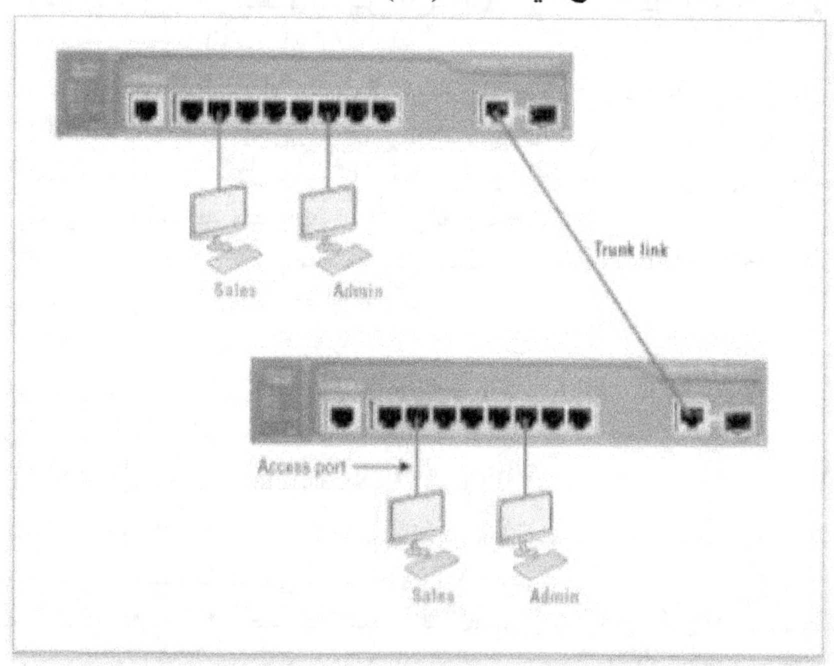

الشكل رقم (12) تمتد شبكات VLAN عبر مبدلات متعددة باستخدام روابط الترنك.
CCST Support Technician, Networking Exam, Todd Lammle.2024.

- يمكن أن يكون الربط بين الشبكات ميزة حقيقية لأنه يتيح لك جعل منفذ واحد جزءًا من مجموعة كاملة من شبكات VLAN المختلفة في نفس الوقت.

- يمكنك إعداد المنافذ بحيث يكون بها خادم في نطاقين بث منفصلين في نفس الوقت وبالتالي لن يضطر المستخدمون إلى عبور جهاز من الطبقة 3 (جهاز توجيه) لتسجيل الدخول والوصول إليه.

- يمكن لروابط الجذع أن تحمل إطارات شبكات VLAN المختلفة عبرها ولكن بشكل افتراضي إذا لم تكن الروابط بين المبدلات مرتبطة ببعضها البعض فسيتم فقط تبديل المعلومات من شبكة VLAN للوصول التي تم تكوينها عبر هذا الرابط.

تعيين منافذ التبديل لشبكات VLAN

يمكن تكوين منفذ لينتمي إلى شبكة VLAN من خلال تخصيص\تعيين وضع عضوية يحدد نوع حركة المرور التي يحملها المنفذ بالإضافة إلى عدد شبكات VLAN التي يمكن أن ينتمي إليها.

يمكن أيضًا تكوين كل منفذ على مبدل ليكون في شبكة VLAN معينة (منفذ وصول) باستخدام واجهة الأمر switchport.

يمكن تكوين منافذ متعددة في نفس الوقت باستخدام الأمر interface range. في المثال التالي سأقوم بتكوين الواجهة Fa0/3 إلى شبكة VLAN 3 الاتصال من مبدل S3 إلى الجهاز المضيف:

```
S3#config t
S3(config)#int fa0/3
S3(config-if)#switchport mode ?
access Set trunking mode to ACCESS unconditionally
dot1q-tunnel set trunking mode to TUNNEL unconditionally
dynamic Set trunking mode to dynamically negotiate access or trunk mode
private-vlan Set private-vlan mode
trunk Set trunking mode to TRUNK unconditionally
S3(config-if)#switchport mode access
S3(config-if)#switchport access vlan 3
S3(config-if)#switchport voice vlan 5
```

من خلال البدء بأمر الوصول إلى وضع switchport، فأنت تخبر المبدل أن هذا منفذ غير متصل بشبكة من الطبقة 2.

يمكنك بعد ذلك تعيين شبكة VLAN للمنفذ باستخدام أمر الوصول إلى switchport، بالإضافة إلى تكوين نفس المنفذ ليكون عضوًا في نوع مختلف من شبكات VLAN يسمى شبكة VLAN الصوتية.

257

لنلق نظرة على شبكات VLAN الخاصة بنا الآن:

```
S3#show vlan
VLAN Name Status Ports
------------------------------------------------------

1 default active Fa0/4, Fa0/5, Fa0/6, Fa0/7
Fa0/8, Fa0/9, Fa0/10, Fa0/11,
Fa0/12, Fa0/13, Fa0/14, Fa0/19,
Fa0/20, Fa0/21, Fa0/22, Fa0/23,
Gi0/1 ,Gi0/2
2 Sales active
3 Marketing active Fa0/3
5 Voice active Fa0/3
```

لاحظ أن المنفذ Fa0/3 أصبح الآن عضوًا في VLAN 3 وVLAN 5 نوعان مختلفان من شبكات VLAN.
ولكن هل يمكنك أن تخبرني أين يقع المنفذان 1 و2؟ ولماذا لا يظهران في إخراج show vlan؟ هذا صحيح، لأنهما منفذان رئيسيان! يمكننا أيضًا رؤية ذلك باستخدام الأمر show interfaces interface switchport:

```
S3#sh int fa0/3 switchport
Name: Fa0/3
Switchport: Enabled
Administrative Mode: static access
Operational Mode: static access
Administrative Trunking Encapsulation: negotiate
Negotiation of Trunking: Off
```

```
Access Mode VLAN: 3 (Marketing) Trunking Native Mode VLAN: 1 (default)
Administrative Native VLAN tagging: enabled Voice VLAN: 5 (Voice)
```

يظهر الناتج أن Fa0/3 هو منفذ وصول وعضو في VLAN 3 (التسويق) بالإضافة إلى كونه عضوًا في VLAN الصوتية 5.
إذا قمت بتوصيل الأجهزة في كل منفذ VLAN فيمكنها فقط التحدث إلى الأجهزة الأخرى في نفس VLAN.
ولكن بمجرد معرفة المزيد حول التجميع الجذعى سنقوم بتمكين الاتصال بين VLAN!

التوجيه بين شبكات VLAN

- تتواصل الأجهزة المضيفة في شبكة VLAN في نطاق بث خاص بها ويمكنها التواصل بحرية.
- تنشئ شبكات VLAN تقسيم الشبكة وفصل المرور في الطبقة 2 من OSI.
- إذا كنت تريد أن تتواصل الأجهزة المضيفة أو أي جهاز آخر يمكن عنونته عبر IP بين شبكات VLAN فيجب أن يكون لديك جهاز من الطبقة 3 لتوفير التوجيه.
- يمكنك استخدام جهاز توجيه يحتوي على واجهة لكل شبكة VLAN أو جهاز توجيه يدعم (ISL) Cisco Inter-Switch Link أو بروتوكول التوصيل IEEE 802.1Q للتوجيه.
- يعتبر كل من ISL و Q802.1 نوعًا من وسم الإطارات Frame tagging.
- يشير وسم الإطارات إلى تحديد شبكة VLAN وهذا ما تستخدمه المبدلات لتتبع كل هذه الإطارات أثناء عبورها وصلات المبدل.
- إنها الطريقة التي تحدد بها المبدلات الإطارات التي تنتمي إلى شبكات VLAN عبرروابط التوصيل.

كما هو موضح في الشكل (13) إذا كان لديك شبكتان أو ثلاث شبكات VLAN فيمكنك الحصول على جهاز توجيه مزود باثنتين أو ثلاث وصلات FastEthernet و يمكن استخدام وصلة 10Base-T مناسبة لأغراض التوصيلات المنزلية.

في الشكل (13) كل واجهة جهاز توجيه متصلة برابط وصول.
جهاز توجيه يربط بين ثلاث شبكات VLAN معًا للتواصل بين شبكات VLAN واجهة جهاز توجيه واحدة لكل شبكة VLAN.
هذا يعني أن عناوين IP الخاصة بكل واجهة من واجهات أجهزة التوجيه ستصبح بعد ذلك عنوان البوابة الافتراضية لكل مضيف في كل شبكة VLAN.

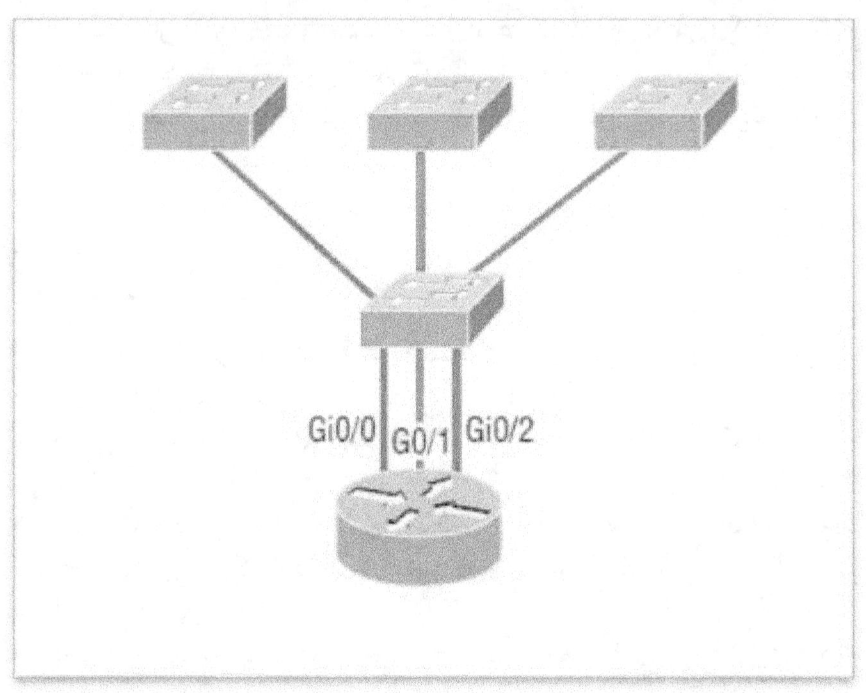

الشكل رقم (13) جهاز توجيه يربط بين ثلاث شبكات VLAN معًا.

.CCST Support Technician, Networking Exam, Todd Lammle.2024

إذا كان لديك شبكات VLAN أكثر من واجهات جهاز التوجيه فيمكنك تكوين التوصيل على واجهة FastEthernet واحدة أو شراء مبدل طبقة 3 مثل 3560 القديم والرخيص الآن أو مبدل أعلى مستوى مثل 3850.

يمكنك اختيار 6800 إذا كان لديك المال الكافي لإنفاقه!

بدلاً من استخدام واجهة جهاز توجيه لكل شبكة VLAN يمكنك استخدام واجهة FastEthernet واحدة وتشغيل وضع علامات إطار ISL أو Q802.1 على رابط توصيل.

يوضح الشكل (14) كيف ستبدو واجهة FastEthernet على جهاز التوجيه عند تكوينها باستخدام التوصيل ISL أو Q802.1.

يسمح هذا لجميع شبكات VLAN بالتواصل من خلال واجهة واحدة.

تسمي شركة Cisco هذا جهاز توجيه **Router on a stick**(ROAS).

جهاز توجيه: واجهة جهاز توجيه واحدة تربط شبكات VLAN الثلاثة معًا من أجل الاتصال بين شبكات VLAN.

أود حقًا أن أشير إلى أن هذا يخلق عنق زجاجة محتمل بالإضافة إلى نقطة فشل واحدة وبالتالي فإن عدد المضيفين/شبكة VLAN لديك محدود.

كم سيبلغ العدد ؟ حسنًا هذا يعتمد على مستوى حركة المرور لديك.

ولتصحيح الأمور حقًا سيكون من الأفضل استخدام مبدل أعلى مستوى والتوجيه على اللوحة الخلفية.

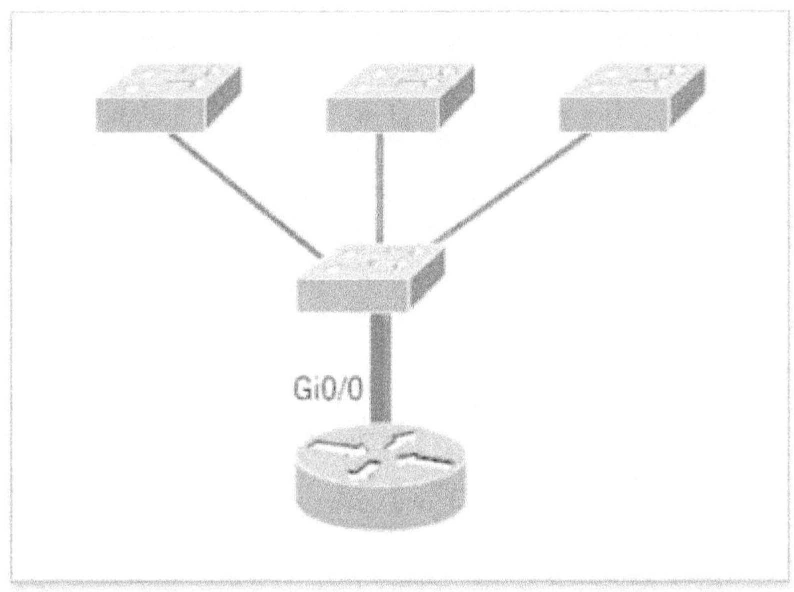

الشكل رقم (14) جهاز توجيه (ROAS) واجهة واحدة تربط شبكات VLAN الثلاثة معًا
CCST Support Technician, Networking Exam, Todd Lammle.2024.

يوضح الشكل (15) كيف يمكننا إنشاء جهاز توجيه (ROAS) باستخدام الواجهة المادية لجهاز التوجيه من خلال إنشاء واجهات منطقية واحدة لكل شبكة VLAN.

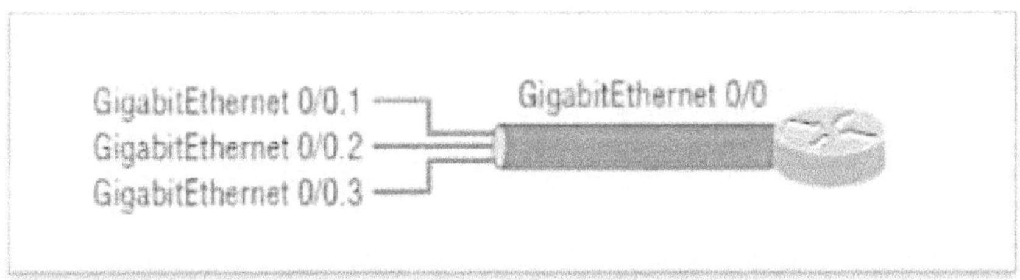

الشكل (15) موجه و انشاء واجهات منطقية.
CCST Support Technician, Networking Exam, Todd Lammle.2024.

نرى هنا واجهة مادية واحدة مقسمة إلى عدة واجهات فرعية مع تخصيص شبكة فرعية واحدة لكل شبكة VLAN حيث تكون كل واجهة فرعية عنوان البوابة الافتراضية لكل شبكة VLAN/ شبكة فرعية.

يجب تخصيص معرف تغليف لكل واجهة فرعية لتحديد معرف شبكة VLAN لتلك الواجهة الفرعية.

بدلاً من استخدام واجهة موجه خارجية لكل شبكة VLAN أو موجه خارجي يمكننا تكوين واجهات منطقية على اللوحة الخلفية لمبدل الطبقة 3.
وهذا ما يسمى بالتوجيهات بين شبكات VLAN (IVR) ويتم تكوينها باستخدام واجهة افتراضية مبدلة (SVI).
يوضح الشكل (16) كيف يرى المضيفون هذه الواجهات الافتراضية.
في الشكل يبدو أن هناك موجهًا موجودًا ولكن لا يوجد موجه فعلي موجود تتطلب عملية IVR القليل من الجهد ويسهل تنفيذها، مما يجعلها رائعة للغاية! بالإضافة إلى ذلك، فهو أكثر كفاءة بكثير للتوجيه بين شبكات VLAN مقارنة بجهاز التوجيه الخارجي.

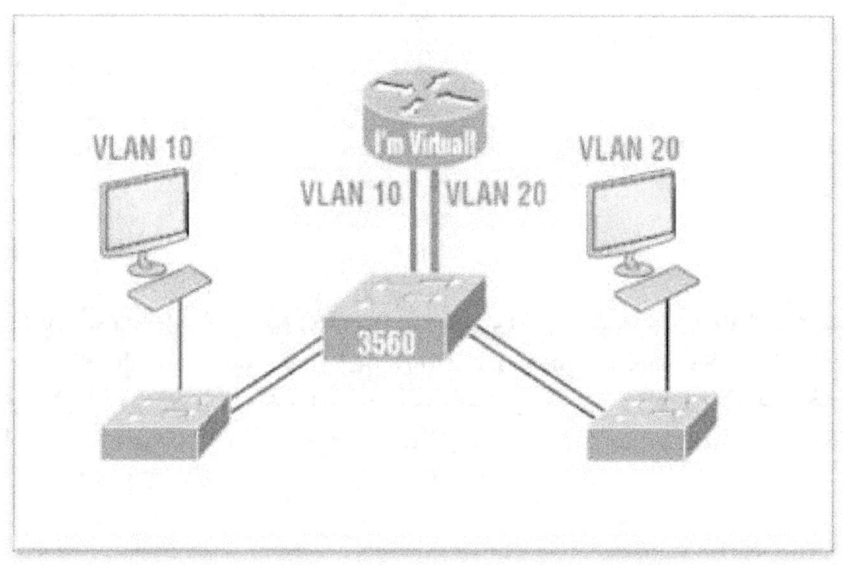

الشكل (16) مع IVR يتم تشغيل التوجيه على اللوحة الخلفية للمبدل.
.CCST Support Technician, Networking Exam, Todd Lammle.2024

ملخص الفصل

في هذا الفصل تحدثت عن الاختلافات بين المبدلات والجسور وكيفية عملهما في الطبقة 2.

يقوم كل منهما بإنشاء جداول إعادة توجيه/تصفية عناوين MAC من أجل اتخاذ قرارات بشأن إعادة توجيه أو غمر إطار.

كما تناولت بعض المشكلات التي قد تحدث إذا كان لديك روابط متعددة بين الجسور(المبدلات).

- تذكر وظائف المبدل الثلاثة. تعلم العناوين، وقرارات التوجيه/التصفية وتجنب الحلقة هي وظائف المبدل.
- تذكر الأمر show mac address-table.
- سيعرض لك الأمر show mac address-table جدول التوجيه/التصفية المستخدم في محول الشبكة المحلية.
- فهم مصطلح وضع العلامات على الإطارات.
- يشير وضع العلامات على الإطارات إلى تحديد شبكة VLAN وهذا ما تستخدمه المبدلات لتتبع كل هذه الإطارات أثناء عبورها لنسيج المبدل.
- إنها الطريقة التي تحدد بها المبدلات الإطارات التي تنتمي إلى شبكات VLAN معينة.
- تذكر التحقق من تعيين منفذ المبدل لشبكة VLAN عند توصيل مضيف جديد.
- إذا قمت بتوصيل مضيف جديد بمبدل، فيجب عليك التحقق من عضوية شبكة VLAN لهذا المنفذ.
- إذا كانت العضوية مختلفة عما هو مطلوب لهذا المضيف فلن يتمكن المضيف من الوصول إلى خدمات الشبكة المطلوبة مثل خادم مجموعة العمل أو الطابعة.
- تذكر كيفية إنشاء جهاز توجيه Cisco على عصا لتوفير الاتصال بين شبكات VLAN.
- يمكنك استخدام واجهة Cisco FastEthernet أو Gigabit Ethernet لتوفير التوجيه بين شبكات VLAN.
- يجب أن يكون منفذ التبديل المتصل بالموجه منفذًا رئيسيًا ثم يجب عليك إنشاء واجهات افتراضية على منفذ الموجه لكل شبكة VLAN متصلة به.
- ستستخدم المضيفات في كل شبكة VLAN عنوان الواجهة الفرعية هذا كعنوان بوابة افتراضية لها.

قائمة المراجع

1- CCST® Cisco Certified Support Technician Study Guide.
Networking Exam, Todd Lammle & Donald Robb, 2024.
2- CCNA 200-301 Official Cert Guide, Volume 1, Second Edition,
Wendell Odom, 2024.
3- CompTIA® Network+® Study Guide, Exam N10-009, Sixth
Edition, Todd Lammle & Jon Buhagiar, 2024.

www.ingramcontent.com/pod-product-compliance
Lightning Source LLC
Chambersburg PA
CBHW051511150726
47997CB00001B/208